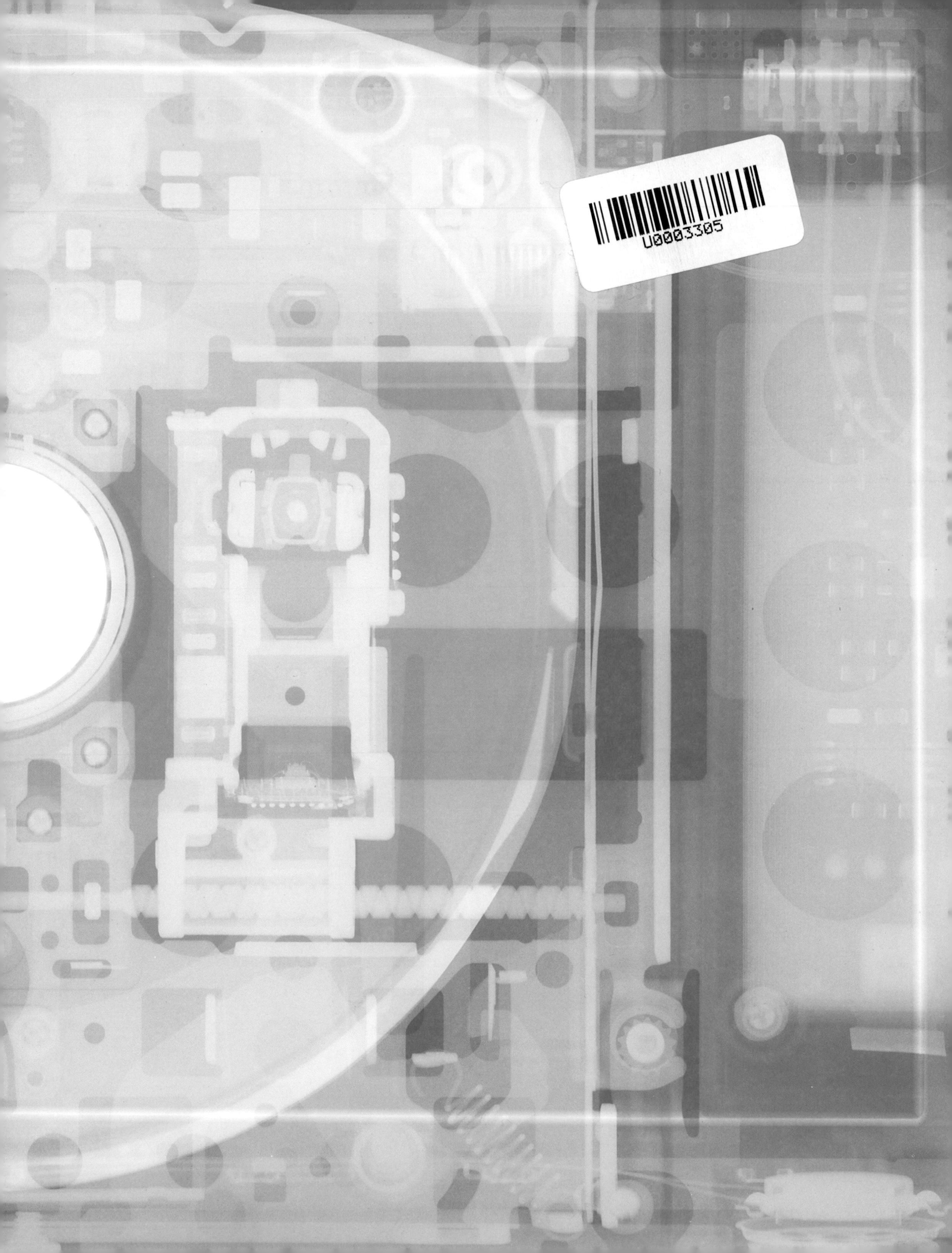

www.readingtimes.com.tw

A Dorling Kindersley Book
www.dk.com

酷發明2.0：改變生活的最新科技
The Gadget Book

作　　者：Chris Woodford & Jon Woodcock
譯　　者：洪佼宜、曾裕君、劉惠紋
副 主 編：曹　慧
編輯協力：陳太乙、任興華
美術編輯：黃雅藍
企　　畫：張震洲
董 事 長
發 行 人：孫思照
總 經 理：莫昭平
總 編 輯：林馨琴
出 版 者：時報文化出版企業股份有限公司
10803台北市和平西路三段240號4樓
發行專線 (02) 2306-6842
讀者服務專線 0800-231-705　(02) 2304-7103
讀者服務傳真 (02) 2304-6858
郵撥19344724時報文化出版公司
信箱：台北郵政79-99信箱
時報悅讀網：http://www.readingtimes.com.tw
電子郵件信箱：know@readingtimes.com.tw
法律顧問：理律法律事務所　陳長文律師、李念祖律師
初版一刷：二〇〇八年二月四日
定　　價：新台幣七九九元

行政院新聞局局版北市業字第80號

ISBN 978-957-13-4740-0（精裝）

國家圖書館出版品預行編目資料

酷發明2.0：改變生活的最新科技／Chris Woodford, Jon Woodcock 著；洪佼宜, 曾裕君, 劉惠紋譯. -- 初版. -- 臺北市：時報文化，2008. 02
面；　公分.
參考書目：面
含索引
譯自：The gadget book : how really cool stuff works
ISBN 978-957-13-4740-0（精裝）
1. 發明　2. 科學技術　3. 通俗作品
440.6　　96018766

酷發明2.0

改變生活的最新科技

Chris Woodford & Jon Woodcock◎著
洪佼宜、曾裕君、劉惠紋◎譯

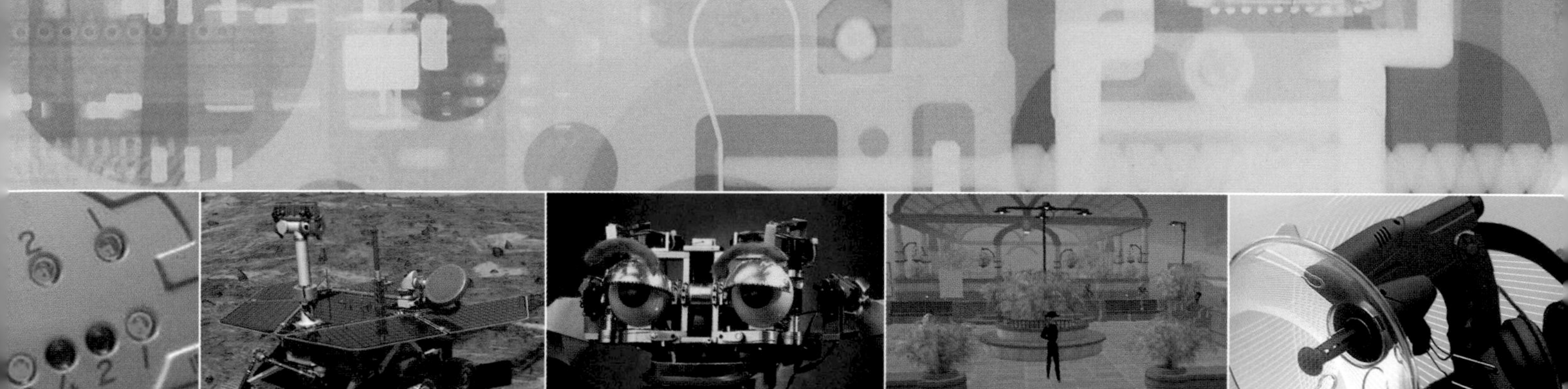

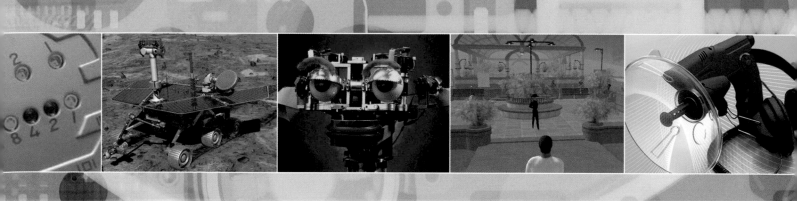

»

目次

生活酷發明

通訊酷發明

玩樂酷發明

行動酷發明

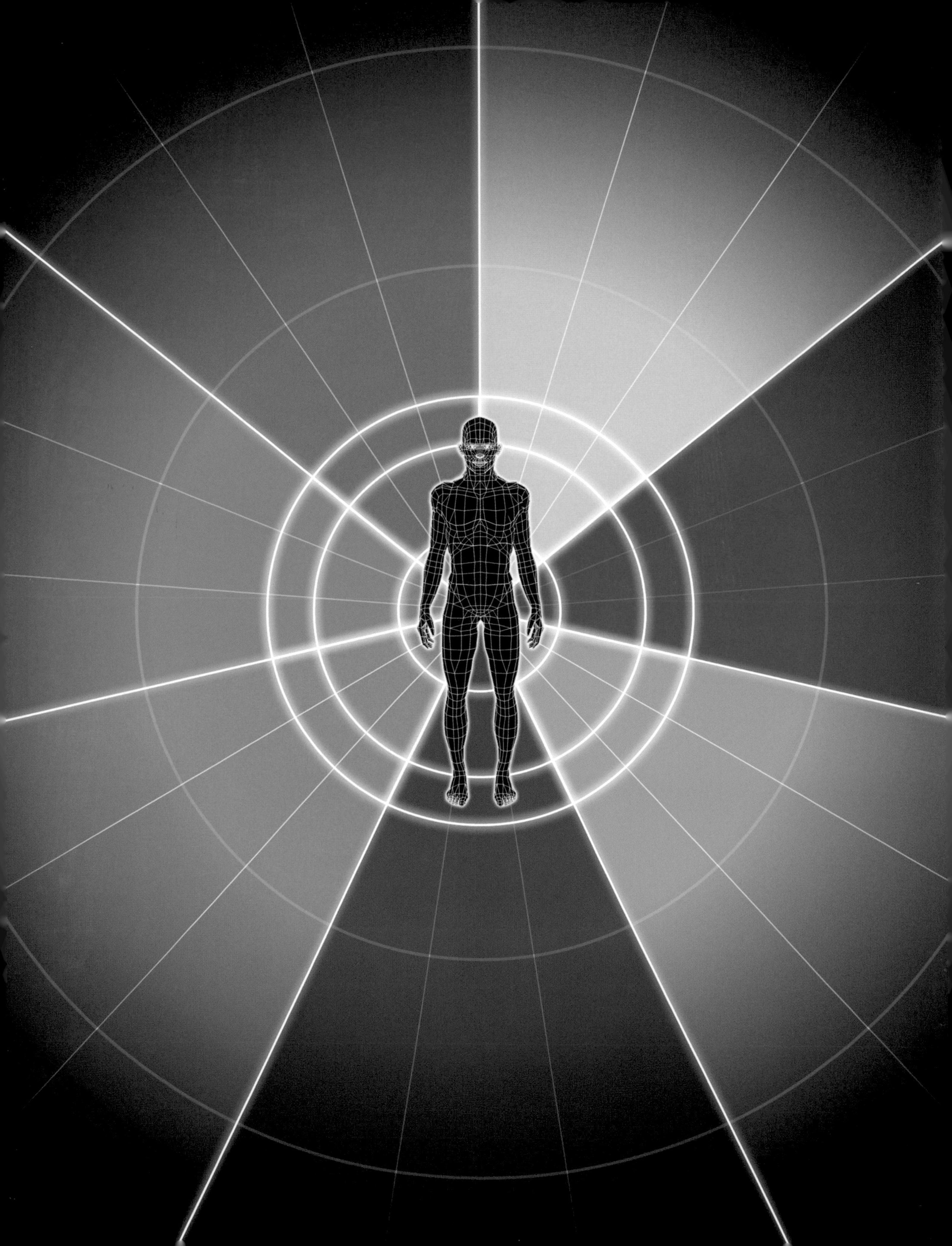

目次

探險酷發明

建築酷發明

防護酷發明

參考資料

煙霧偵測器

▼▼煙霧粒子小到肉眼看不見：你能把10,000個粒子放到一個針頭上。正常情況下，我們的鼻子能從一百萬個空氣粒子中偵測出一個煙霧粒子，但煙霧偵測器能讓我們更安全，尤其當我們睡覺的時候。▼▼

▶ 這類煙霧偵測器會被煙霧裡的碳粒子（煤煙）觸動。碳是一種化學元素，存在於木材、紙類、塑膠和其他常見的材料。當東西燃燒時，其組成化合物就會分解，釋出碳粒子。

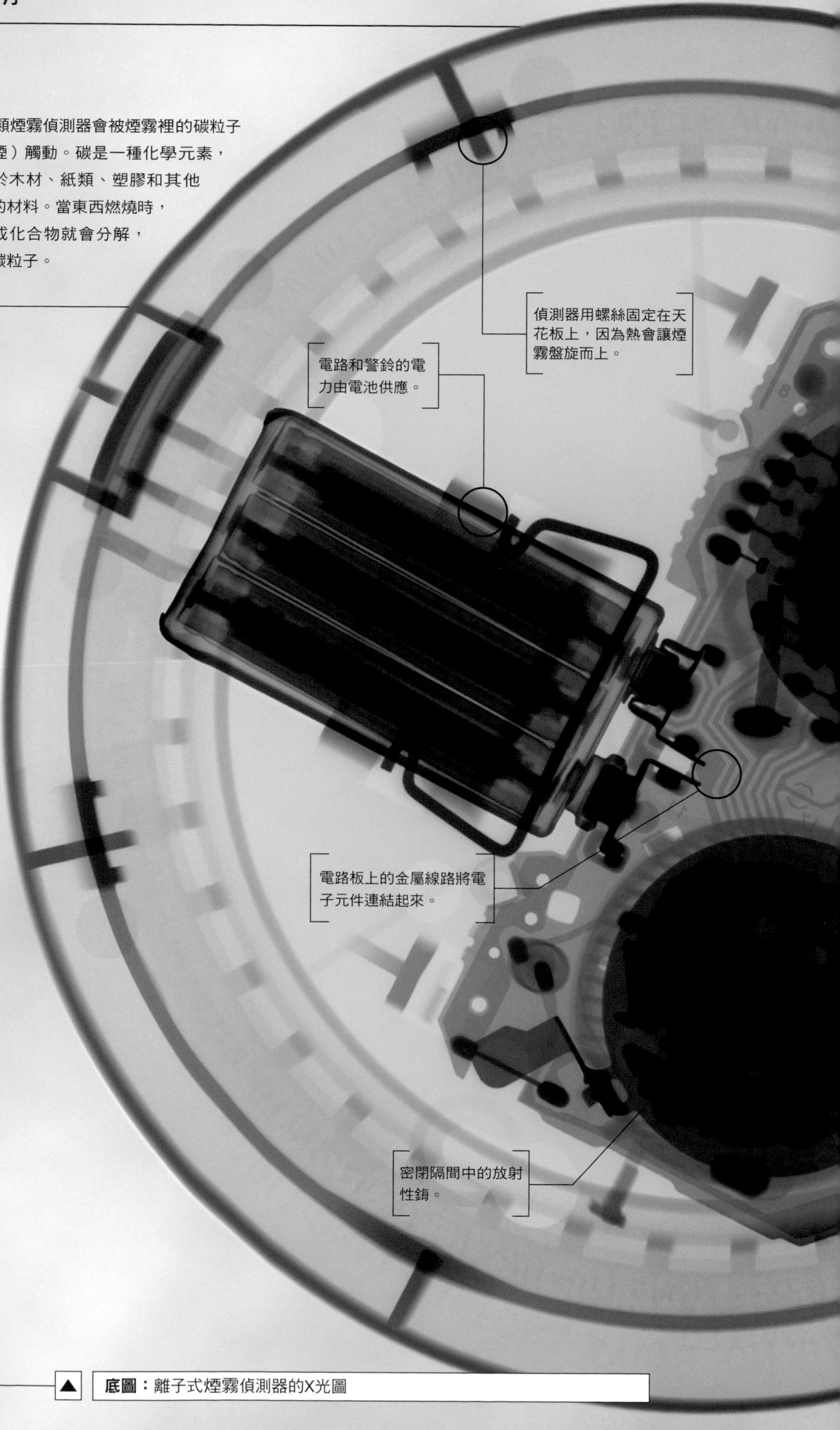
偵測器用螺絲固定在天花板上，因為熱會讓煙霧盤旋而上。
電路和警鈴的電力由電池供應。
電路板上的金屬線路將電子元件連結起來。
密閉隔間中的放射性鋂。

▲ **底圖：**離子式煙霧偵測器的X光圖

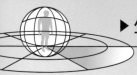

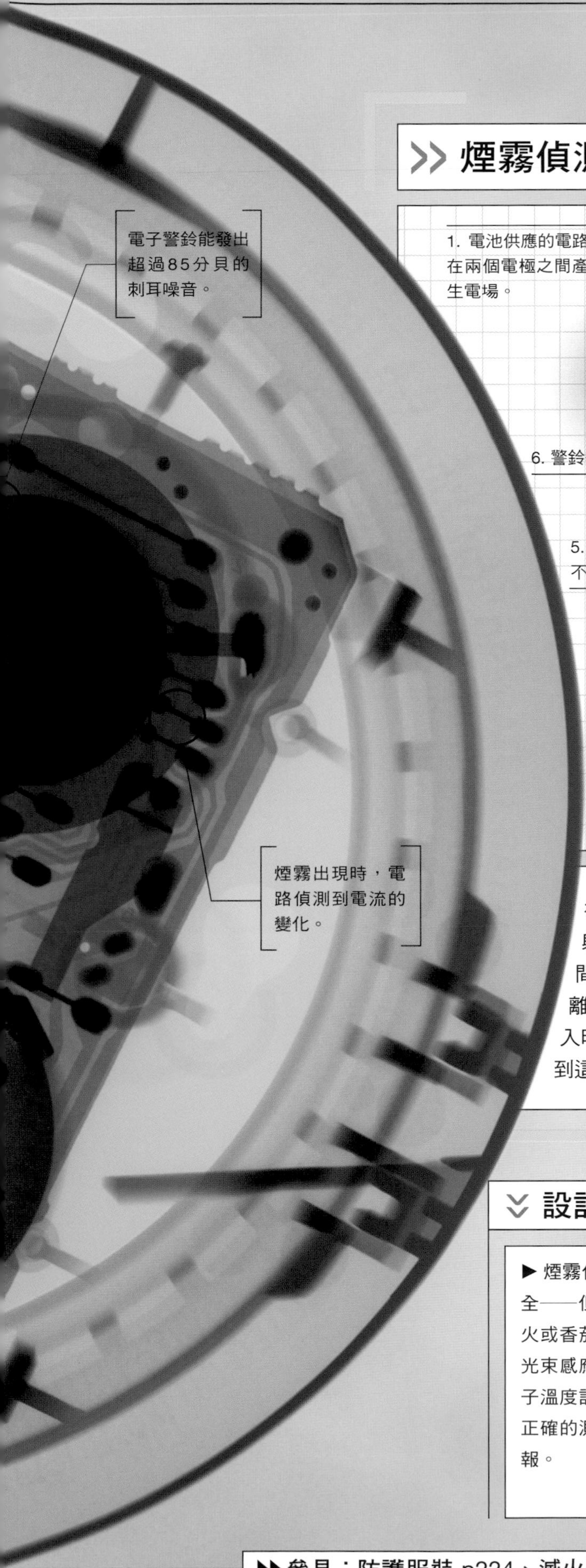

電子警鈴能發出超過85分貝的刺耳噪音。
煙霧出現時，電路偵測到電流的變化。

煙霧偵測器的原理

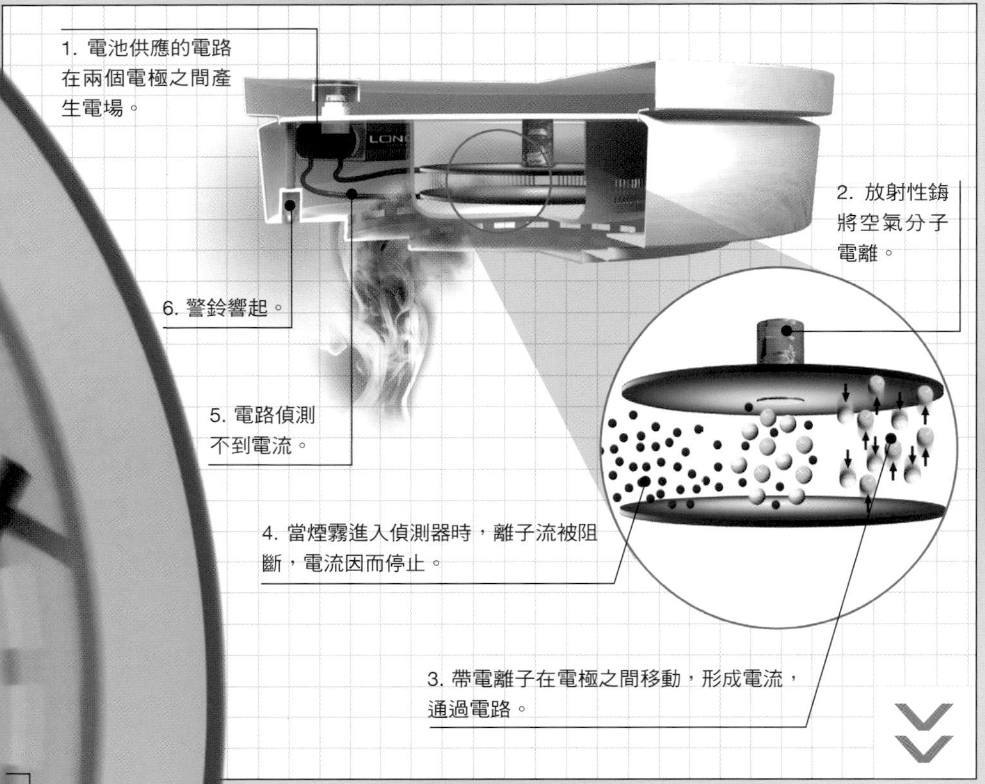

1. 電池供應的電路在兩個電極之間產生電場。
2. 放射性鋂將空氣分子電離。
3. 帶電離子在電極之間移動，形成電流，通過電路。
4. 當煙霧進入偵測器時，離子流被阻斷，電流因而停止。
5. 電路偵測不到電流。
6. 警鈴響起。
LONG

在偵測器隔間內有非常微量的放射性化學元素，稱做鋂-241。放射性指的是鋂原子並不穩定，會釋放出帶電荷的微小粒子。鋂在間隔中與空氣分子撞擊，把空氣分子變成離子（帶電原子），這些離子在兩個金屬電極間遊走，形成電，在電路中流動。而當煙霧進入時，中和了離子，離子不再移動，電流也因而終止。而電路偵測到這個變化，便觸動警鈴。

設計煙霧偵測器

▶ 煙霧偵測器的敏感度必須足以保障安全——但不至於敏感到被烹飪油煙、燭火或香菸觸動。先進的煙霧偵測器使用光束感應器來偵測煙霧的濃度，並用電子溫度計來偵測溫度的上升。有了這些正確的測量，偵測器比較不易引發假警報。

煙霧偵測器測試

▶▶參見：防護服裝 p224、滅火器 p228

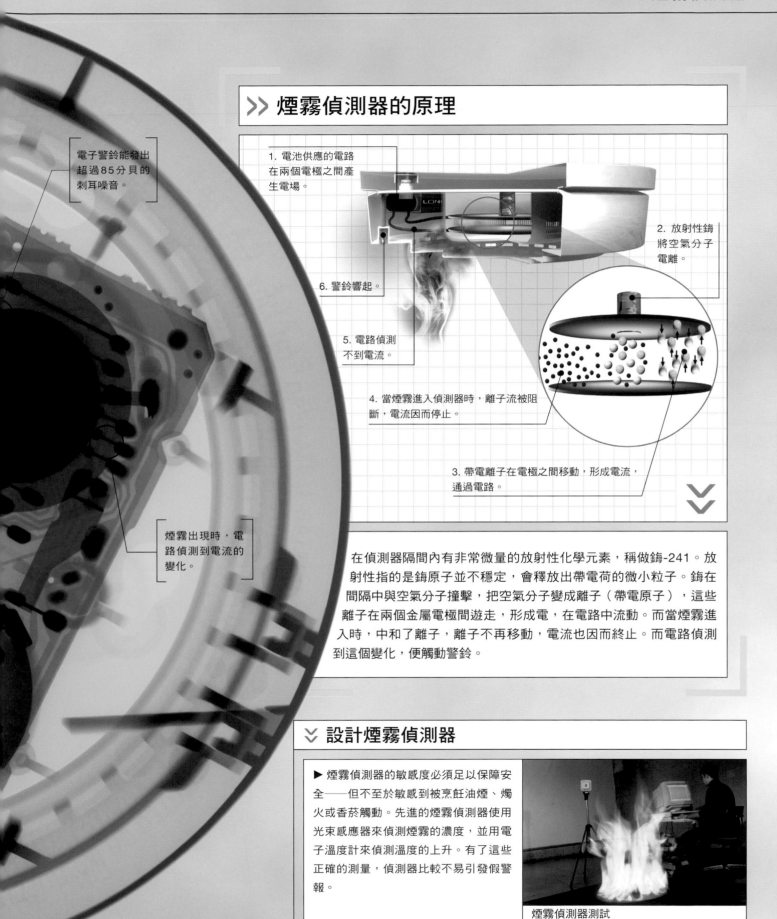

高科技馬桶

▶▶全世界最昂貴的馬桶，線條如雕塑一般優美，而且渾身上下充滿著巧妙的小功能，並附上長達48頁的使用手冊。Toto Neorest®是一體成型的無水箱式馬桶，當人接近時會自動開蓋，離開時會自動闔蓋。▶▶

▼這驚人的豪華馬桶，不但環保，也很乾淨。它的用水量只有傳統馬桶的四分之一——每次沖水只用4.5公升。節能特色中包括一個「模糊邏輯」微晶片，能學習辨識馬桶何時無人使用，同時冷卻馬桶座以節省用電。

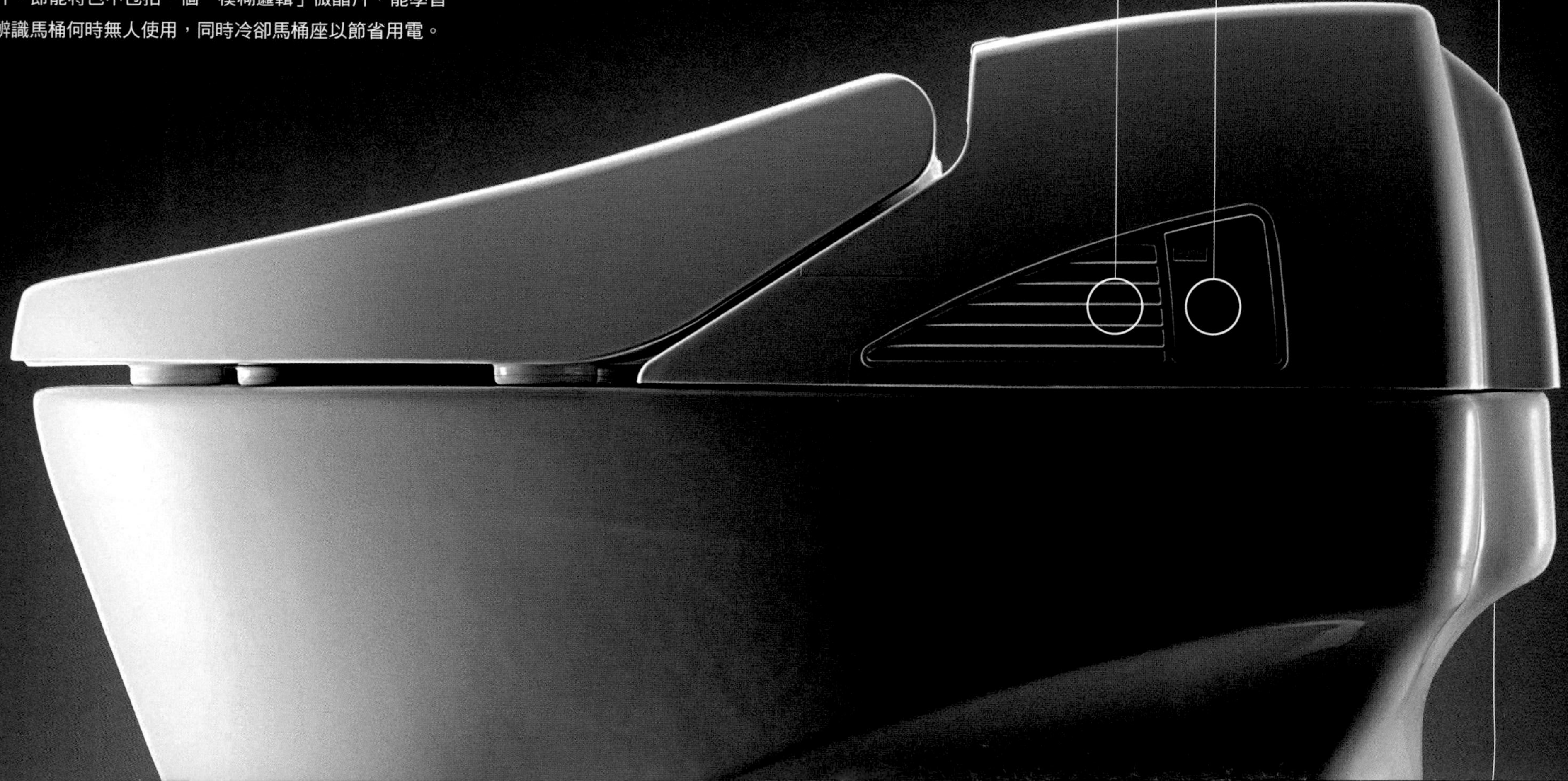
內建空氣清淨系統，利用化學物質除去全部臭味。
隱密的手動沖水，在停電或雷雨時使用。

▶ 底圖：Toto Neorest® 600

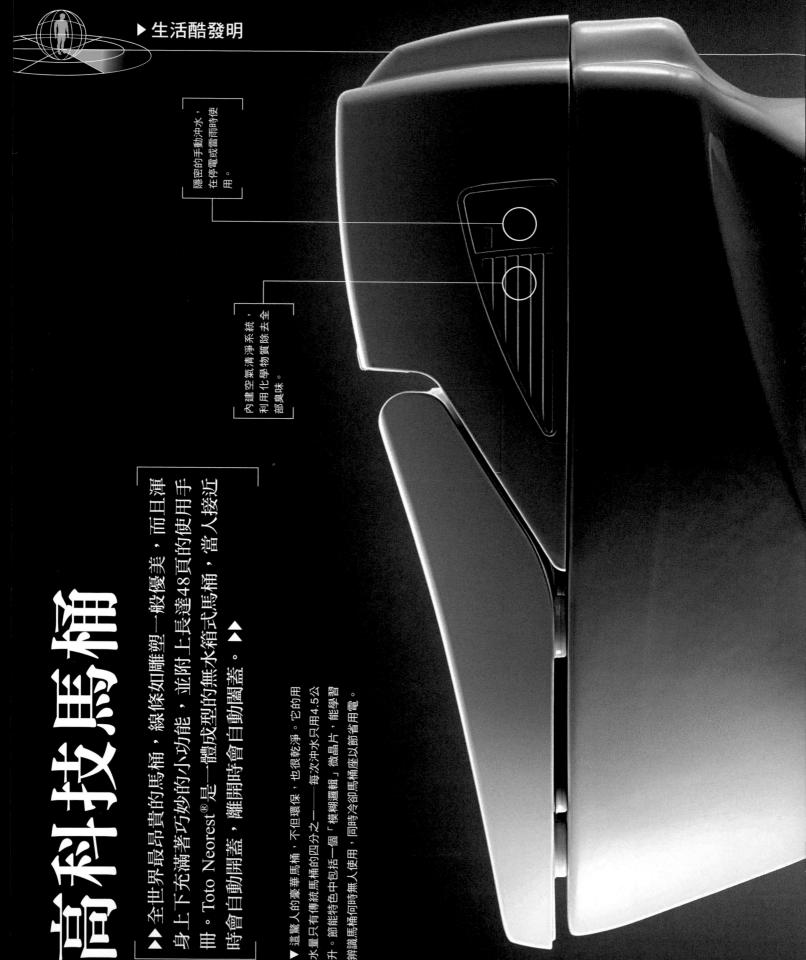

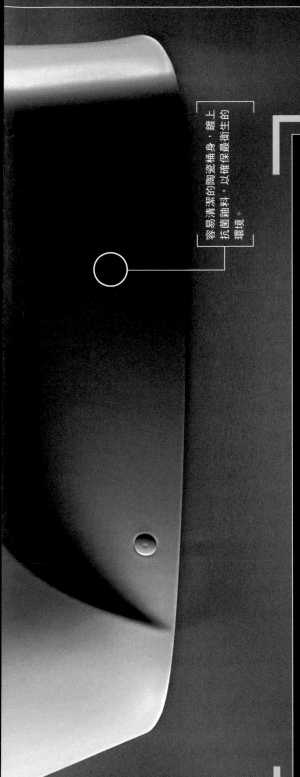

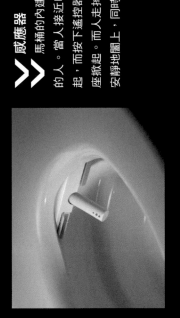

容易清潔的陶瓷桶身，鍍上抗菌釉料，以確保最衛生的環境。

>> 高科技馬桶的特色

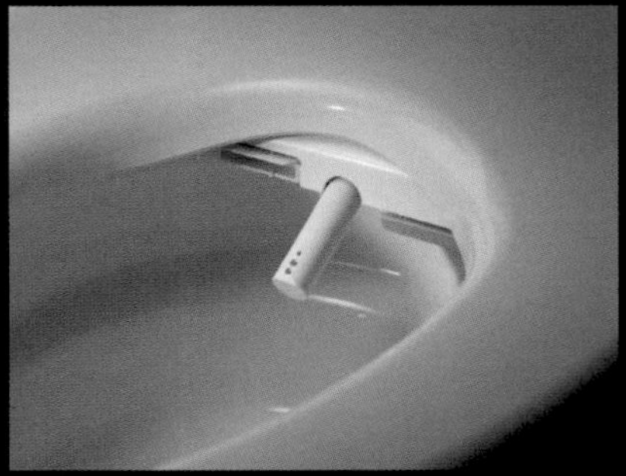

感應器

馬桶的內建感應器能感應到附近的人。當人接近時，馬桶蓋會自動掀起，而按下遙控器上的按鈕就能使馬桶座掀起。而人走掉後，馬桶座和蓋便會安靜地闔上，同時自動感應沖水洗淨。

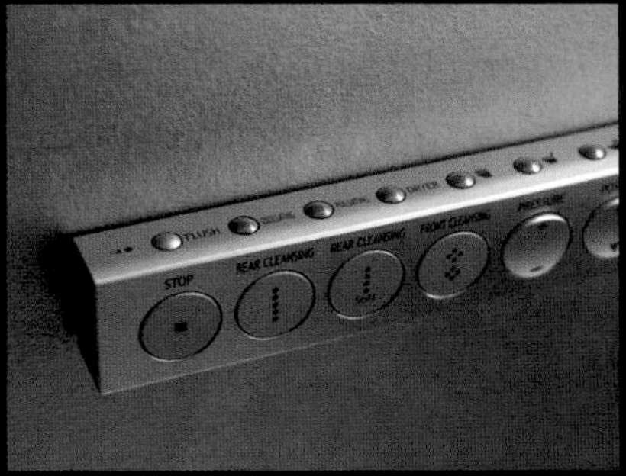

噴嘴

不需要用衛生紙。隱密的噴嘴從馬桶邊緣滑出，自動清洗穢物。噴嘴前後移動的同時，水波以每秒70次的循環，提供溫和洗淨或律動按摩的功能。接著烘乾機會自動啟動，而噴嘴也會在縮回的時候自我清潔。

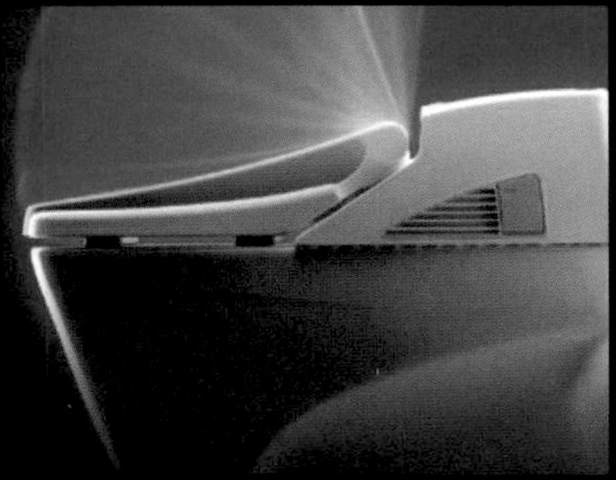

遙控器

無線遙控器控制馬桶的13種不同功能，包括掀闔馬桶蓋和馬桶座、沖洗馬桶、操作坐浴功能。Neorest的每項特色，從馬桶座的溫度到自動噴洗的力道，都能夠依主人的偏好量身訂做。

▶▶參見：瓦斯鍋爐 p20、Wi-Fi 玩具 p46、藍芽技術® p50、整合型科技產品 p56

空中浮床

▶▶對許多人來說，一夜好眠是個遙不可及的夢想。有了這張劃時代的床，一切將能改變。這張床墊不再靠彈簧和木頭支撐，而是利用隱形的磁力，漂浮在半空中。▶▶

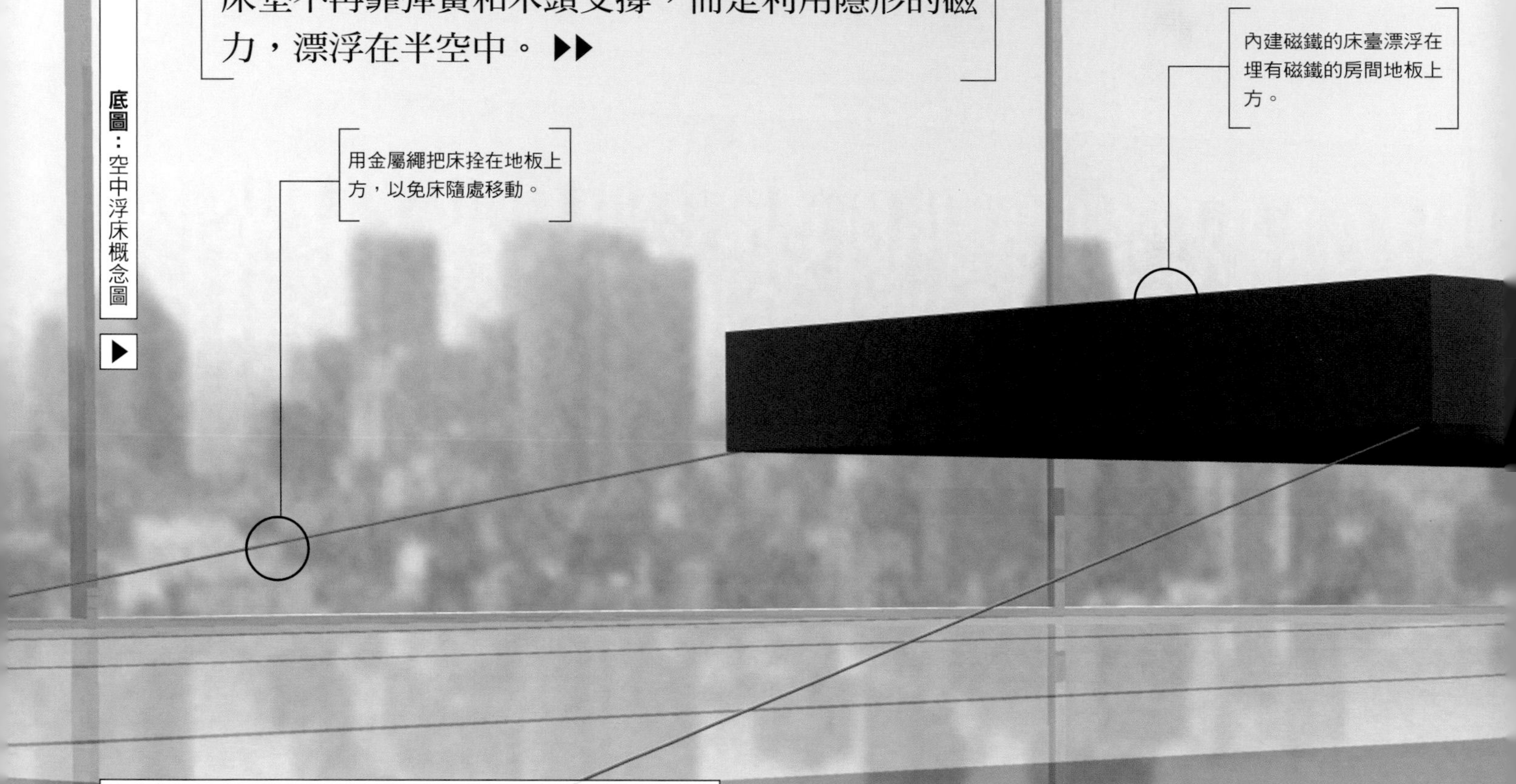
內建磁鐵的床臺漂浮在埋有磁鐵的房間地板上方。
用金屬繩把床拴在地板上方，以免床隨處移動。

底圖：空中浮床概念圖

磁浮技術

中國上海的磁浮列車

▲未來的火車可能不再是靠車輪轉動前進，而是懸浮在磁鐵上。火車利用所謂的磁浮（磁力漂浮）系統，在導軌上滑行，只運用磁力來平衡火車的重量。沒有車輪或摩擦力來減緩速度，這輛上海磁浮列車的時速可達430公里，成為全世界最快的商用火車。

▶▶參見：高科技馬桶 p14、ULTra®計程車 p114

空中浮床的原理

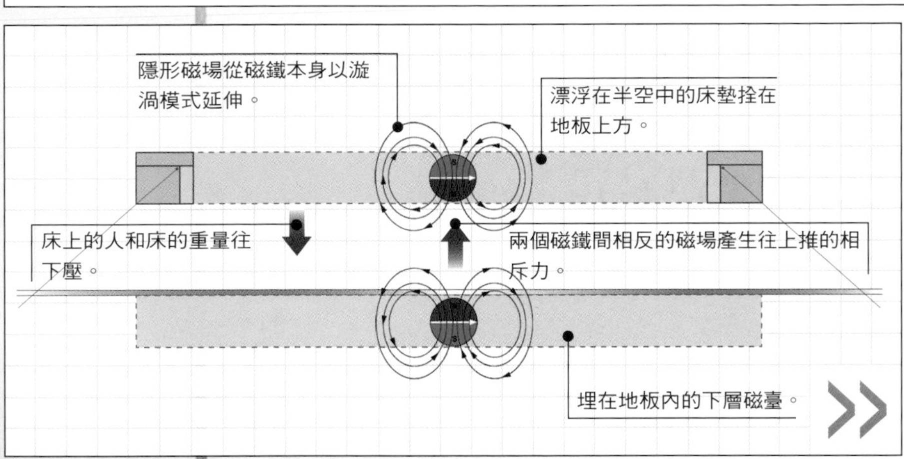

隱形磁場從磁鐵本身以漩渦模式延伸。
漂浮在半空中的床墊拴在地板上方。
床上的人和床的重量往下壓。
兩個磁鐵間相反的磁場產生往上推的相斥力。
埋在地板內的下層磁臺。

磁石會在其周圍創造出磁場。將兩個磁鐵互相靠近，使兩者皆處於對方的磁場中，會產生一股力量，不是將兩者互相拉近（如果它們的磁性相異），就是互相推開（如果兩者的磁性相同）。一個磁鐵可以在另一個磁鐵上方漂浮，它的重量能靠彼此的排斥力來平衡。就空中浮床而言，這個磁性相斥的的力量平衡了人及床墊的重量。

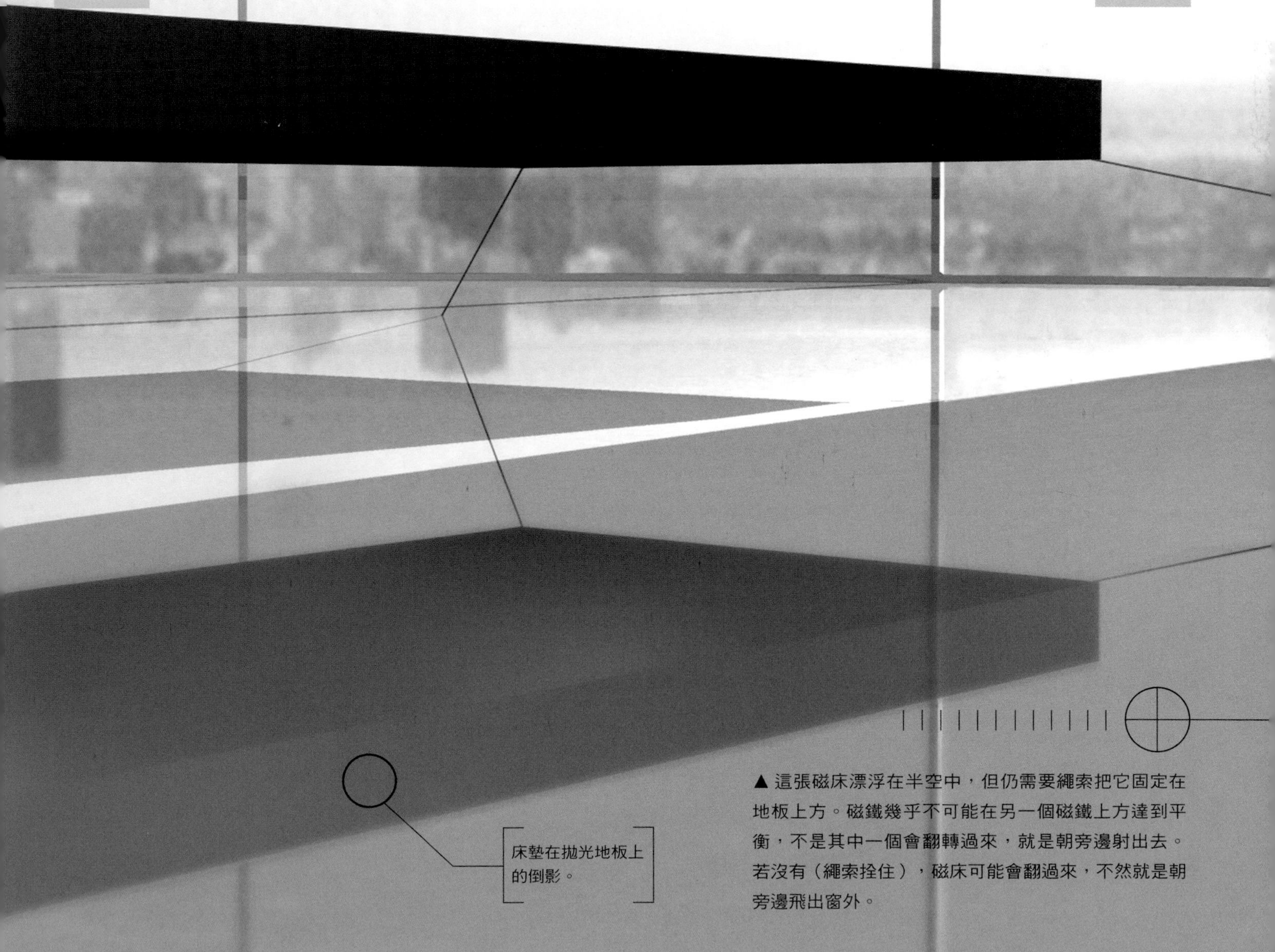

床墊在拋光地板上的倒影。

▲這張磁床漂浮在半空中，但仍需要繩索把它固定在地板上方。磁鐵幾乎不可能在另一個磁鐵上方達到平衡，不是其中一個會翻轉過來，就是朝旁邊射出去。若沒有（繩索拴住），磁床可能會翻過來，不然就是朝旁邊飛出窗外。

底圖：高畫質電視和標準畫質電視的畫質對比

▲高畫質電視的畫面可由兩百萬以上的像素構成。這表示能看到更多更多的細節。

▶數位電視的畫面是由許多名為像素的小點所組成。當電視攝影機捕捉到某個鏡頭時，畫面會分解成一定數目的像素。像素越高，畫面越美，也能夠放得越大而不會模糊。高畫質電視呈現更好的畫面，因為它分解畫面的像素數目是標準畫質電視的四倍之多。

高畫質電視

▶▶高畫質電視（HDTV）是提供極高品質畫面的播送方法。和它前身標準畫質電視（SDTV）不同的是，高畫質電視能在超大螢幕上放映，影像能表現出更微小的細節。▶▶

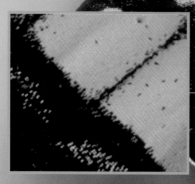

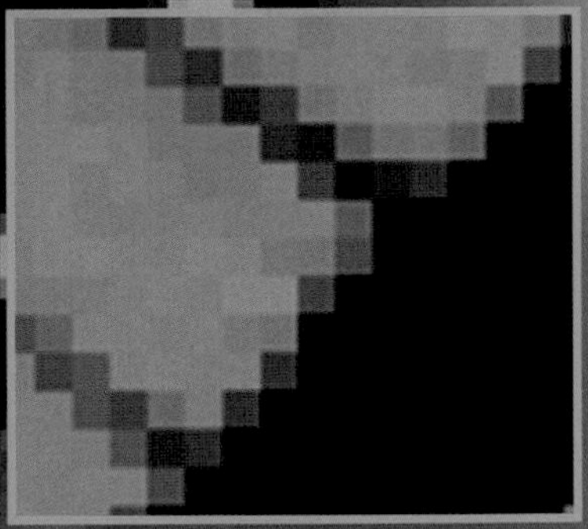

▲標準畫質電視製造畫面只用了約50萬個像素。這表示它不如高畫質電視清晰，而在大螢幕上，像素的多寡立見真章。

>> 電視掃描影像的原理

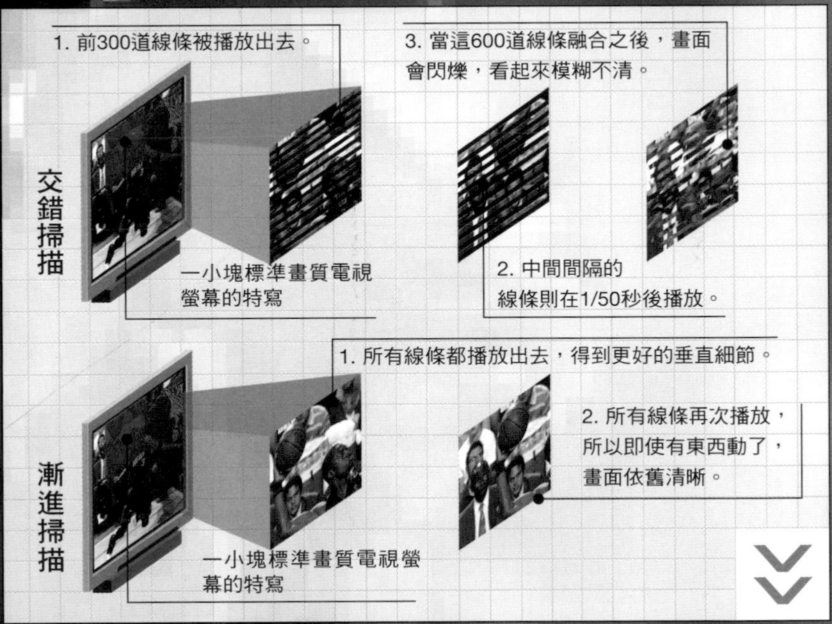
1. 前300道線條被播放出去。
3. 當這600道線條融合之後，畫面會閃爍，看起來模糊不清。
交錯掃描
一小塊標準畫質電視螢幕的特寫
2. 中間間隔的線條則在1/50秒後播放。
1. 所有線條都播放出去，得到更好的垂直細節。
2. 所有線條再次播放，所以即使有東西動了，畫面依舊清晰。
漸進掃描
一小塊標準畫質電視螢幕的特寫

舊式電視不會立刻秀出畫面，相反地，而是一條線一條線地把畫面建立起來，這個過程稱為掃描。如果電視依序掃描每道線條，那麼收視者就會看到建立畫面的過程。所以電視就作弊，先掃描300道線條，接著，稍晚再掃描間隔的300道線條。這稱為交錯，但這會使畫面閃爍。高畫質電視的畫面能超過1000道線條。高畫質電視會接收每道線條，儲存整個畫面，再同時秀出來。這就稱為漸進掃描。

▶▶參見：電子書 p48、遊戲機 p68、模擬器 p70

底圖：瓦斯鍋爐組的X光圖

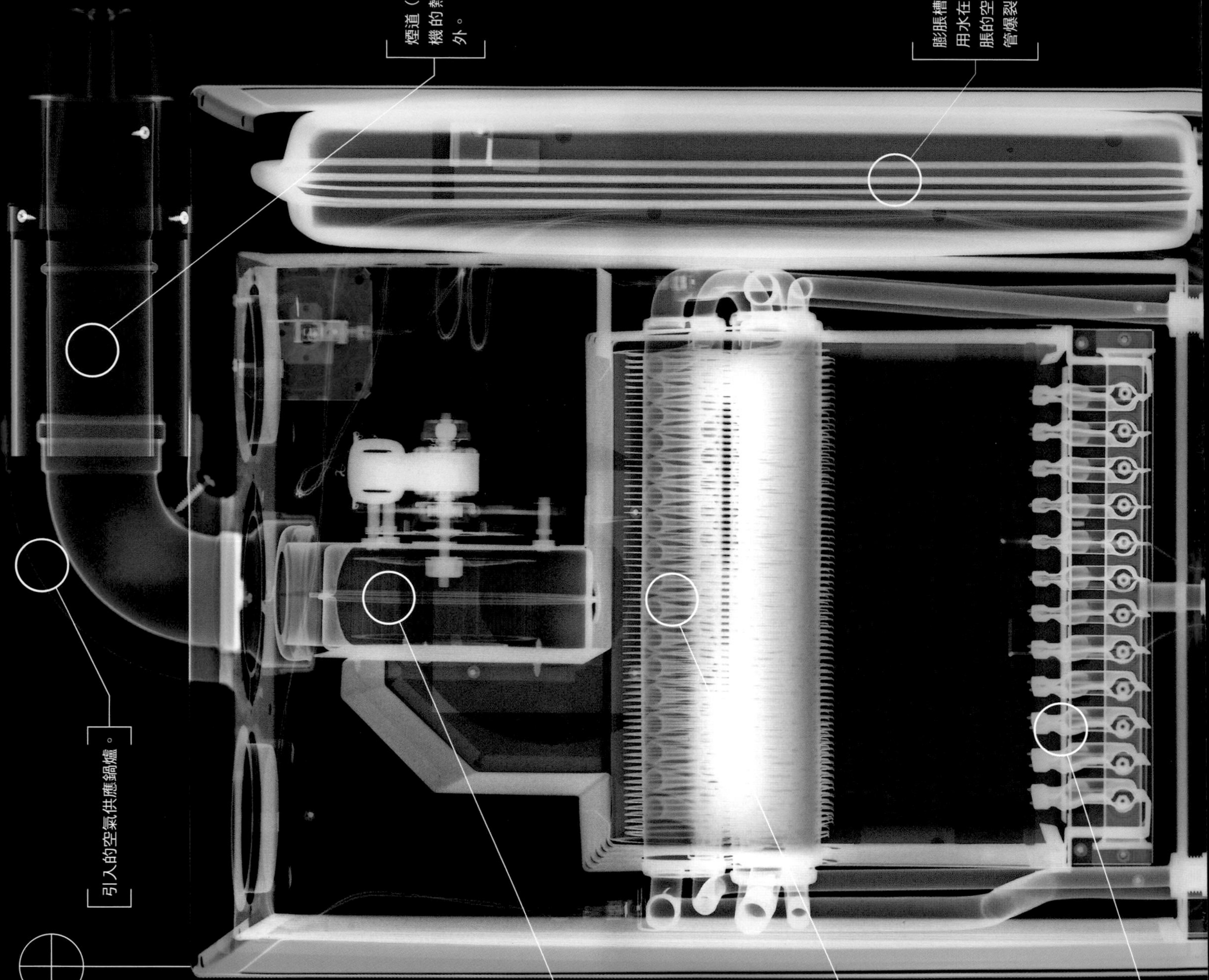
煙道（煙囪）把燃燒機的熱氣排放到戶外。
膨脹槽讓中央暖氣用水在升溫時有膨脹的空間，防止水管爆裂。
引入的空氣供應鍋爐。
風扇確保足夠的空氣流通，以避免產生致命的一氧化碳。
懸掛在熱氣中的水管裡有水來回流動時，熱交換器就把水加熱。
電子點火瓦斯燃燒機供應熱氣，讓水能在熱交換器中加熱。

▶這張X光圖（以假色加強影像）顯示出瓦斯鍋爐組的內部運轉情形。這個裝置結合了熱水器和中央暖爐。最上方的大管穿過牆壁接到室外，不僅作為煙囪，同時也引入空氣。水管和瓦斯管則連接在底部。

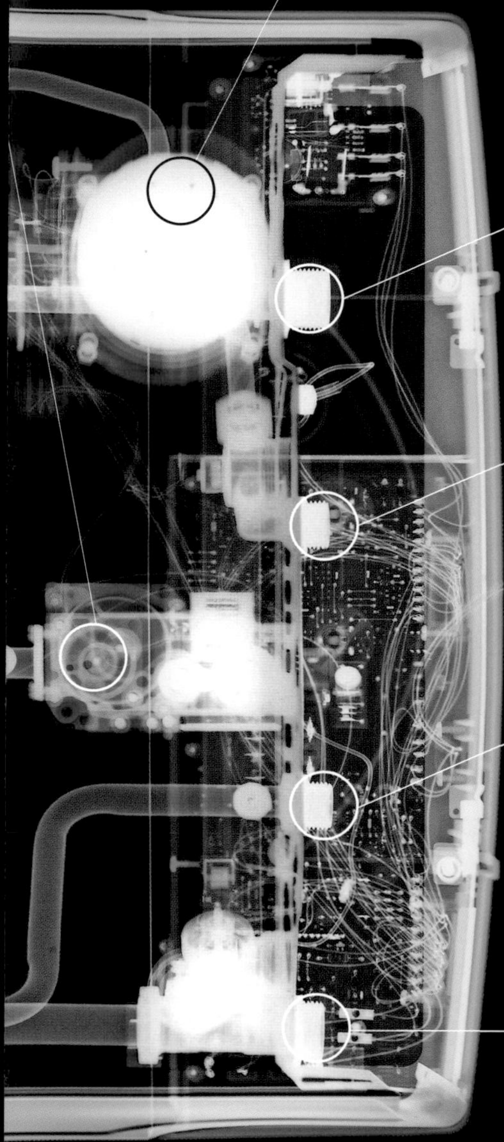
瓦斯控制器在水需要加熱時，讓瓦斯進入燃燒機。
中央暖氣幫浦抽送水流，通過散熱器。
中央暖氣用水流入
熱自來水流出
總水管的冷水流入
熱的中央暖氣用水流到系統中。

≫ 鍋爐如何溫暖一個家

鍋爐組燃燒瓦斯來加熱家裡的水。爐火上方的熱氣中裝有熱交換器，水在流過熱交換器裡的水管時，就會被加熱。中央暖氣系統利用被抽送到封閉管路的熱水和散熱器來溫暖房間。每個散熱器都有個熱控制閥。開暖氣時，瓦斯鍋爐便會規律地點火來維持管路中的水溫。自來水只有在需要時才會加熱。當打開熱水時，瓦斯鍋爐偵測到水流，便會馬上點火，加熱外接水管的冷水。

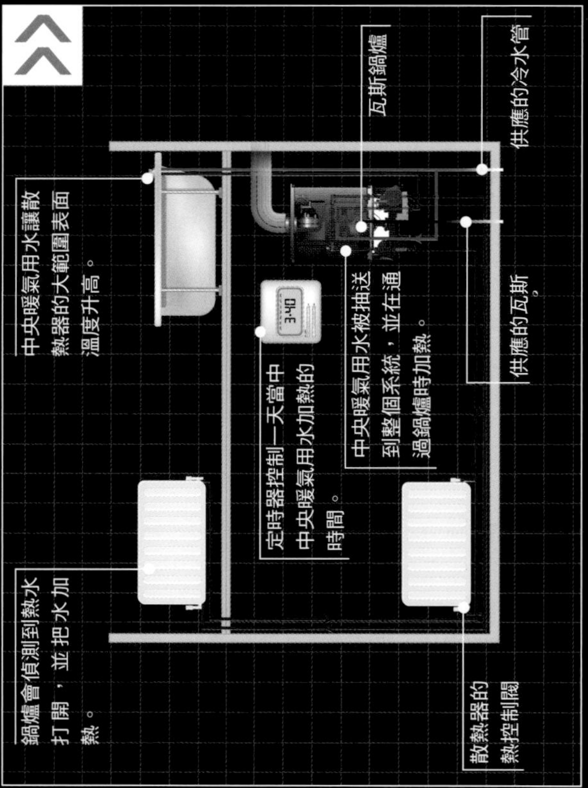
瓦斯鍋爐
供應的冷水管
中央暖氣用水讓散熱器的大範圍表面溫度升高。
中央暖氣用水被抽送到整個系統，並在通過鍋爐時加熱。
定時器控制一天當中中央暖氣用水加熱的時間。
3:40
供應的瓦斯
鍋爐會偵測到熱水打開，並把水加熱。
散熱器的熱控制閥

瓦斯鍋爐

▶▶ 大家都把溫暖的家和熱水視為理所當然，但其實這需要工程複雜的機器，像是一台瓦斯鍋爐，才能輸送讓人放心的溫暖。鍋爐裡頭的零件必須共同合作才能安全運作——瓦斯不能外洩，還要防止瓦斯燃燒機製造致命的一氧化碳，而且水關掉之後，鍋爐也必須停止運作。 ▶▶

▶▶ 參見：煙霧偵測器 p12、高科技馬桶 p14

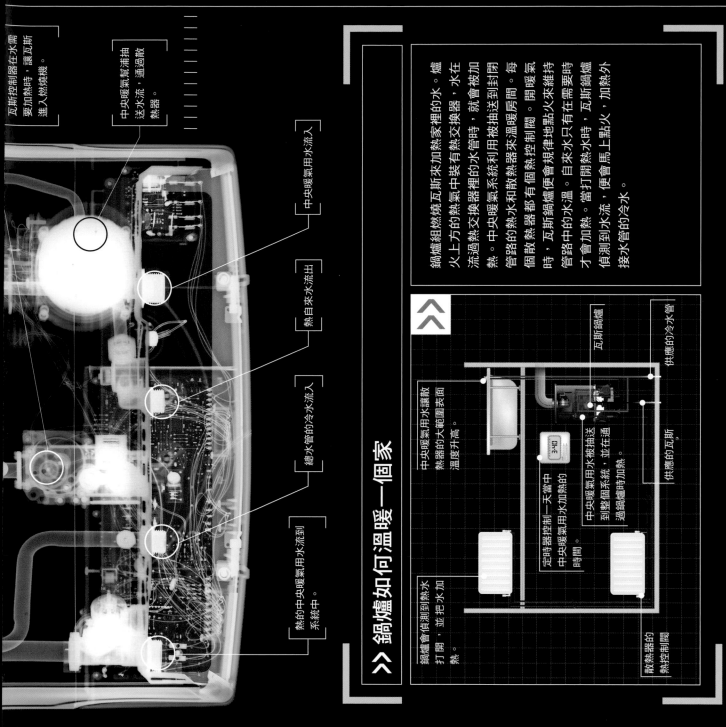

底圖：風力發電機正進行維修工程
因為有變速箱增強轉軸的速度，所以只要有微風就可以發電。
轉軸葉片直徑達71公尺，等同15輛房車的長度。
發電機發出690伏特的電。
風速計和風向計可偵測風速和方向，使風力發電機保持在迎風位置。

風力發電機

▶▶未來，巨型的風力發電機將取代傳統的風車，用稀薄的空氣產出乾淨、環保的能源。一座風力發電機機可以提供約1000個家庭所需的電力，而一年所提供的電力，可以讓一台電腦運轉超過1600年。▶▶

風力發電機的原理

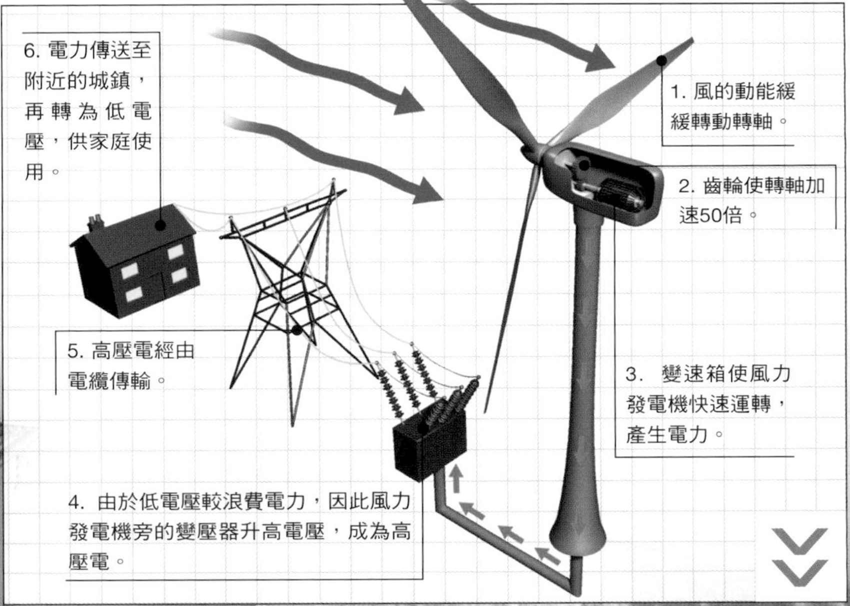
6. 電力傳送至附近的城鎮，再轉為低電壓，供家庭使用。
1. 風的動能緩緩轉動轉軸。
2. 齒輪使轉軸加速50倍。
5. 高壓電經由電纜傳輸。
3. 變速箱使風力發電機快速運轉，產生電力。
4. 由於低電壓較浪費電力，因此風力發電機旁的變壓器升高電壓，成為高壓電。

風力發電機捕捉風力，將其轉換成電力。風力發電機的運作模式與飛機的螺旋槳引擎相反。後者將油料轉換為一股推進的氣流，而靜止的風力發電機則是讓空氣通過，帶動轉軸，啟動發電機，繼而產生電力，與腳踏車發電機類似。轉軸的角度方便它在風通過時轉動。長長的轉軸作用有如槓桿，即使微風都可以讓它轉動。

▶風力發電機巨大的轉軸位於離地面80公尺的高空，以盡量運用風力。一具發電機可產生兩百萬瓦的電力，約需1000具發電機才能提供如大型核能發電廠所產生的電力。

▶▶參見：模擬跳傘 p86、氣象氣球 p164

底圖： 掃描式電子顯微鏡（SEM）下的生質塑膠

生質塑膠

▶▶ 塑膠和自然不相容。垃圾掩埋場內，有些塑膠需要數十年，有些甚至要五百年以上的時間，才能分解完畢。然而，運用玉米粉等天然成分所製成的生質塑膠，已經有了突破性發展，這種塑膠只要短短三個月，就可以破裂、完全無害地生物分解。▶▶

≫ 塑膠分解的原理

1. 生質塑膠含有澱粉，澱粉是植物類以儲存能量的化學物質。植物生長時，從陽光吸收能量，再轉化成一種稱為葡萄醣的醣分。植物有時不會立即使用所有的葡萄醣，因此會以澱粉的形式儲存起來，以備不時之需。這片馬鈴薯切片在放大10-20倍後，可看到植物細胞中，有橢圓形的澱粉粒。

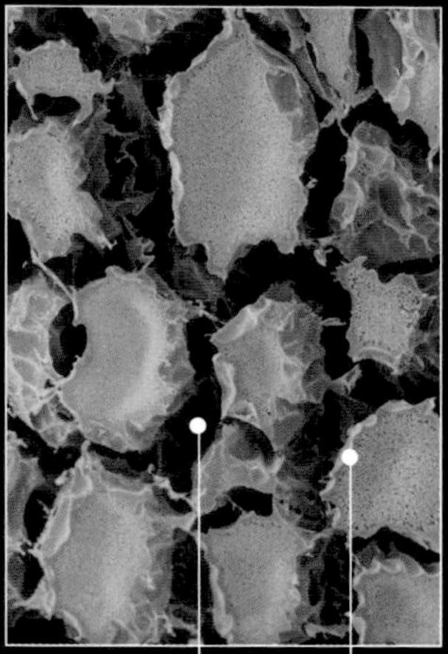

細菌滲透進細胞的間隙裡。

細胞壁破裂。

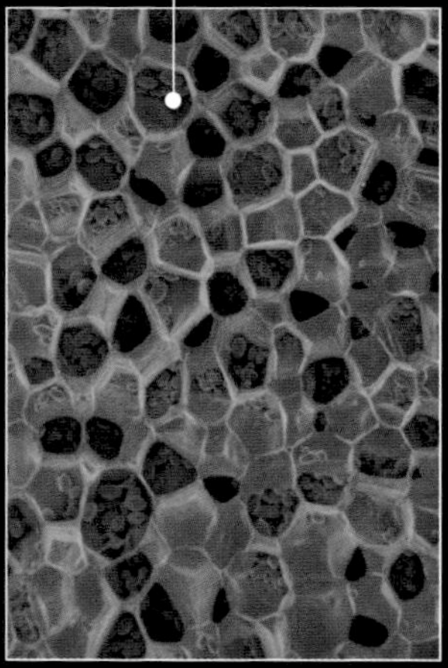

細胞內可看到澱粉粒。

2. 水煮馬鈴薯或義大利麵條等澱粉類食物時，澱粉粒會吸引水分子而膨脹。這顆煮過的馬鈴薯內，澱粉粒已經膨脹，撐破植物細胞。這就是生質塑膠的原理。生質塑膠掩埋後，內部的澱粉粒會從土壤吸收水分、膨脹、崩裂塑膠。

▼許多商家現在都用生質塑膠包裹食物，圖中的西瓜就是一例。食物多含有水分，空氣中也帶有水氣，因此生質塑膠還在超市陳列時，就開始分解，但要好幾個月才會完全分解。

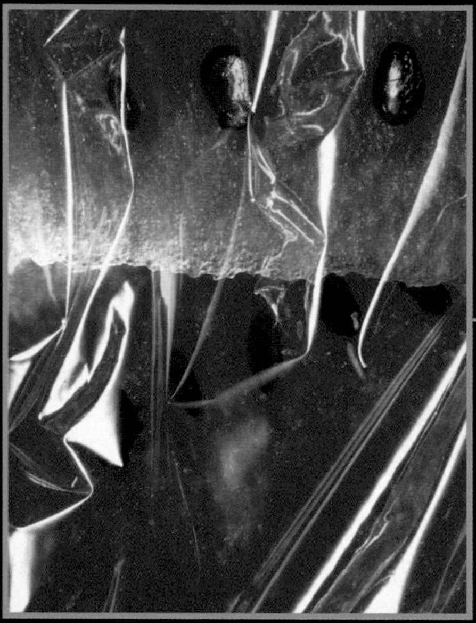

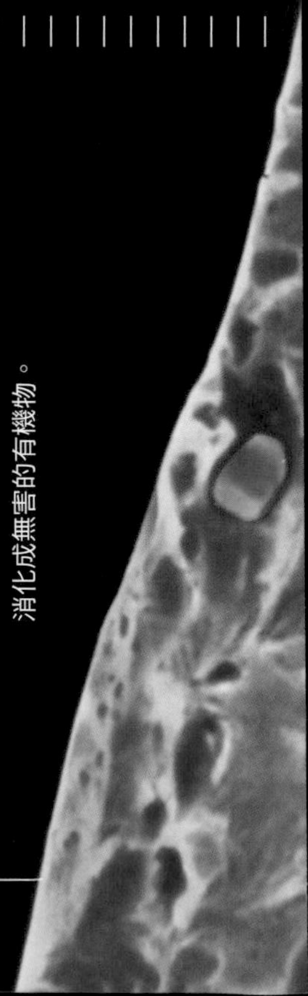

▼用掃描式電子顯微鏡放大1000倍，可看到生質塑膠結構中的玉米粉粒（橘色）。一旦掩埋，地面的水分造成微粒膨脹，幫助塑膠崩解，讓土壤中的細菌可以將塑膠消化成無害的有機物。

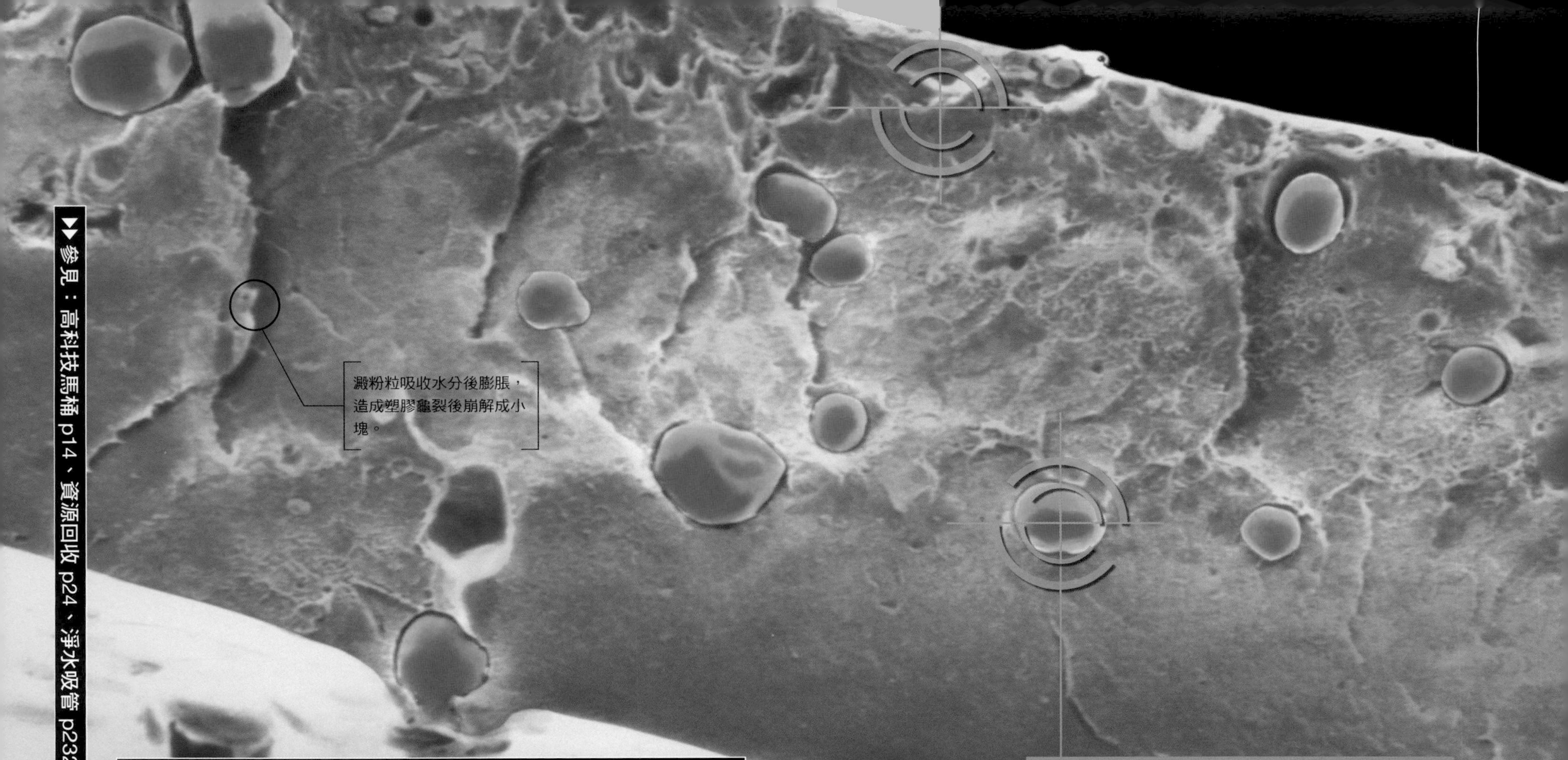

澱粉粒吸收水分後膨脹，造成塑膠龜裂後崩解成小塊。

▶▶參見：高科技馬桶 p14、資源回收 p24、淨水吸管 p232

塑膠的問題

▶ 塑膠是世界上最多變的材質，但人類使用的塑膠產品有超過90% 都丟到垃圾掩埋場。回收塑膠對環保助益很多。用回收材料來製造塑膠，可以節省生產時三分之二的能源。回收五個大水瓶，就可以做一件滑雪外套的隔熱層。

垃圾掩埋場

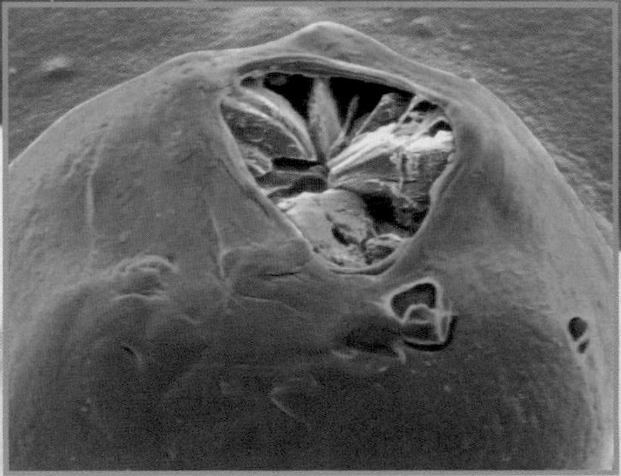

▶ 玉米澱粉（又稱為玉米粉）是玉米製造的澱粉，儲存在袋狀的顆粒中。水會使顆粒爆開（如圖），澱粉四散。廚師常用玉米粉來勾芡。

水耕栽培的原理

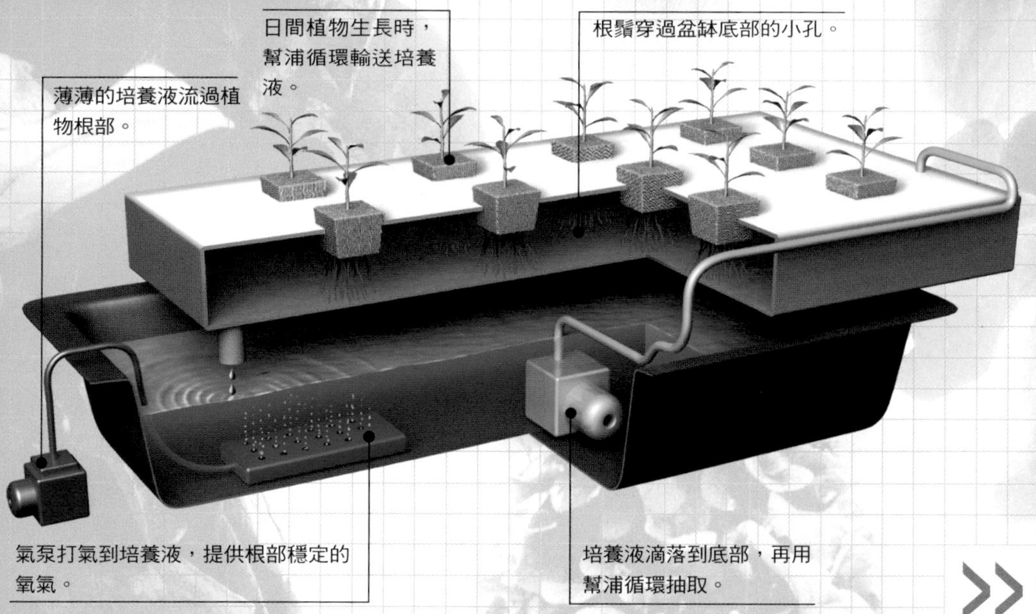
日間植物生長時，幫浦循環輸送培養液。
根鬚穿過盆缽底部的小孔。
薄薄的培養液流過植物根部。
氣泵打氣到培養液，提供根部穩定的氧氣。
培養液滴落到底部，再用幫浦循環抽取。

現今的水耕栽培結合科技和自然，可以快速生長，生長速度也比一般土耕快十倍。因為土耕的植物需要龐大的根部來吸收養分，所以浪費較多能量。而水耕栽培的作物長時間浸泡在培養液中，只需要細小的根部，因此可以將更多能量投注在果實成長上。人們可調配培養液，以控制作物的外觀或口味。水耕作物不使用土壤，沒有土壤就沒有雜草或細菌，因此更可抵抗病蟲害。

▶▶參見：超市 p30、伊甸園計畫 p186、 淨水吸管 p232

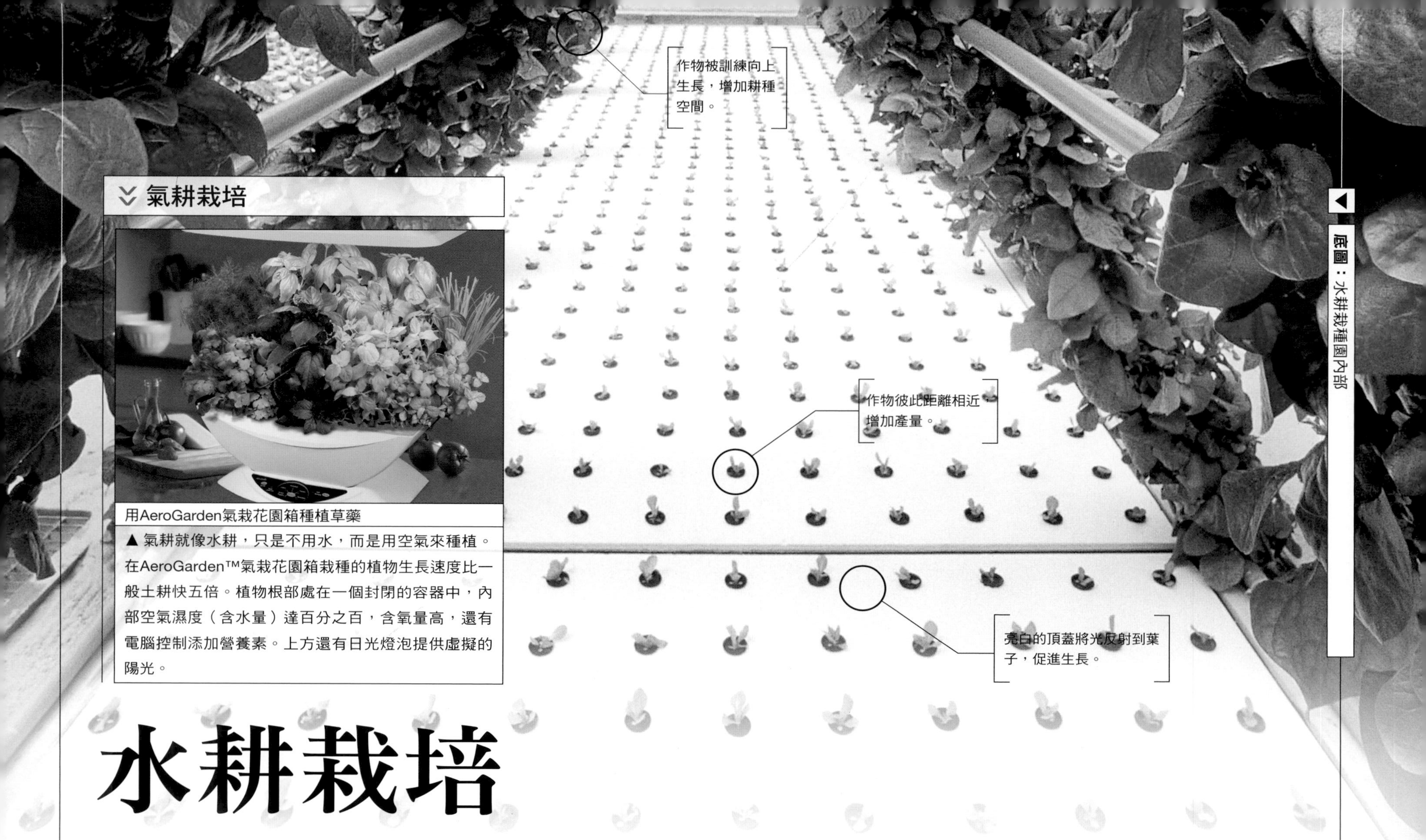
作物被訓練向上生長，增加耕種空間。
作物彼此距離相近，增加產量。
亮白的頂蓋將光反射到葉子，促進生長。

底圖：水耕栽種園內部

氣耕栽培

用AeroGarden氣栽花園箱種植草藥

▲ 氣耕就像水耕，只是不用水，而是用空氣來種植。在AeroGarden™氣栽花園箱栽種的植物生長速度比一般土耕快五倍。植物根部處在一個封閉的容器中，內部空氣濕度（含水量）達百分之百，含氧量高，還有電腦控制添加營養素。上方還有日光燈泡提供虛擬的陽光。

水耕栽培

▶▶ 人們如果要在太空中長久生活，就需要用無土栽培。水耕栽培是方法之一，也就是用營養豐富的培養液來種植，而不用土壤。▶▶

▲ 在水耕栽種園中，作物的根部泡在水盤中，而非泥床裡。土壤的主要功能是提供作物養分。一旦由水提供，那麼就不再需要土壤了。水耕法是古人就流傳下來的栽種法，現在已是太空科學家非常關注的技術。

超級市場

網路購物
消費者全天24小時都可以舒服地從家裡訂購雜貨。超市的網站將店內所有商品陳列出來，消費者可以瀏覽選擇所需物品，再指定送貨時間。目前約有三分之二的網路使用者會線上購物，但95%的購物仍是在實體商店中進行。

自助式購物
這些消費者正在透過錄製的語音指示和電腦螢幕上的提示，掃描自己採購的物品。這類結帳不需要聘請收銀員，所以可為商家減少不少成本。內建式TV攝影機可遏阻竊盜。

一個人平均一生會花八年半在店內購物，因此能讓採購更方便的發明一定會大受歡迎。1880年代起，第一個超市科技——機械式收銀機面世以來，商家越來越高科技化。今日，從推車到冷凍櫃都使用微晶片。

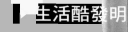

條碼掃描器

結帳時，雷射掃描器可辨識每項採購的物品。印刷的條碼中存有價格等產品相關資訊，紅色的雷射光掃過印刷的條碼。商店經理可以用這些資料追蹤熱門商品，瞭解哪些商品需要補貨。

閉路監視系統

約有一成的消費者會順手牽羊。就像圖中從天花板垂掛的閉路電視（CCTV）攝影機，會緩緩旋轉，監控店內廣大區域。影像錄製在錄影帶或磁片上，可作為訴訟的證據。

智慧車

商店天花板的傳送器，傳送無線信號到這台推車的電腦，以追蹤你的動態。電腦記錄你每週採購的物品，當你漫步在陳列架前，電腦會提醒你需要採購的物品及特價商品。

參見：整合型科技產品 p56、錢幣 p208、防盜微粒 p216

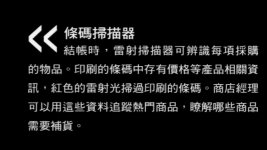

▶圖中是透過電子顯微鏡放大數百倍的人類頭髮，上面撒滿薄薄一層乾洗劑。正常（溼洗）洗髮精是像肥皂之類的溫和清潔劑，會將灰塵和油脂分解成水溶性的小分子。頭髮乾洗劑則會附著在灰塵上，只要用梳子梳理一下，便可將灰塵一併帶走。

頭髮乾洗劑

▼▼人類頭上的十萬根毛髮就像吸塵器一樣。洗頭可能是個費時的過程，頭髮乾洗劑可以讓你快速洗完頭而不費一滴水。▼▼

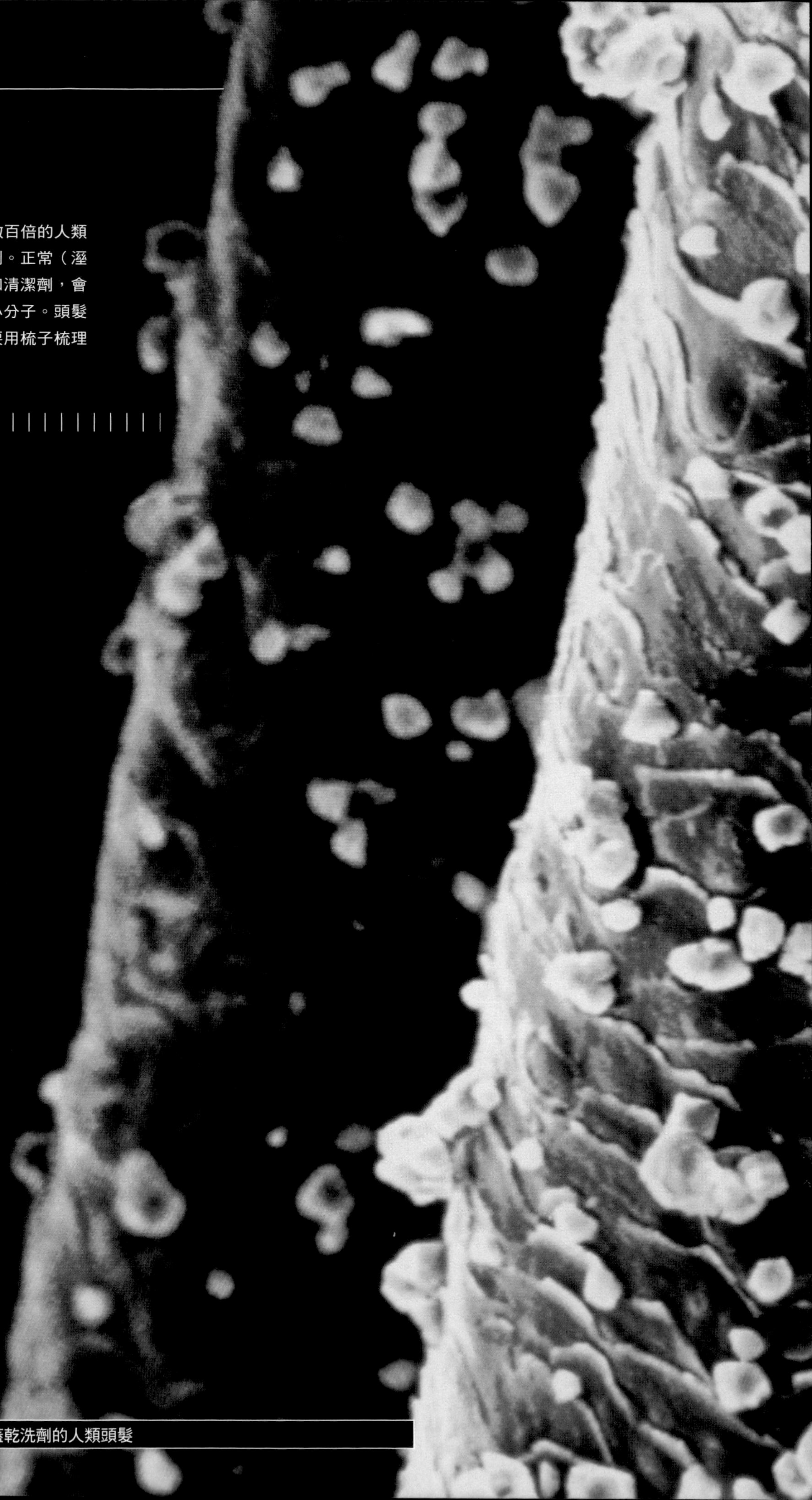

▲ **底圖：**覆蓋乾洗劑的人類頭髮

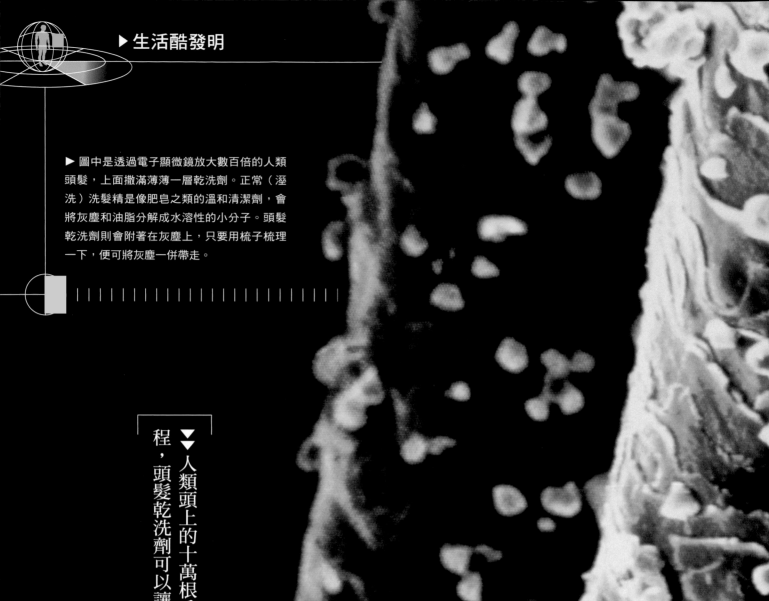

▶▶參見：顯微鏡 p162、微型機器 p200

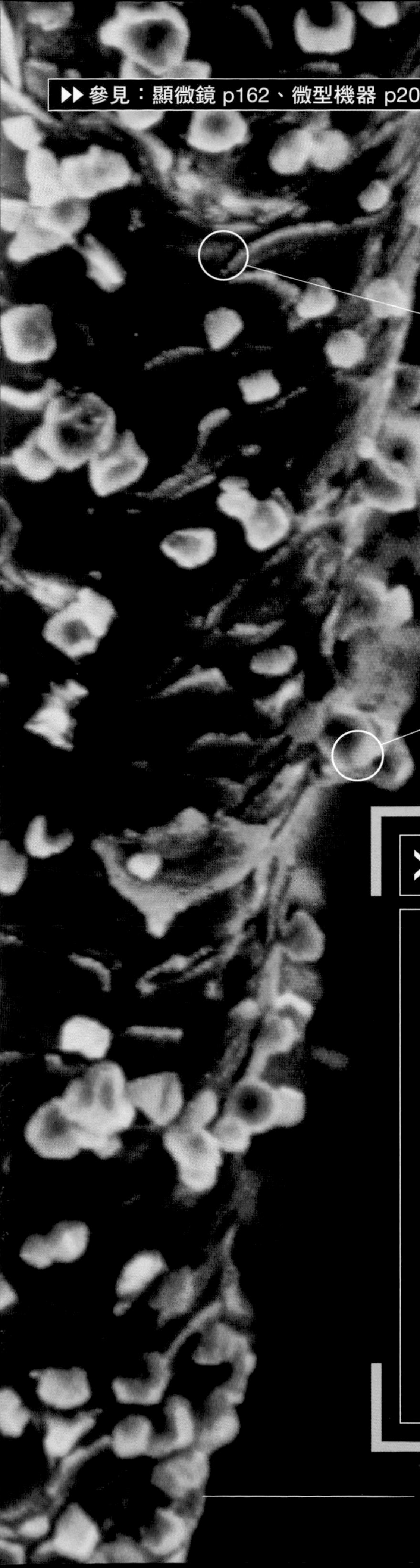
頭髮的角質層（外層）由相互交疊的毛鱗覆蓋著，角質層完全是由死亡的細胞所構成。
薄層的乾洗劑透過化學作用和頭髮上的油脂與灰塵結合在一起。

三千煩惱絲

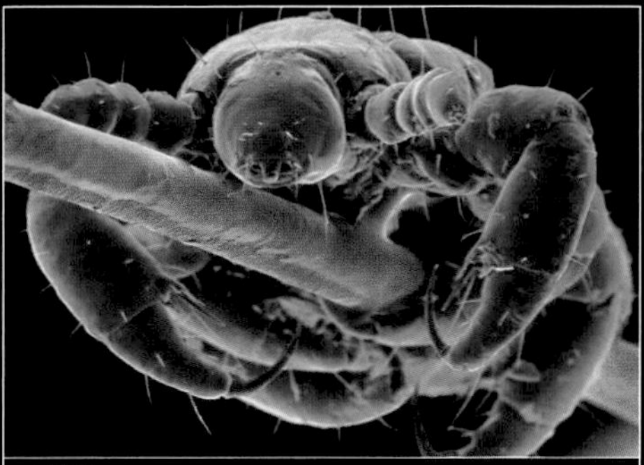

頭蝨

▲任何劑量的一般洗髮精都無法殺死頭蝨。這些微小、無翅的昆蟲靠著吸食頭皮的血液維生。雖然牠們只能活一天，在死前牠們可以產下多達十顆的蟲卵。移除蟲卵的唯一方法，就是使用特殊洗髮精，再用密齒梳子梳理頭髮。

頭髮乾洗劑的原理

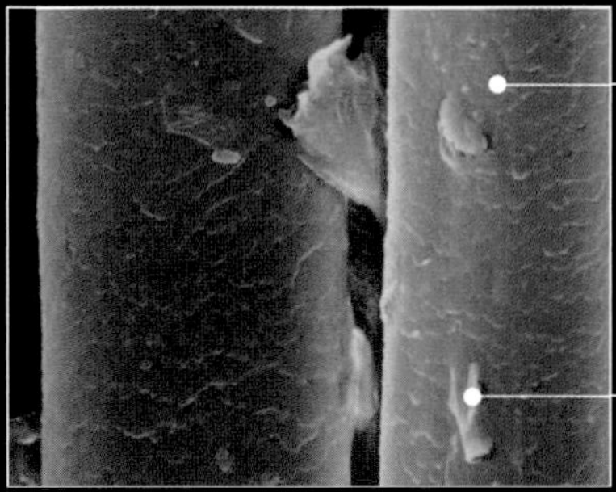
頭髮
灰塵屑

1. 頭皮上（髮根）毛囊周圍的皮脂腺會分泌一種叫做皮脂的油膩物質。皮脂可防水並保護頭髮。如果沒洗頭，皮脂會逐漸累積、吸附灰塵，使頭髮看起來扁塌、不美觀。短髮通常看起來比長髮油膩。

2. 頭髮乾洗劑會緊緊和頭髮上的油脂和灰塵結合在一起。梳頭時，大分子的乾洗劑無法通過細密的梳齒。如此一來，梳子會將乾洗劑梳掉，順道把灰塵也梳掉。

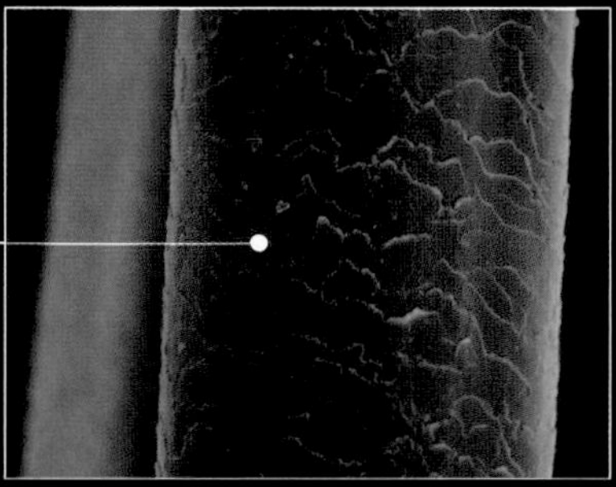
乾淨的頭髮

人造視網膜

盲人活在黑暗的世界裡，但新科技可以幫助他們「看見」世界。人造視網膜類似於數位相機，可將外在世界的影像直接傳送到盲人的大腦，而不需透過已受損的視覺系統。

▶由南加州大學所研發的人造視網膜，只需要90分鐘就可以完成移植手術。手術後的視力雖然微弱，但足以用來區辨簡單的形體和偵測移動物體。隨著盲人逐漸習慣人造視網膜，他們的大腦會「填入」遺漏的資訊，視力也就跟著改善。

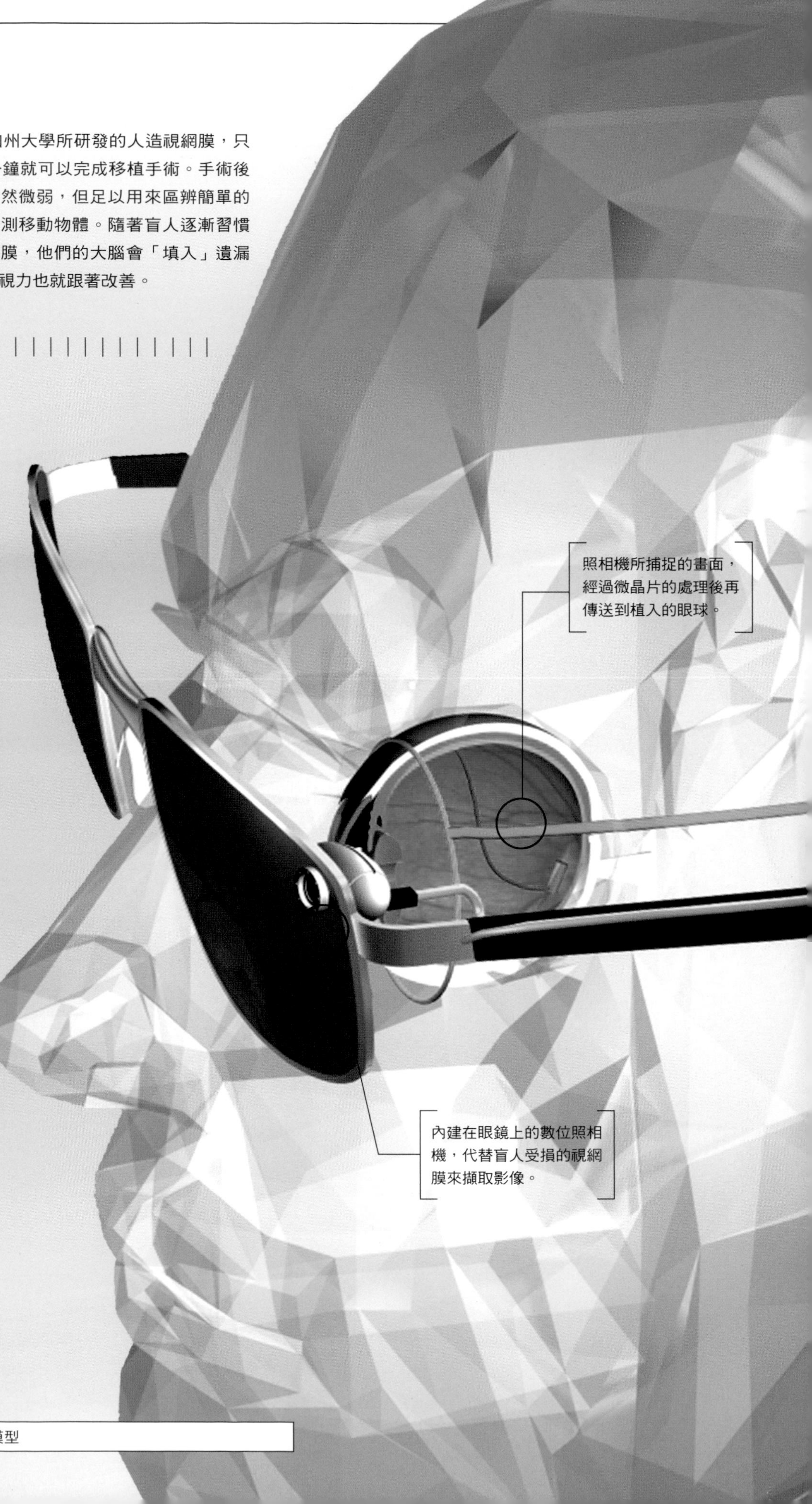
照相機所捕捉的畫面，經過微晶片的處理後再傳送到植入的眼球。
內建在眼鏡上的數位照相機，代替盲人受損的視網膜來擷取影像。

▲ **底圖：**視網膜移植模型

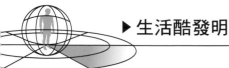

▶▶ 參見：藍芽技術® p50、模擬器 p70、眼部裝備 p230

人造視網膜的原理

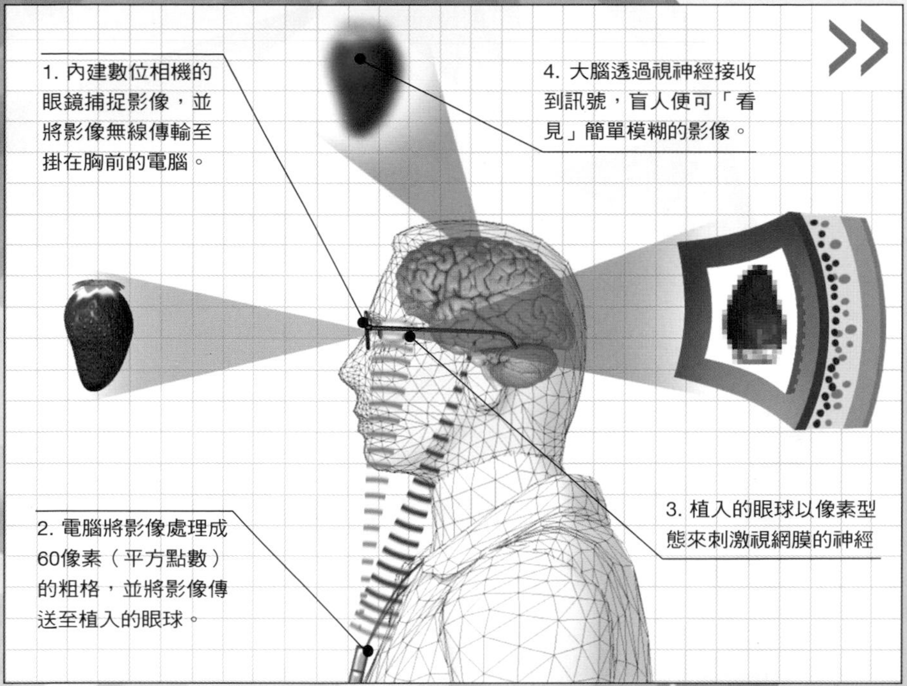
1. 內建數位相機的眼鏡捕捉影像，並將影像無線傳輸至掛在胸前的電腦。
2. 電腦將影像處理成60像素（平方點數）的粗格，並將影像傳送至植入的眼球。
3. 植入的眼球以像素型態來刺激視網膜的神經
4. 大腦透過視神經接收到訊號，盲人便可「看見」簡單模糊的影像。

盲人因為角膜（眼球外層的保護膜）和大腦視覺皮層（處理視覺訊號的大腦局部）之間的連結損壞，所以看不見。但是將訊號從眼睛傳送到大腦的視神經通常是完好無損的。科學家直接將影像傳送到視神經，讓盲人重獲光明。電子眼鏡上的微晶片可以抓取數位影像，接著將影像發送到植入的眼球。這會刺激視神經將影像傳送到大腦。

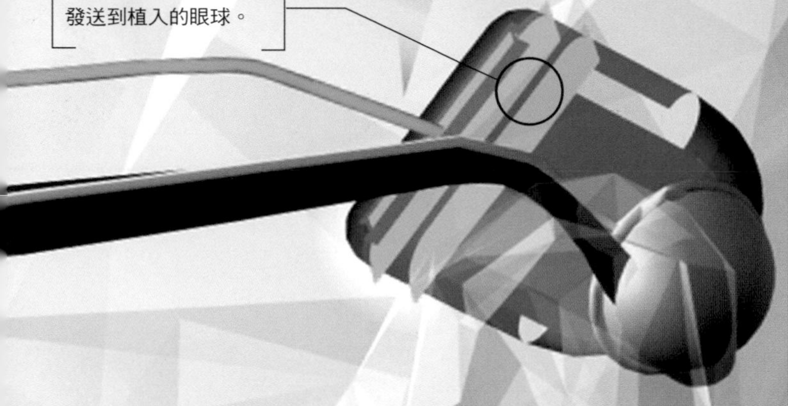
微晶片將處理過的影像發送到植入的眼球。

機器人的視力

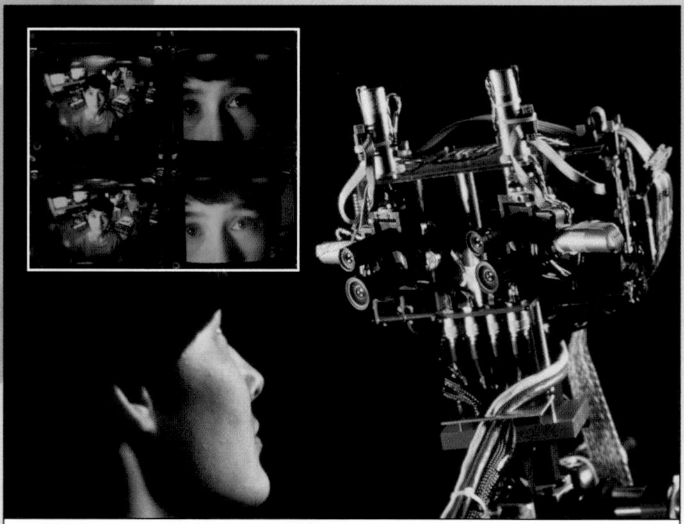
機器人Kismet正在「看」東西

▶ 機器人Kismet的頭上有四個充當眼睛用的數位相機。其中兩個是廣角的，另外兩個有特寫鏡頭。透過四個影像，電腦可以偵測人臉，然後機器人會轉頭面對人臉。可以轉頭面對人臉的這項功能，使得機器人Kismet看起來更人性化。它還會自己把眼皮闔上，也會擠眉弄眼來表達哀傷、挫折或驚喜的情緒。

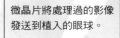

計時器

幾百年來，時鐘和手錶的指針都需要靠複雜的機械原理來運作。如果沒有定期上發條，它們就不動了。現代的計時器形狀和大小各異。有些利用無線電廣播計時；有些使用可以測量脈搏的水晶錶面；更有其他手錶特別是為網路時代所設計的。

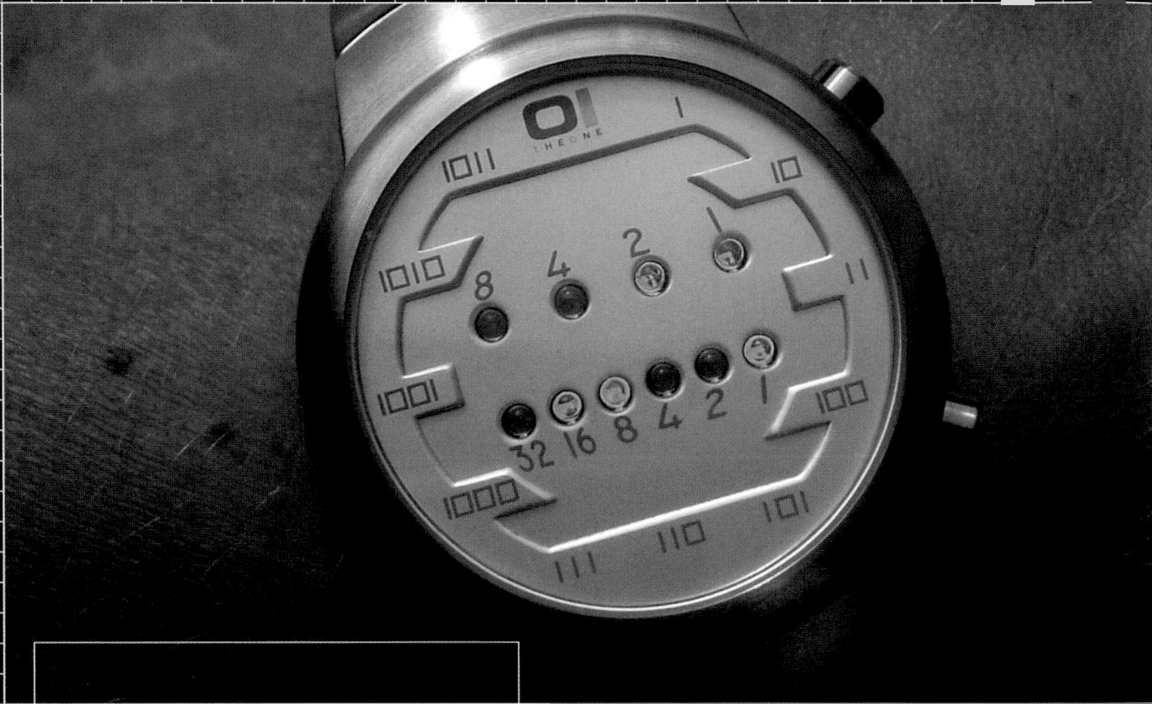

二進位制腕錶

使用二進位制的電腦只需要使用二個號碼來儲存數字：「0」（關）和「1」（開）。這支錶也使用相同原理。第一個燈號的值是1，後面燈號的值是前一個燈號的兩倍。把這些燈號值加起來，就是這支錶所指的時間3:25。

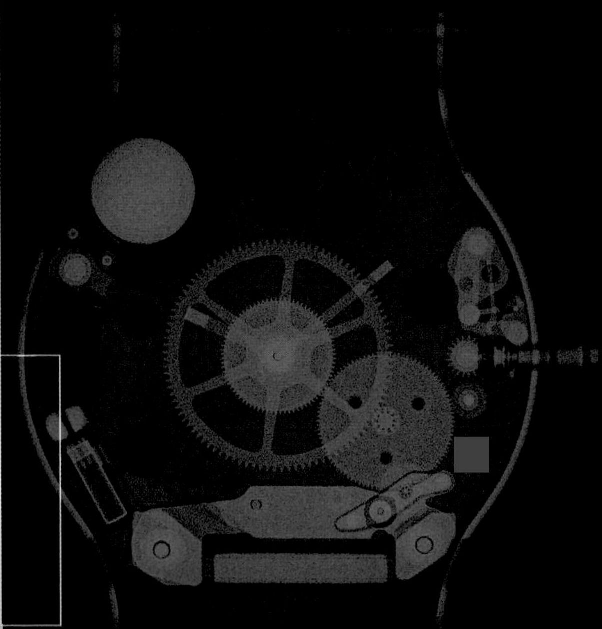

石英錶X射線

電流可以讓石英晶體（見左下方）以非常精確的頻率振盪著。如此一來，便可精準控制手錶的時間。

原子錶

原子鐘是世界上最好的鐘。它的計時誤差小於十億分之一秒，但是原子鐘太大無法戴在手上。這款原子錶計時精確，透過定期接收無線電廣播，使時間和原子時間（atomic time）同步。

LED（發光二極體）鐘

你看得出來這兩個TIX LED鐘顯示幾點嗎？是12:34！你只要算一算鐘面上每個區段發亮的LED數目就知道了。一旦瞭解它的原理就非常容易使用！

網路時間

要在網路上安排行事曆可能會非常令人困惑，因為人們會依自己所處的時區設定手錶。「網路時間」是全球同步的，將可以解決這個問題。它將一天切割成1000個單元，每一單元大約是1.5分鐘。

▶▶參見：藍芽技術® p50 整合型科技產品 p56 超級電腦 p60 間諜配備 p214

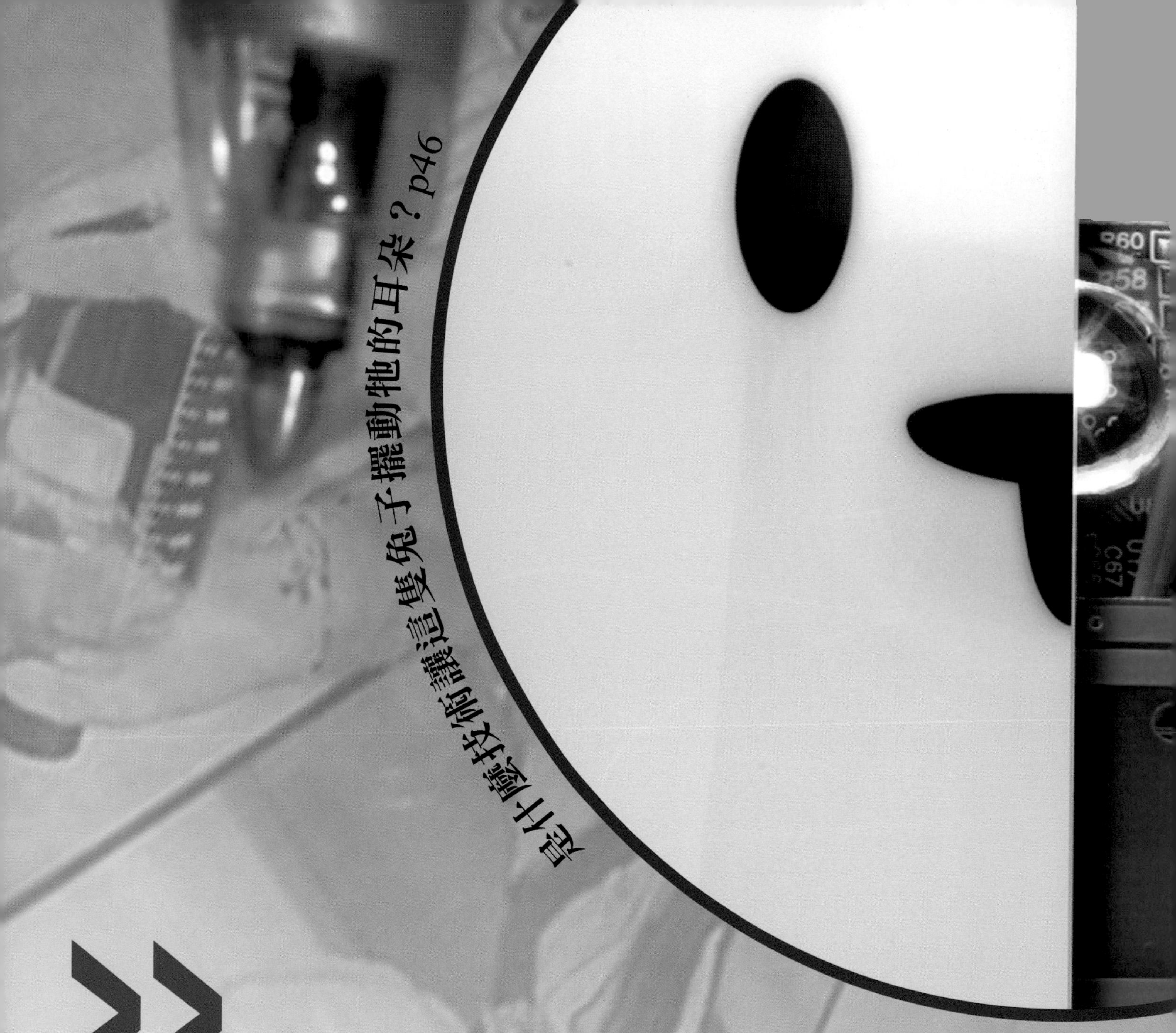

是什麼技術讓這隻兔子擺動牠的耳朵？p46

▶▶ 在21世紀，距離不是問題。行動電話隨處可見，全世界的電腦可以在網際網路上交換資訊。大部分新發明的設計可以執行一個以上的功能，而且它們彼此之間還可以溝通。隨著無線科技、無線電波或紅外線資料傳輸的進步，我們所依賴來連結傳輸的電線和纜線即將變成過去式。▶▶

這個姆指大的機器人如何溝通？p50

為什麼這隻齧齒目動物沒球可玩？p44

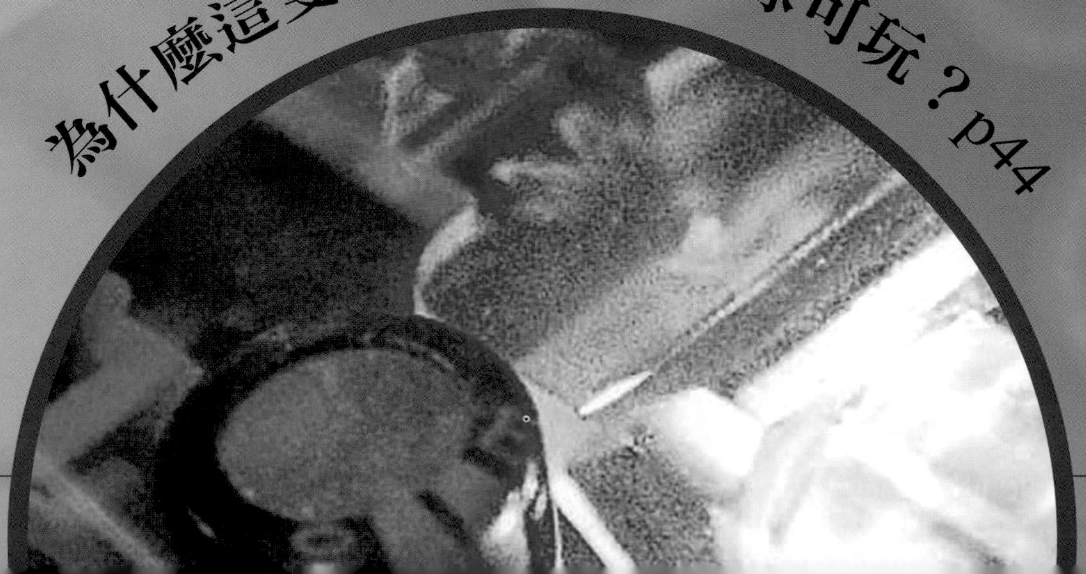

>> XO筆記型電腦的原理

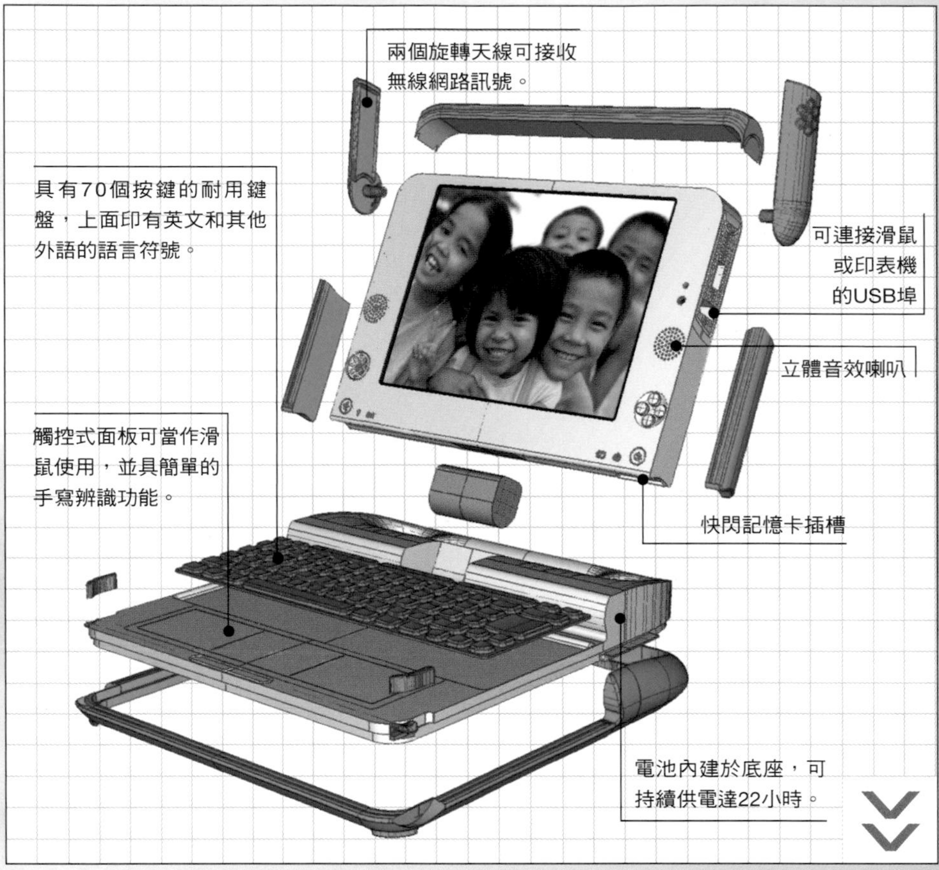
兩個旋轉天線可接收
無線網路訊號。
具有70個按鍵的耐用鍵盤，上面印有英文和其他外語的語言符號。
可連接滑鼠或印表機的USB埠
立體音效喇叭
觸控式面板可當作滑鼠使用，並具簡單的手寫辨識功能。
快閃記憶卡插槽
電池內建於底座，可持續供電達22小時。

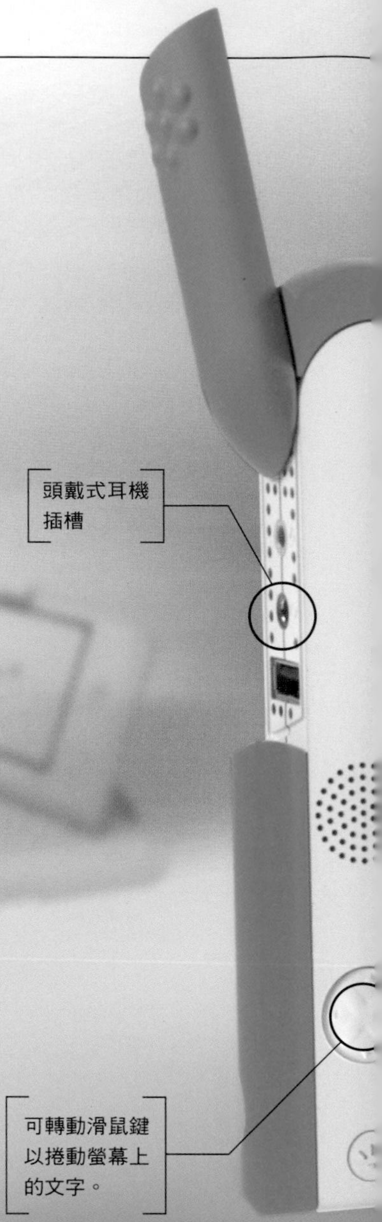
頭戴式耳機插槽
可轉動滑鼠鍵以捲動螢幕上的文字。

XO筆記型電腦功能強大，但價格平實。它使用平價的處理器晶片來支援簡單的操作系統（控制電腦和程式的主要軟體）。它不具備機械式的硬碟，採以如數位相機所使用的快閃記憶卡取代。雖然XO筆記型電腦有插槽可以和電路連結，但因為在某些開發中國家電力供應不普及，所以未來的電池模型將使用手搖、踏板或拉繩的方式充電。內建的Wi-Fi（無線網路）晶片方便電腦自動連結鄰近的機器和網際網路。

筆記型電腦

▶▶ 全球超過80%的人口無法連上網際網路。XO筆記型電腦的設計為大家帶來資訊的力量。這部要價50英鎊（相當於3250台幣）的電腦，將賣給開發中國家政府以供學校使用。▶▶

▶▶ 參見：Wi-Fi 玩具 p46、電子書 p48、整合型科技產品 p56

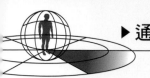

在戶外陽光下使用，LCD螢幕可轉換成亮度超高的黑白螢幕。
內建網路攝影機方便和朋友進行視訊聊天。
玩遊戲用的按鈕
在戶外使用，堅固的塑膠外殼可防塵和防潮。

◀底圖：XO筆記型電腦具有一個可旋式螢幕

◀XO筆記型電腦計畫的目標是要讓「每個小孩都能擁有一台」。像XO筆記型電腦之類的裝置可幫助減少數位落差。數位落差是指開發中國家因為只有少數人能使用電腦和網際網路，而和富裕國家所形成的鴻溝。在印度，目前只有5%的人口可以使用網際網路，而美國則是約75%。

機械式發電器

▶使用機械式充電方式的裝置，如收音機和手提電腦，在欠缺大規模供電網絡的開發中國家越來越受歡迎。圖中用腳踩發電的可攜式發電器，可以用來提供電力給XO筆記型電腦。

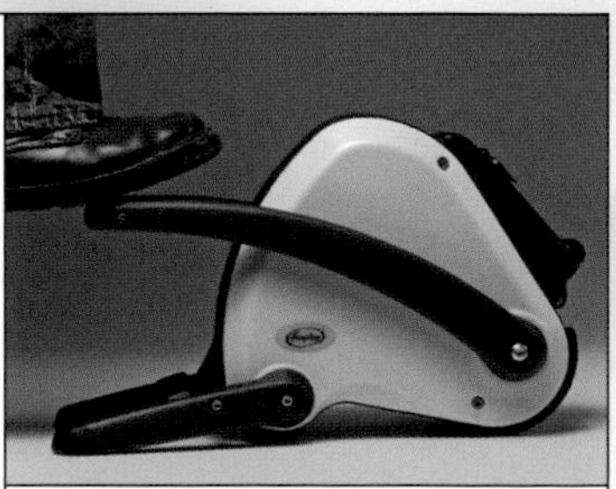
可攜式發電器

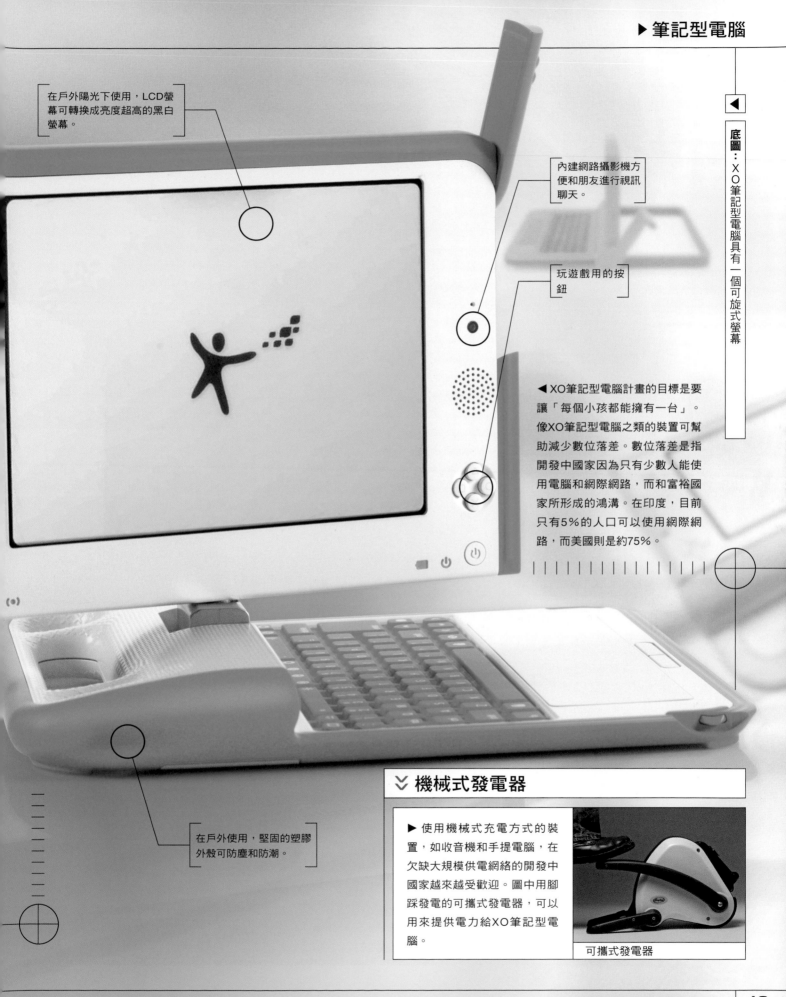

滑鼠

SpaceNavigator 3D控制器

SpaceNavigator™控制器內的感壓裝置，方便使用者推、拉、扭或擠控制器上的圓頂就可以移動、特寫或轉動3D影像。增加壓力則可讓滑鼠移動得更快。

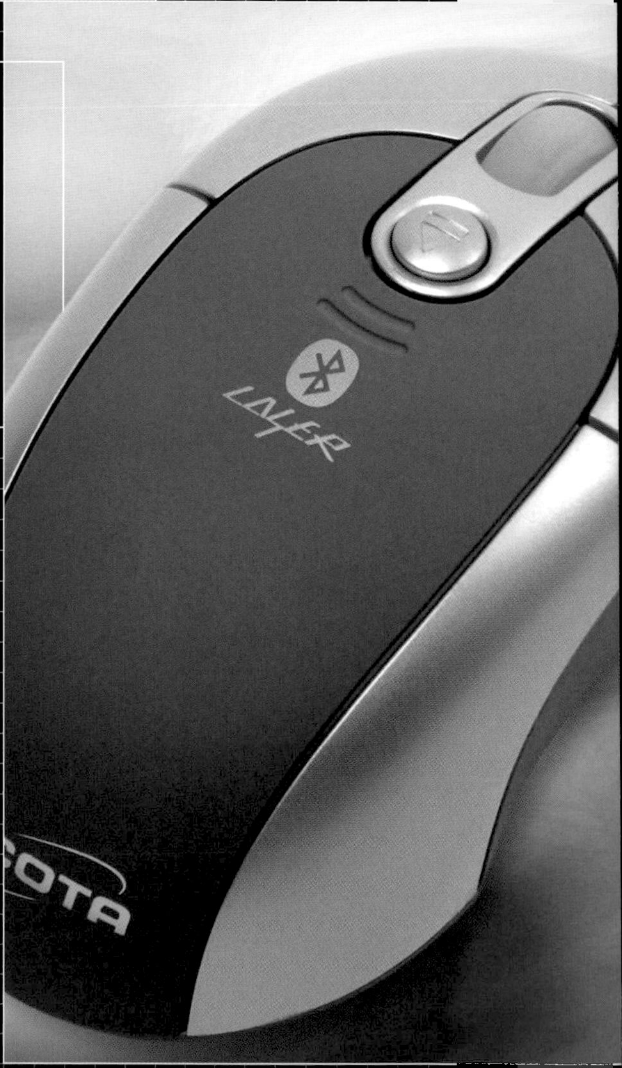

藍芽滑鼠（Bluetooth®滑鼠）

這個Bluetooth®滑鼠不需使用電線，而是用編碼後的無線電訊號和電腦相連。它內部有一個充電電池，所以偶爾需要插著充電。最新的無線滑鼠不需使用電線，只需放在一個特製的滑鼠墊上就可以充電。

傳統的電腦滑鼠包括一個表面有按鍵的曲面滑鼠殼、一個在底部可感應動作的圓球，以及用來連接電腦的電線。但是圓球會吸附灰塵，電線使滑鼠的操作局限在桌面上。近來，有很多更具彈性的滑鼠設計問世。

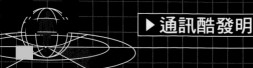

變形滑鼠

這個造型光滑的滑鼠可對抗反覆使力的傷害。它可以改變形狀，所以有不同使用方式。滑鼠外殼適合抓握而且無線，所以可以離開桌面使用。

光學滑鼠

這個無球的滑鼠使用照相機來偵測滑鼠下方模糊的表面細節。電腦可以解讀滑鼠下方表面的圖像來追蹤滑鼠移動的方向和速度。

盲人專用滑鼠

很多盲人使用一套由凸點構成的書寫系統，稱作「布萊葉（braille，或稱布萊爾或布瑞）點字法」。他們用手指觸摸凸點來閱讀。這個滑鼠將電腦輸出的訊息轉換成盲人點字，原理是將訊息由凸起或凹下的針腳形成點字。手指下方的轉盤會移動點字以供閱讀。

▶▶ 參見 Wi-Fi玩具 p46、藍芽技術® p50、超級電腦 p60、在家尋找外星智慧計畫 p62

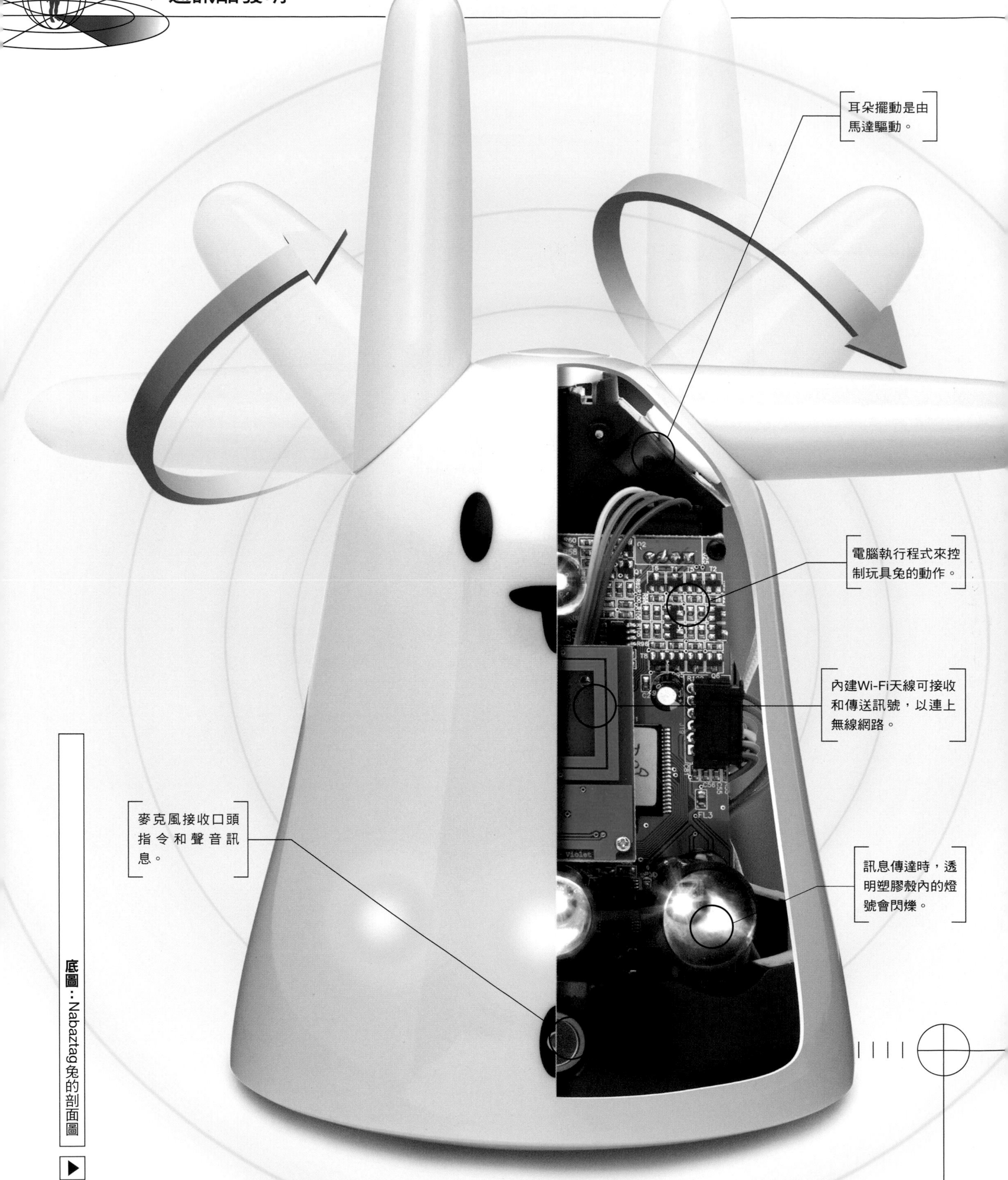
耳朵擺動是由
馬達驅動。
電腦執行程式來控
制玩具兔的動作。
內建Wi-Fi天線可接收
和傳送訊號，以連上
無線網路。
麥克風接收口頭
指令和聲音訊
息。
訊息傳達時，透
明塑膠殼內的燈
號會閃爍。

底圖：Nabaztag兔的剖面圖

▶▶ 參見：滑鼠 p44、電子書 p48、藍芽技術® p50、間諜配備 p214

Wi-Fi玩具

▶▶ 朋友的電子郵件送達後，Nabaztag兔會擺動耳朵，然後把最新訊息唸出來。透過無線電訊號，小兔可以經由鄰近的無線網路連上網際網路。Nabaztag兔是由一部中央電腦控制，主人可以透過製造商的網頁進入這部電腦。 ▶▶

>> Wi-Fi 玩具如何溝通

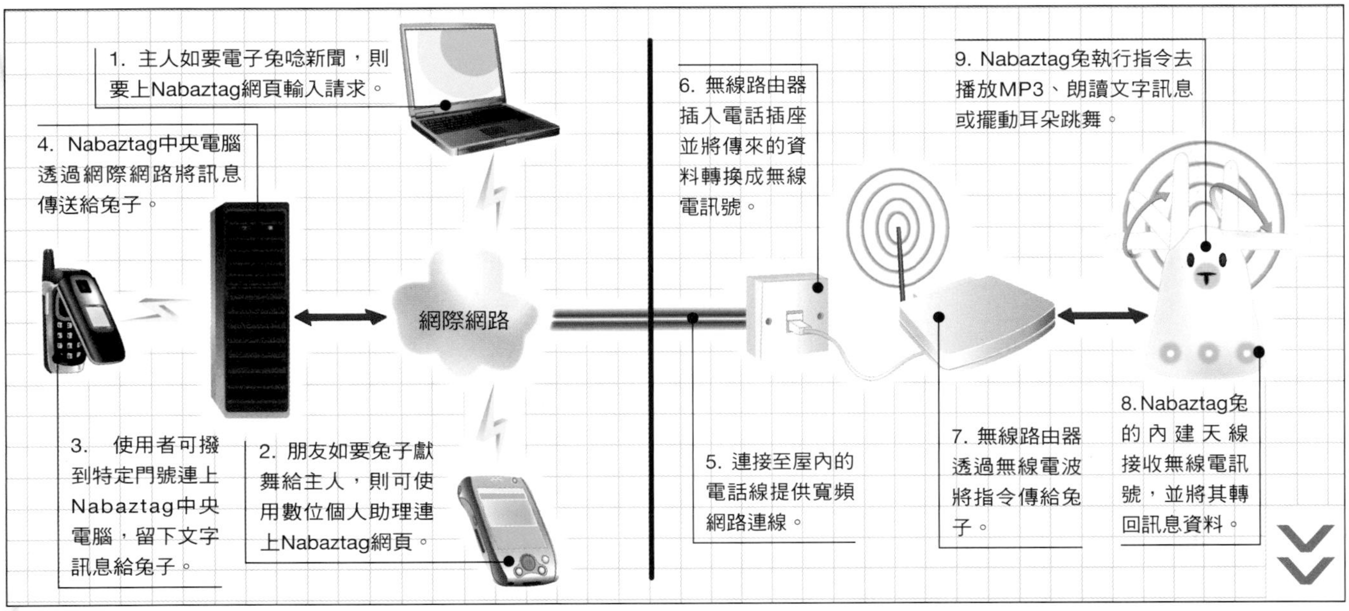
1. 主人如要電子兔唸新聞，則要上Nabaztag網頁輸入請求。
4. Nabaztag中央電腦透過網際網路將訊息傳送給兔子。
網際網路
3. 使用者可撥到特定門號連上Nabaztag中央電腦，留下文字訊息給兔子。
2. 朋友如要兔子獻舞給主人，則可使用數位個人助理連上Nabaztag網頁。
6. 無線路由器插入電話插座並將傳來的資料轉換成無線電訊號。
9. Nabaztag兔執行指令去播放MP3、朗讀文字訊息或擺動耳朵跳舞。
5. 連接至屋內的電話線提供寬頻網路連線。
7. 無線路由器透過無線電波將指令傳給兔子。
8. Nabaztag兔的內建天線接收無線電訊號，並將其轉回訊息資料。

所有要傳達給兔子的訊息，都必須先傳送到製造商辦公室裡的Nabaztag中央電腦。主人和朋友可以透過這台中央電腦和兔子溝通。溝通的方式可以透過手提電腦或個人數位助理先連上網際網路，然後在Nabaztag網頁上輸入訊息，或者也可撥到特定門號直接連上這台中央電腦。電腦接著便會處理輸入的請求（如朗讀MP3格式的新聞或擺動耳朵），然後再將訊息透過網際網路傳給電子兔。

◀ Nabaztag兔內含一台電腦，可以處理接收到的資訊，也可以連上無線網路、播放音樂，以及控制燈光和擺動耳朵的電子零件。

蘋果電視視訊盒

▶ 蘋果電視（AppleTV）視訊盒可以插到電視機上並和家用電腦無線連結。也就是說，它可以用來播放儲存在電腦硬碟裡的電影和節目。

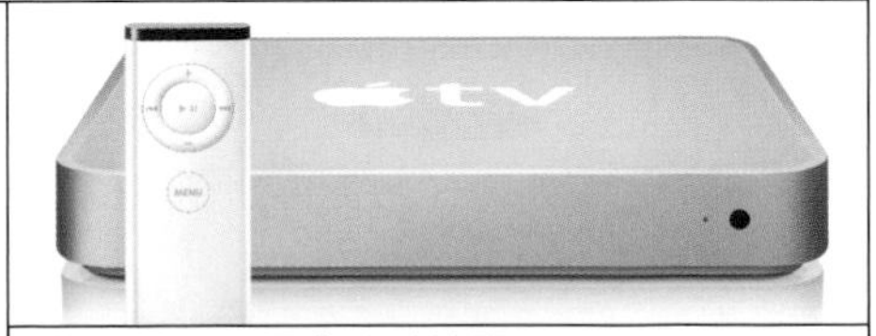
tv
MENU
蘋果電視視訊盒和遙控器

彈性螢幕可以從袖珍的外殼向外捲出至13公分寬。
觸控墊可以像滑鼠一樣捲動螢幕。
My Readius
電子書：傲慢與偏見
上次閱讀：今日14:15
RSS訂閱
最新訂閱：Water on Mars
Podcasts自選廣播
最新節目：DK Radio（每日）
電子郵件
最新郵件：嗨！（寄件者Jack Swan）
個人資訊
行事曆、聯絡人、待辦事項、旅行計畫

▲ **底圖：**Readius® 電子書

高對比的黑白螢幕即使在燦亮的陽光下也可使用。

▲ Readius® 電子書擁有4G的記憶體，足以用來儲存相當於5000本聖經的書籍內容。它也可以儲存電子郵件和音樂，或透過RSS訂閱來接收更新的網路新聞。

電子書

▶▶ 既然可以把上千首歌儲存在MP3播放器裡，為什麼不也這麼處置書籍呢？方便易讀的電子書許你一個行動圖書館的願景。 ▶▶

>> 電子墨水的原理

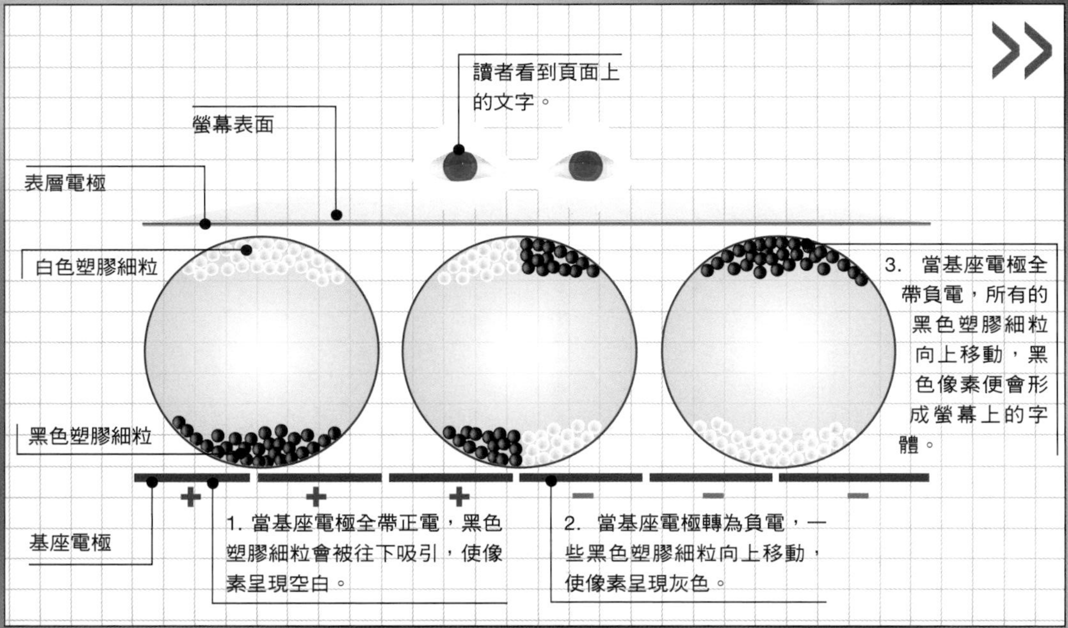
讀者看到頁面上的文字。
螢幕表面
表層電極
白色塑膠細粒
黑色塑膠細粒
基座電極
1. 當基座電極全帶正電，黑色塑膠細粒會被往下吸引，使像素呈現空白。
2. 當基座電極轉為負電，一些黑色塑膠細粒向上移動，使像素呈現灰色。
3. 當基座電極全帶負電，所有的黑色塑膠細粒向上移動，黑色像素便會形成螢幕上的字體。

筆記型電腦、行動電話和計算機使用幾百萬個像素來呈現文字和圖片。典型的液晶螢幕顯示器每平方公分只有35個像素，這只有一般電腦印表機的六分之一。這也是為什麼列印出來的文件比較清楚而易於閱讀。電子書使用小到只有人類頭髮寬度的塑膠囊作為螢幕材質，清晰的影像每平方公分包含60到80個像素。每個塑膠囊內含黑色和白色細粒。在精確的電流控制下，這些細粒會向塑膠囊上方或底部移動，在彈性螢幕上形成字母、文字和圖片。這種螢幕不只比電腦螢幕還清晰，即使在明亮的陽光下也易於閱讀，並且耗電量低。

▶▶ 參見：Wi-Fi 玩具 p46、整合型科技產品 p56、遊戲機 p68

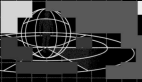

藍芽技術

藍芽技術®為機器之間資訊交換的方式帶來劇烈的改變。它是一種短距無線通訊方式，可以安全地連接電子裝置，並逐漸取代電線來連接如印表機、頭戴式耳機和遊戲機等裝置。藍芽技術使用智慧型的無線電鏈結技術，每秒變頻1600次，以防止無線電波干擾的問題。

微型機器人
藍芽裝置的體積可以非常小，如圖中姆指大的微型機器人。不同於很多其他由無線電波控制的裝置，藍芽技術使用數位編碼後的鏈結技術來連接各種裝置。這表示數個連結可分享同一頻率，而不會產生問題。

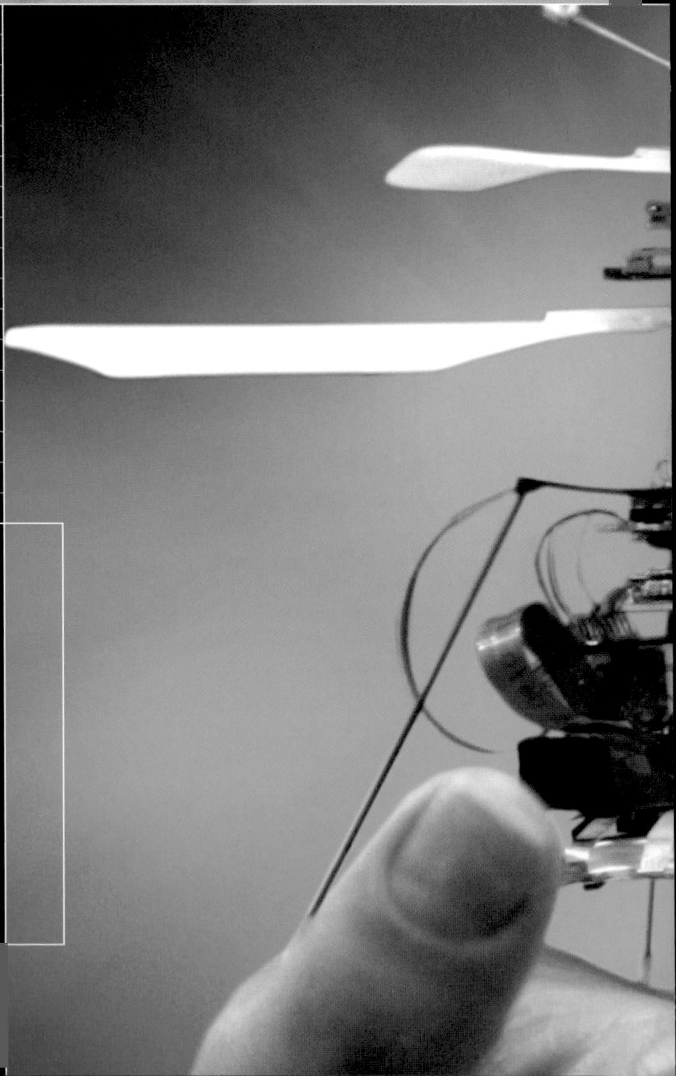

微型直升機
圖中重12公克的微型直升機使用藍芽技術來接收指令，並將空拍照片傳回基地。藍芽技術的最大傳輸距離通常是10公尺，但是高功率的發射器可以拉長傳輸距離。

藍芽手錶

和藍芽行動電話搭配使用時，一旦有來電或有訊息，藍芽手錶便會震動並顯示來電者身分或訊息內容。當行動電話電力不足時，藍芽手錶甚至會發出警訊。

眼鏡式免持聽筒

這副眼鏡結合了行動電話專用的藍芽免持聽筒。它具有一個可塞入耳朵的微型揚聲器和接收聲音的麥克風。只要輕碰眼鏡一下就可以接聽來電，這個裝置還可以隱藏在頭髮或帽子下。

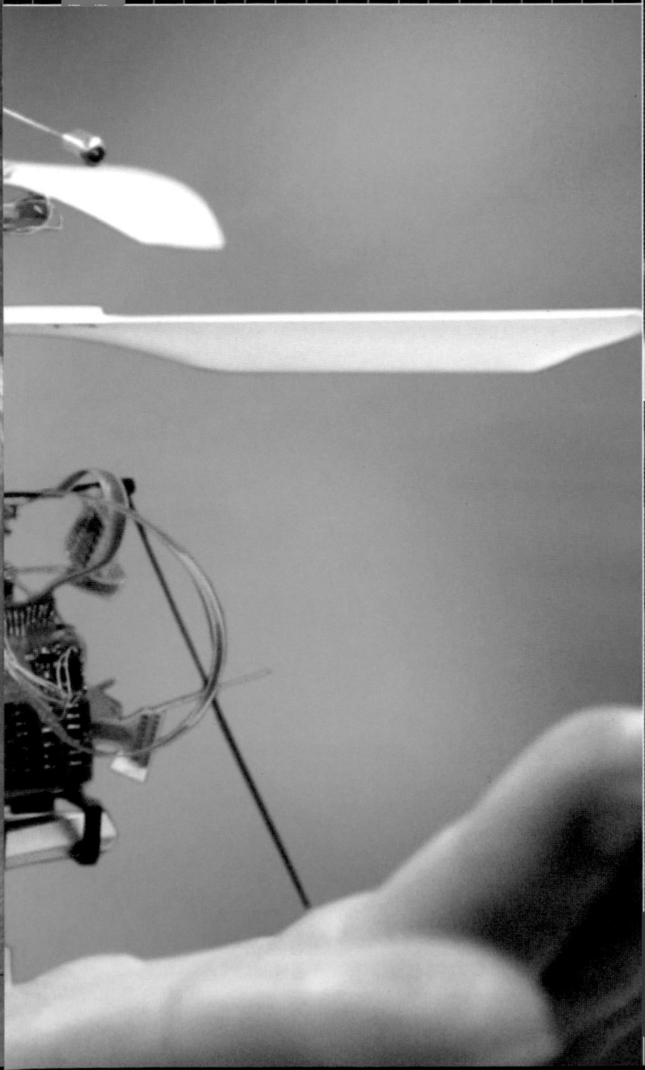

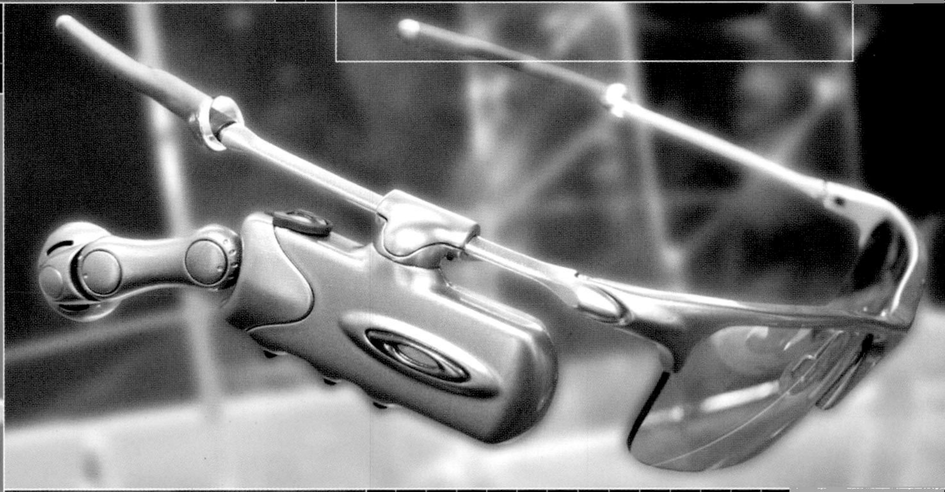

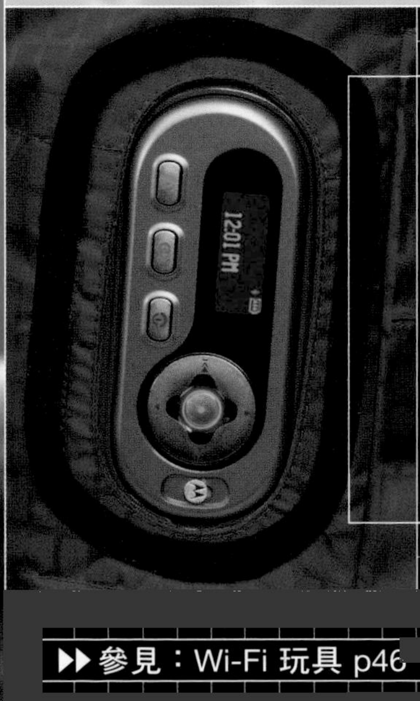

滑雪專用MP3播放器

圖中的藍芽控制器位在雪衣的袖子上，可以和帽子上的揚聲器，以及衣領上的麥克風相連。這個控制器可無線連上行動電話和MP3播放器，因此在滑下山坡時，滑雪客可以免持接聽電話，或不間斷地享受音樂。

▶▶參見：Wi-Fi 玩具 p46　寵物攝影機 p52　機器人 p90

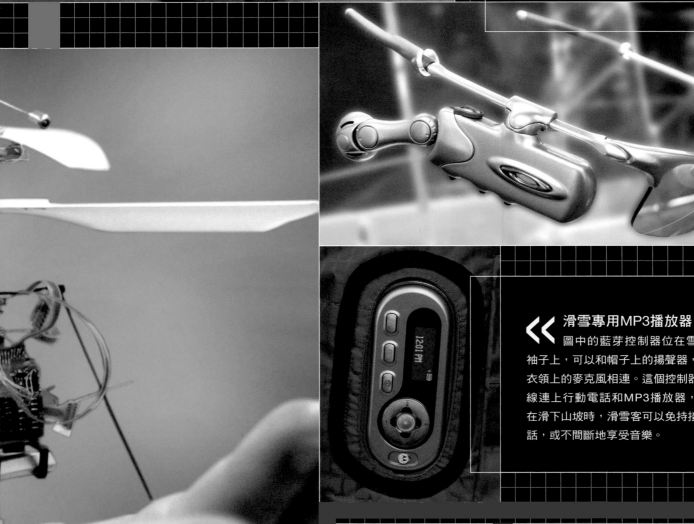

抬頭顯示器將資訊投射到擋風玻璃上。
61 km/h
Navigation
Exit
Stop
New Address
Pref Destination
Last Destination
Store
2:27
CANCEL
PHONE
SOURCE
語音衛星導航系統免去駕駛人往下看的麻煩。

底圖：汽車的夜視抬頭顯示器

抬頭顯示器

▶▶ 夜間開車時，駕駛人必須格外小心，將目光集中在路面很重要。抬頭顯示器（HUD）將資訊投射在擋風玻璃上，駕駛人就不用往下看儀表板了。▶▶

>> 抬頭顯示器的原理

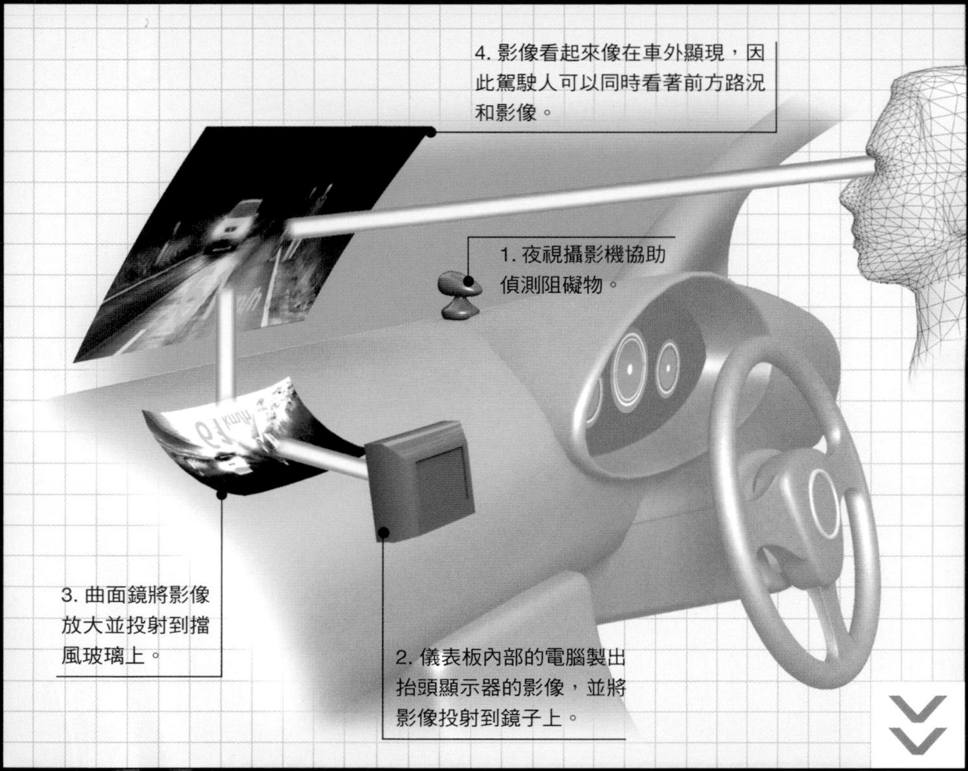
4. 影像看起來像在車外顯現，因此駕駛人可以同時看著前方路況和影像。
1. 夜視攝影機協助偵測阻礙物。
3. 曲面鏡將影像放大並投射到擋風玻璃上。
2. 儀表板內部的電腦製出抬頭顯示器的影像，並將影像投射到鏡子上。

HUD影像可投射到擋風玻璃或特製的透明螢幕上。影像由電腦形成後，經過一連串的透鏡折射，最後投射到擋風玻璃上。曲面鏡讓光線轉向以形成幻象，因此影像看起來像是擋風玻璃外的景象。如此一來，駕駛人的眼睛就不需再重複傷神又讓人分心的距焦動作。而夜視抬頭顯示器，則是透過一部紅外線攝影機擷取影像，然後再傳送到抬頭顯示器。

▲ 底圖的車用抬頭顯示器顯示行車速度，以及路況的夜視影像。駕駛人可根據不同的行車狀況， 選擇抬頭顯示器所要投射的資訊。

飛行器用抬頭顯示器

著陸時，戰鬥機的抬頭顯示影像

◀ 抬頭顯示器首先用在軍用飛行器上。軍用噴射機速度快、飛行高度低，所以每次當飛行員低頭檢視，而沒有看著駕駛艙外的景象時，便可能導致墜機。很多飛行器現在都有配備抬頭顯示器，以便在天氣不佳（如起霧）的狀況下，著陸時使用。在未來，眼鏡也可配備抬頭顯示器，以便在眼鏡上投射地圖、提示和購物清單。

▶▶ 參見：自走車 p104、寧靜飛行 p126、雙筒望遠鏡 p158

整合型科技產品

整合就是將不同用途的科技具體呈現在一個產品之中。除了打電話，大部分的行動電話還可以拍照、儲存並播放音樂。遊戲機也能播放CD和DVD。一些平凡無奇的產品有時會令人驚奇讚嘆。

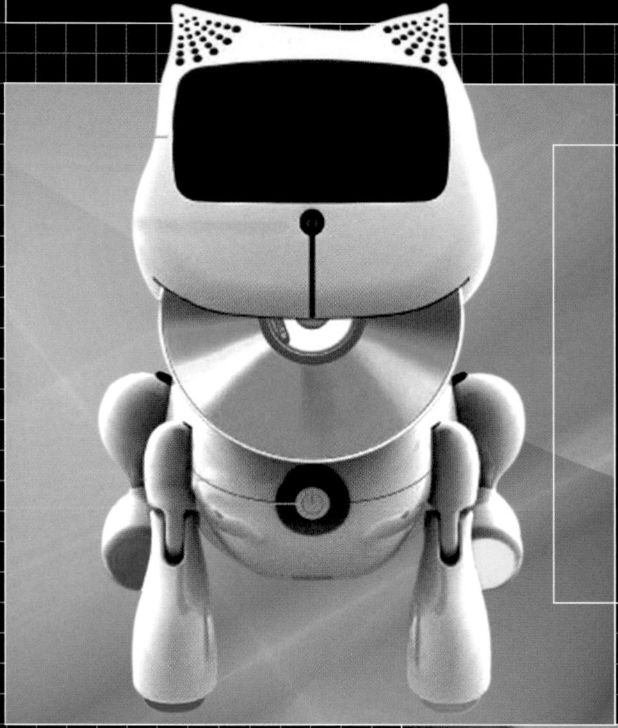

機器貓PC

這部概念機器貓的頭部其實是觸控式的電腦螢幕。這隻機器貓寵物會找尋主人、玩遊戲和巡邏四周。當有電子郵件送達，牠會去找出主人。牠甚至可以從臀部噴出空氣清新劑！

行動投影機

右圖的行動電話原型有內建的投影機。許多微小的透鏡會使電話內部的雷射光束產生偏斜，並在鄰近的平坦表面上形成影像。透過可無線連接至行動電話的特製筆，使用者即可和虛擬的螢幕互動。這支筆可以像傳統電腦滑鼠或繪圖工具一般地使用。

個人數位教練

左圖顯現的並不只是碼表的計時結果，也是個人完整的健康分析數據——一個你可以戴在手上的個人數位教練。透過內建的全球定位系統（GPS），這支錶可以偵測出你的位置和行進速度，同時也會監控心跳速度。所有的資訊可以儲存起來，並在訓練結束後，下載到電腦裡進行分析。

防水音樂播放器

裝在蛙鏡上的SwiMP3播放器，可在游泳時使用。一般頭戴式耳機一旦弄溼了便無法使用，因此SwiMP3播放器並沒有耳機。相反地，SwiMP3播放器利用通過顴骨的振動，將聲音直接傳送到內耳。而可將電能轉變成聲能的轉換器則貼放在顴骨上。

口袋型行動辦公室裝置

你再也不用在極小的鍵盤上打字或因為簡訊的錯字而惱怒了。圖中的行動照像手機和口袋型PC，具有一個可滑出使用的鍵盤和寬廣的彩色觸控式螢幕。它可用來上網、查看電子郵件或編輯文件，一般桌上型電腦能做的事它都會。

▶▶參見：Wi-Fi 玩具 p46 [redacted]子書 p48 [redacted]藍芽技術®p50

電子投票系統

▶▶民主制度是指由人民選出自己的政府，而很多社會都是建基在民主制度之上，但是要求人民一一表達和他們切身相關事物的看法卻是不可能的。新的電子投票系統讓人們對重要議題，有更多表達的機會。▶▶

底圖：南韓國會的電子投票系統

>>電子投票系統的原理

觸控式螢幕

在很多國家，人們使用電子投票方式。圖中美國的電子投票系統使用一個大型的觸控式螢幕。它的提示語很簡單，選民不一定要會使用電腦才會使用這套電子投票系統。

圖文符號

印度的電子投票系統使用圖文符號，協助文盲進行投票。在最近一次投票中，印度政府使用超過十萬台電子投票系統，供六億五千萬人投票用。

只要按下螢幕旁的按鈕就完成投票。

◀這位南韓首爾國會議員正在使用電子化平台表決一項新法令。相較於費時的排隊投票方式，議員們採用電子化投票系統，中央電腦馬上就會計算出投票結果。

▶▶參見：筆記型電腦 p42、電子書 p48、生物辨識 p210

超級電腦

▶▶龐大的電子頭腦不停運轉，超級電腦幫助我們瞭解原子，預測全球暖化，並治癒疾病。全世界最大的超級電腦，處理器晶片的數量相當於131,000台手提電腦。▶▶

>> 超級電腦的原理

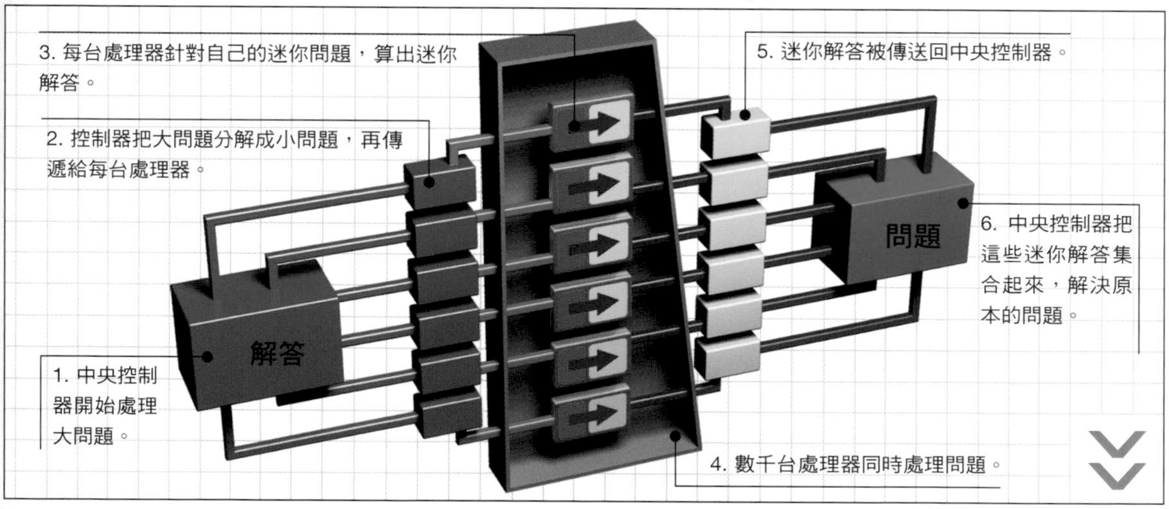
3. 每台處理器針對自己的迷你問題，算出迷你解答。
2. 控制器把大問題分解成小問題，再傳遞給每台處理器。
1. 中央控制器開始處理大問題。
解答
問題
4. 數千台處理器同時處理問題。
5. 迷你解答被傳送回中央控制器。
6. 中央控制器把這些迷你解答集合起來，解決原本的問題。

一般的電腦中有一台處理器（主微晶片），將一個問題分解成許多小部分，並以所謂「程式」的指令，來逐步處理拆解後的問題。只要前面的部分還沒處理完，後面的部分就無法完成。這種解決問題的方式稱為序列處理。

每一部超級電腦都有數千台處理器，由中央控制器負責協調。中央控制器將一個問題分解成數個區塊，讓每台處理器都接收到一個區塊。如此一來，處理器便能同時解決許多部分，問題也就能快速解決。這就叫做大量平行處理。

▶▶參見：筆記型電腦 p42、在家尋找外星智慧計畫 p62

▲世界最強大的藍基因L（BlueGene/L）超級電腦，位在美國加州勞倫斯利福摩爾國家實驗室（Lawrence Livermore National Laboratory），專門用來進行原子研究。藍基因L的64個獨立機櫃正面都是不尋常的斜面，能讓空氣在其中流通循環。因此，機器在以比桌上型電腦快兩百萬倍的速度運轉時，也不會過熱。

處理力

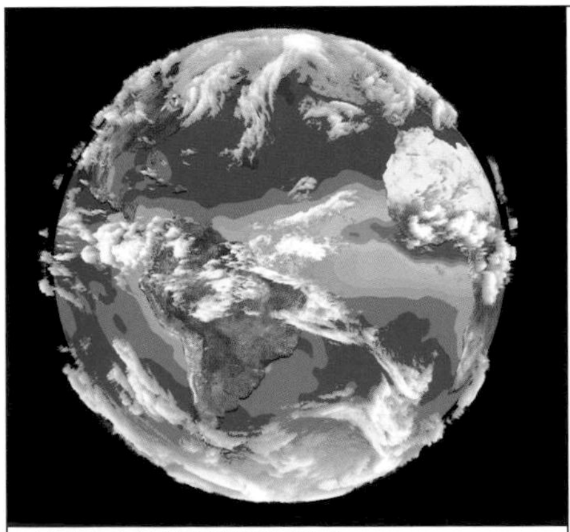

地球氣候的電腦模擬模式

◀科學家用電腦模擬模式來研究氣候變化這類問題。電腦模擬模式只不過是一堆數學等式。科學家在這些等式裡，輸入不同的數目，便能預測氣候變化未來的發展。雖然這個問題很複雜，但是強大有力的超級電腦有能力預測從現在起的1000年後，地球的氣候是什麼樣子。

▶每個藍基因機櫃中有2048台處理器，以兩兩一組的方式運作。這些處理器嵌在名為板卡（card）的大型電路板上，電路板再排成巨大的機架（rack）。每個機架使用27.5千瓦的電力——相當於十台烤麵包機同時不停運作所消耗的電力。

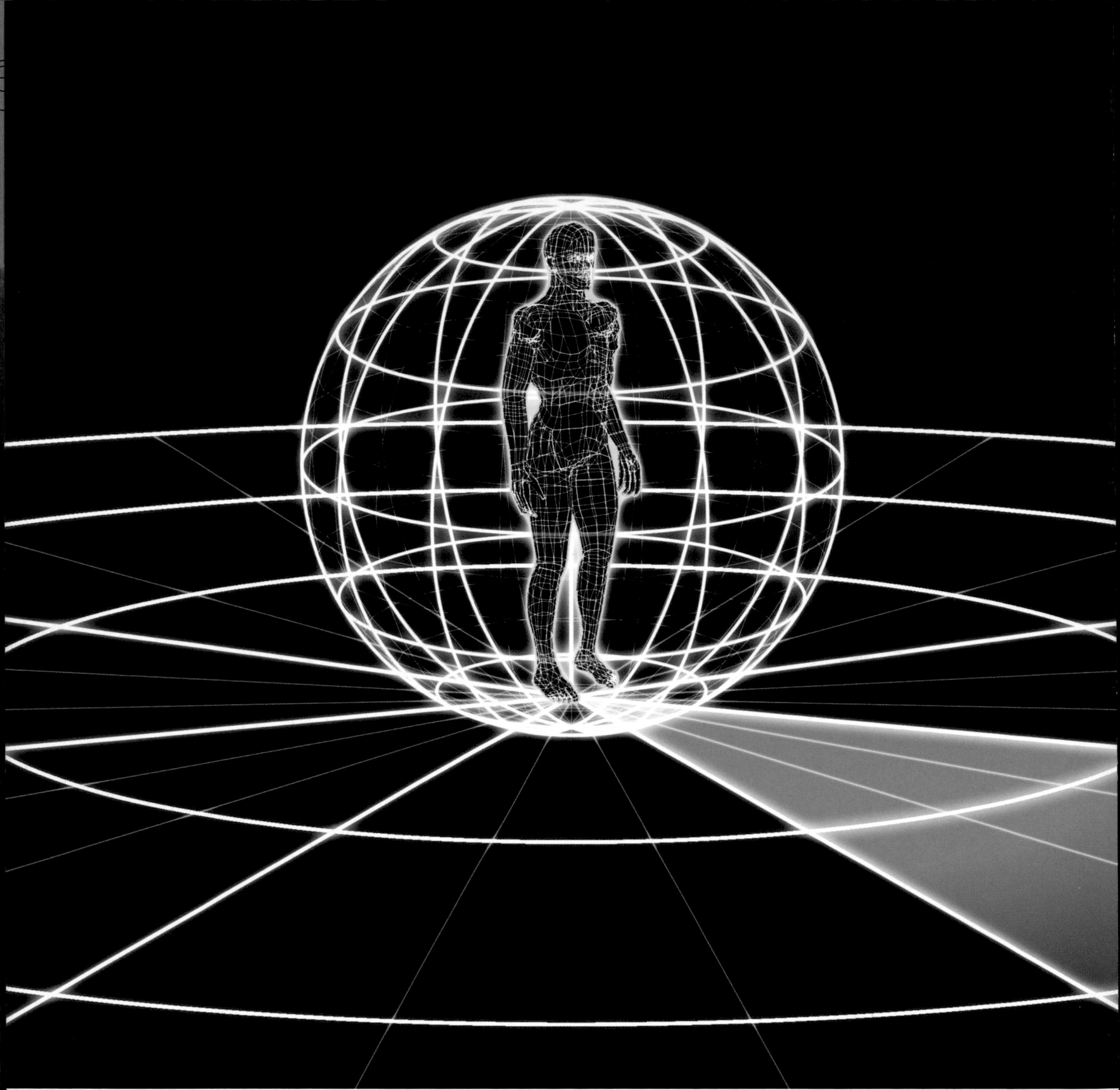
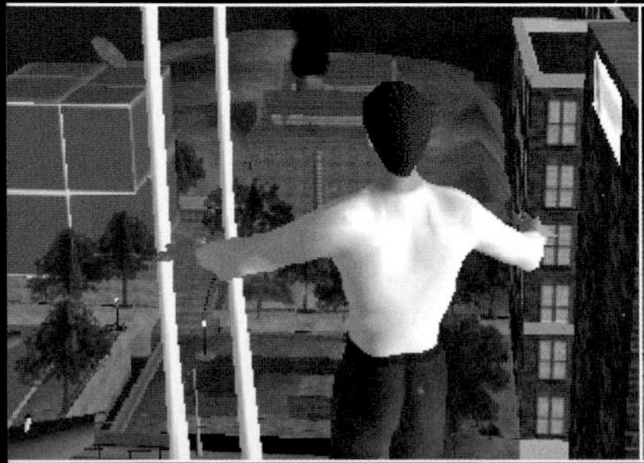

>> 玩樂酷發明

遊戲機 >> 模擬器 >> 第二人生 >> 互動式投影 >> 奇特的樂音 >> 雲霄飛車 >> 極限運動 >> 強力彈簧高蹺 >> 壁虎吸盤 >> 模擬飛行 >> 鷹眼 >> 機器人 >> 樂高機器人套件 >> 方塊虛擬世界

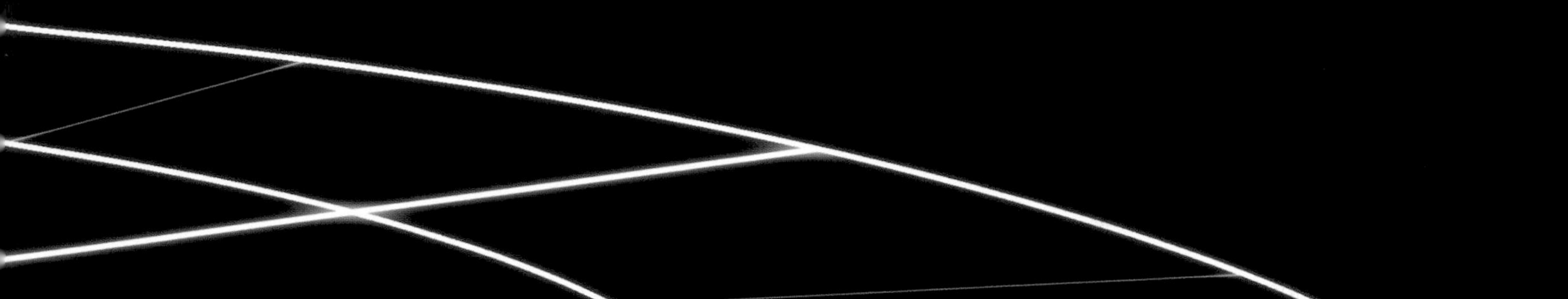

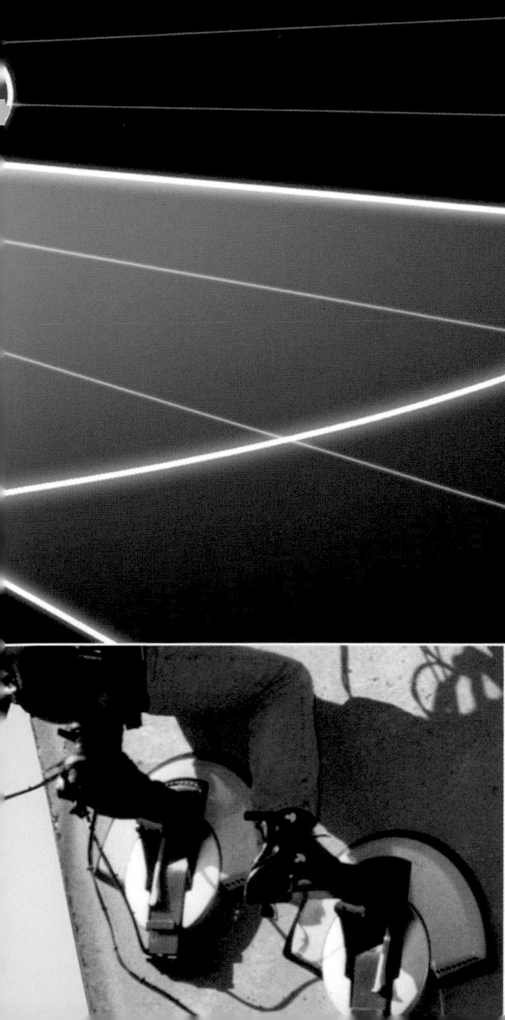

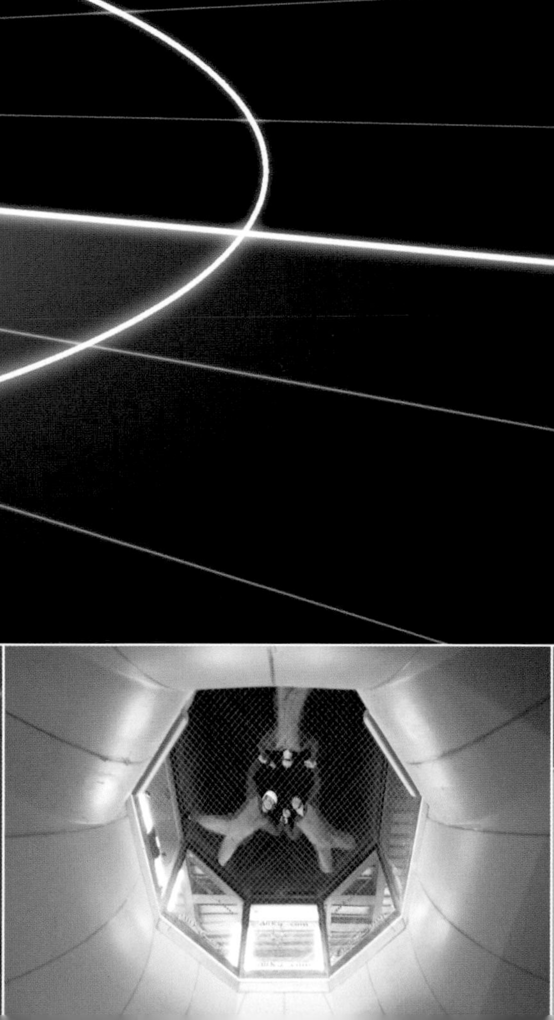

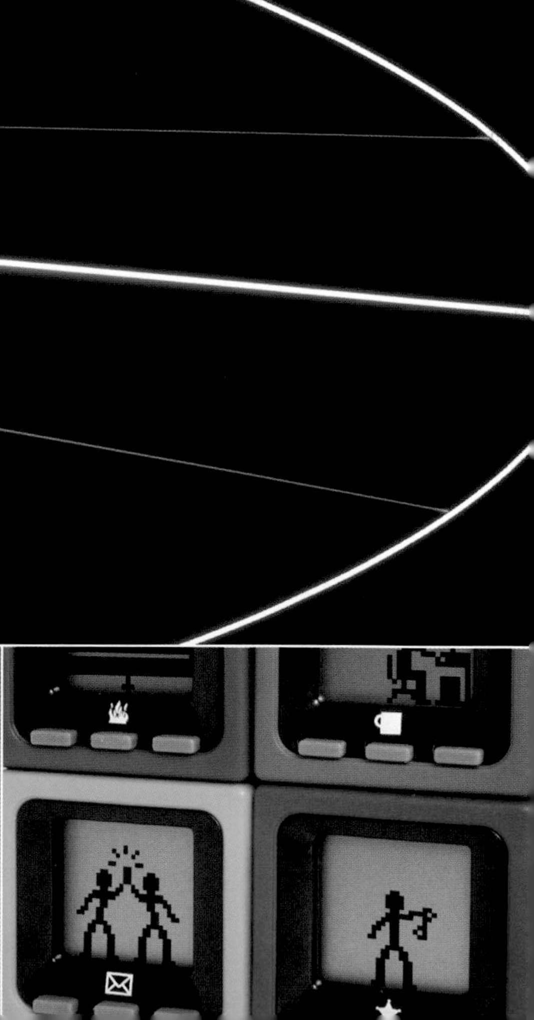

▶▶ 科技已經把玩樂帶到另一個新境界了。電腦讓我們沉浸在虛擬的網路世界，掌上型遊戲機運用了最新的電腦繪圖技術。機器讓我們以祖先做夢都想不到的方式移動、跳躍、攀爬。而極限運動和讓我們腸胃翻攪的雲霄飛車，更提供了新的刺激。甚至藝術也成為一種互動式的冒險，讓影片的投影與行人的影子共舞。▶▶

是什麼讓這個機器人這麼開心？p90

這是管子還是低音號？p76

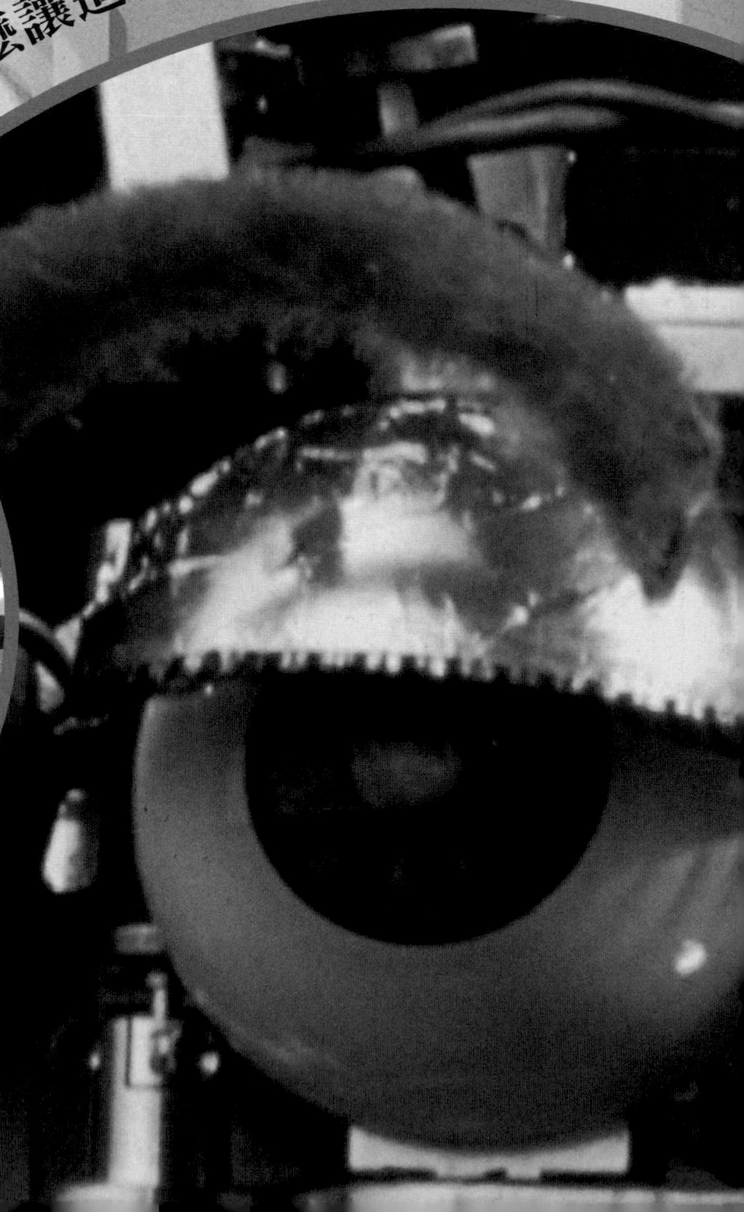

雲霄飛車如何讓你旋轉？p78

要跟像素玩嗎？p94

遊戲機

▼▼一個小盒子能裝載的電腦能力，在過去數十年來戲劇性地增加。尤其是遊戲機，現在已經充滿著最先進的科技——口袋大小的掌上型遊戲機PSP（Playstation® Portable）內部就有個能力超強的處理器。▼▼

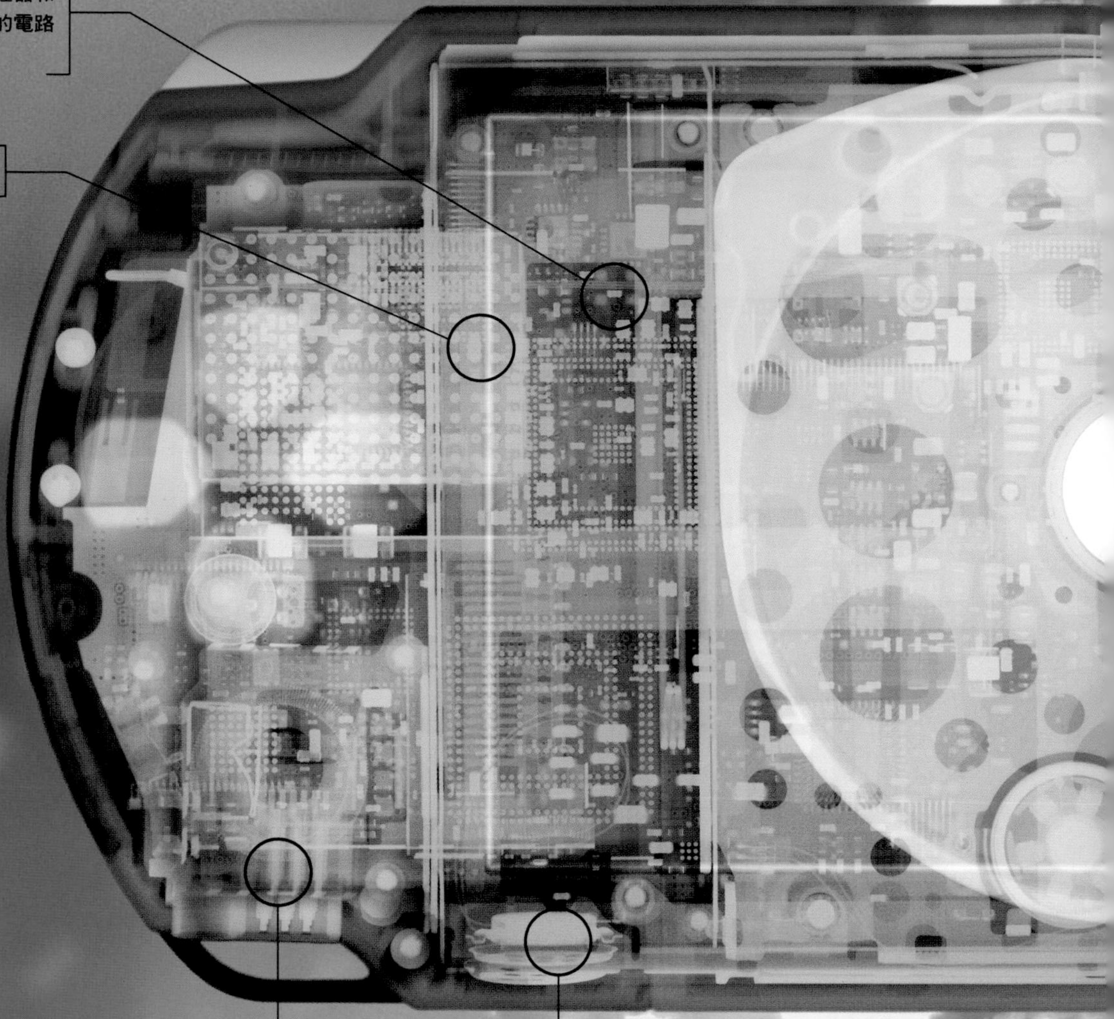
裝置處理器和記憶體的電路板
LCD彩色寬螢幕
耳機孔和接線
喇叭

▲在一台PSP中，結合了一部強大的電腦、LCD螢幕、光學讀碟機、Wi-Fi無線網路，可連上網際網路或和附近的其他PSP玩家連線。雖然PSP具備了所有這些截然不同的特徵，卻依舊輕巧到足以放進你的口袋裡。

≫電動玩具場

▶這是位於日本大阪的電動玩具場，這類電動玩具場常是24小時營業，吸引最沉迷的玩家。在韓國約有1700萬人（全國人口的三分之一）玩電腦遊戲，其中有許多人都是在當地人稱為 baang 的網咖玩。

一排排的電腦遊戲機

無線網路的
Wi-Fi天線
充電電池（灰
色長方形處）
讀取遊戲或電影光碟的
雷射（灰色圓圈處）

◀ 底圖：PlayStation®掌上型遊戲機的X光圖

▲ PlayStation掌上型遊戲機是目前當紅的行動娛樂，不僅是遊戲機，也是影片和MP3播放器，還是無線網路瀏覽器。

>> 單元處理器的原理

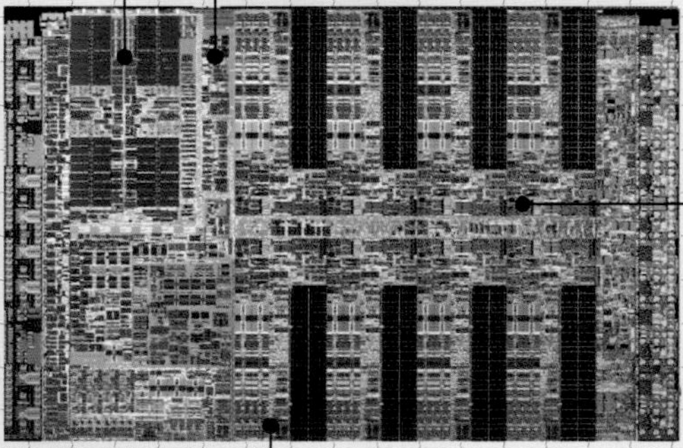
一台主處理器分配工作給其他八台。
單元處理器有2億3千4百萬個電晶體（微小的開關，用來移動或改變數據）。
八台一模一樣的處理器，組成晶片的動力室。每一台都有自己的記憶體，功能也都和桌上型電腦一樣強大。
晶片大小是12 × 20 公釐

藝術家即使有了功能強大的電腦，還是得花上數年的時間，才能畫出《超人特攻隊》和《Cars汽車總動員》這類CGI（Computer-generated imagery，電腦合成影像）動畫電影裡的場景。而遊戲機卻必須「即時」（在你玩的同時）畫出類似的畫面，所以它就像是部微型的超級電腦。在一片稱為單元處理器的晶片上，有九台處理器，分工合作進行每秒數百億次的運算。

▶▶ 參見：Wi-Fi 玩具 p46、電子書 p48、抬頭顯示器 p543、超級電腦 p60

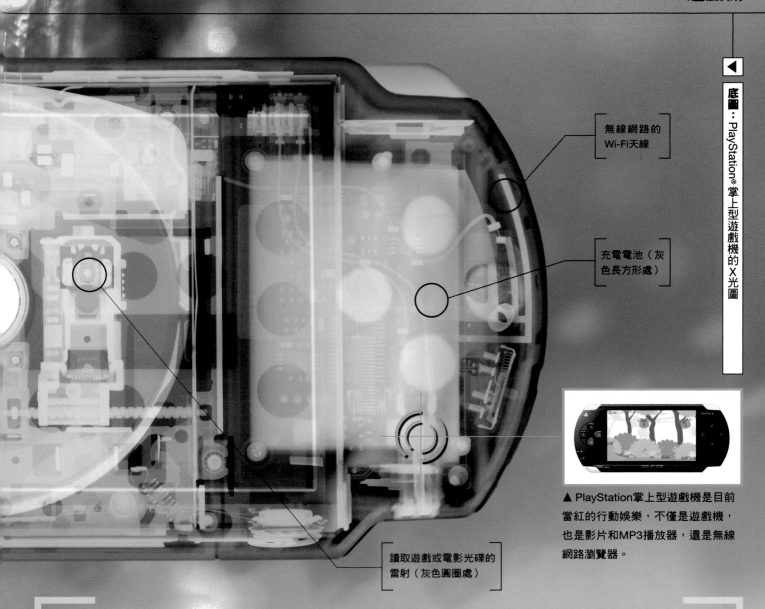

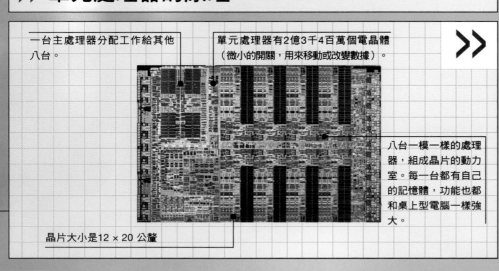

模擬器

虛擬滑雪板

頭盔中兩個眼睛前方的螢幕，讓人以為自己站在白雪覆蓋的山坡上。滑雪板上有感應器，能偵測玩家雙腳的力道，而它的電動機則能移動滑雪板來回應虛擬的碰撞。

模擬器是一台能複製真實環境的機器，可用做訓練或娛樂。模擬是由電腦控制，如果電腦創造虛擬世界的速度夠快、圖像夠好，模擬看起來就非常真實。

▶參見 高畫質電視 p18 藍芽技術® p50 抬頭顯示器 p54 遊戲機 p68

飛行模擬器

這個駕駛艙連到一部電腦而非一架飛行器。電腦能重現真實飛機對飛行員輸入控制的反應，改變艙內設備的顯示和窗外的模擬畫面。當今的模擬器非常真實，航空公司的飛行員甚至用它來訓練緊急狀況的處理。

美式足球

這位受訓的球員正全神貫注在3D美式足球虛擬訓練遊戲上，遊戲是由足球教練來遙控的。受訓者在一個房間大小的方塊中，可看到3D的立體影像——方塊內的特殊玻璃能呈現出3D畫面。他的訓練是觀察各種狀況，以便在真實生活中遇到這些狀況時，能迅速做出反應。

身體控制

任天堂Wii™是一台動作感應遊戲控制器，遊戲中的角色能回應玩家的身體動作。控制器中的感應器感應並解讀玩家的動作，造成螢幕上的各種結果。未來的感應器能固定在身體上，讓整個身體都能控制遊戲。

模擬市民（The Sims）

在這個數位玩偶的家裡，你能注視甚至控制一群人的模擬生活。Sims™能彼此互動，也會和環境互動。你可指示他們做事，但他們不一定會聽從。

建築和物品能被創造、買賣。
點選海報能得到更多活動資訊。
另一個探索虛擬世界的化身。
虛擬自我，或稱化身，是玩家在虛擬世界的代表。
Chat
Friends
Fly
Snapshot

第二人生

▶▶拜訪3D線上虛擬世界《第二人生®》（Second Life®）的人，創造一個化身——一個虛擬自我——成為那兒的居民。使用者透過化身能交朋友，發明東西來賣，蓋他們夢想中的房子，甚至飛翔。▶▶

▶《第二人生》的景色由中央電腦控制，但玩家能指示他們的化身去和環境互動，甚至改造環境。他們一路上可能還會遇到其他化身。每天的天氣和時間也會隨時間變化。

▲ **底圖：**一位化身正在查看《第二人生》的一幕場景

▶▶參見：高畫質電視 p18、模擬器 p70、鷹眼 p88、方塊虛擬世界 p94

>> 《第二人生》的原理

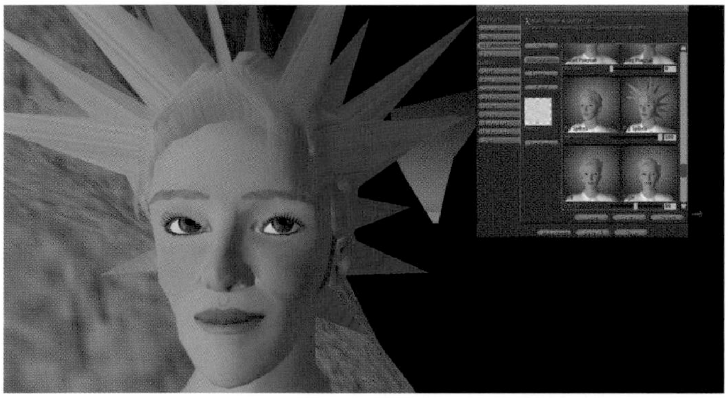

每位《第二人生》的居民都有個化身——虛擬自我。化身可依照玩家想在虛擬世界裡呈現的外貌來量身訂做。化身的每一方面都能改變——長相、身高、服裝、膚色，以及體型，甚至也可以變成動物！玩家創造各種物品，包括汽車、船和飛機。這個虛擬世界有自己的錢幣，而真實世界裡的公司也在《第二人生》中開設商店，販賣虛擬版產品給居民。

可放大的地圖顯示出《第二人生》世界裡的景物和建築。搜尋功能可精確找到地方、化身和活動。

最喜歡的地點和化身可用書籤記錄下來，日後就能很容易找到。

在《第二人生》中，可用即時的遠距傳輸到達任何角落。地圖顯示出我們在Cranberry。

居民能擁有土地，也能蓋房子。

互動式投影

▶▶ 藝術家嘗試讓人們以全新的角度來觀看相似的經驗，而現代的影像和電腦技術正好提供了一套支配思想的新工具。在互動式投影（Under Scan）裝置藝術中，影子有了生命。另外，其他藝術家則創造了鬼影舞者，邀請我們隨之起舞。▶▶

▼ 互動式投影裝置藝術是藝術家羅札諾漢墨（Rafael Lozano-Hemmer）的互動藝術作品。當人們晚上穿過一塊亮如白晝的公共空間時，他們的影子裡就會浮現人像，人像會對影子的動作做出反應，而且顯然想要有互動。而事實上，影子裡的人只是一段影片罷了。

>> 互動式投影的原理

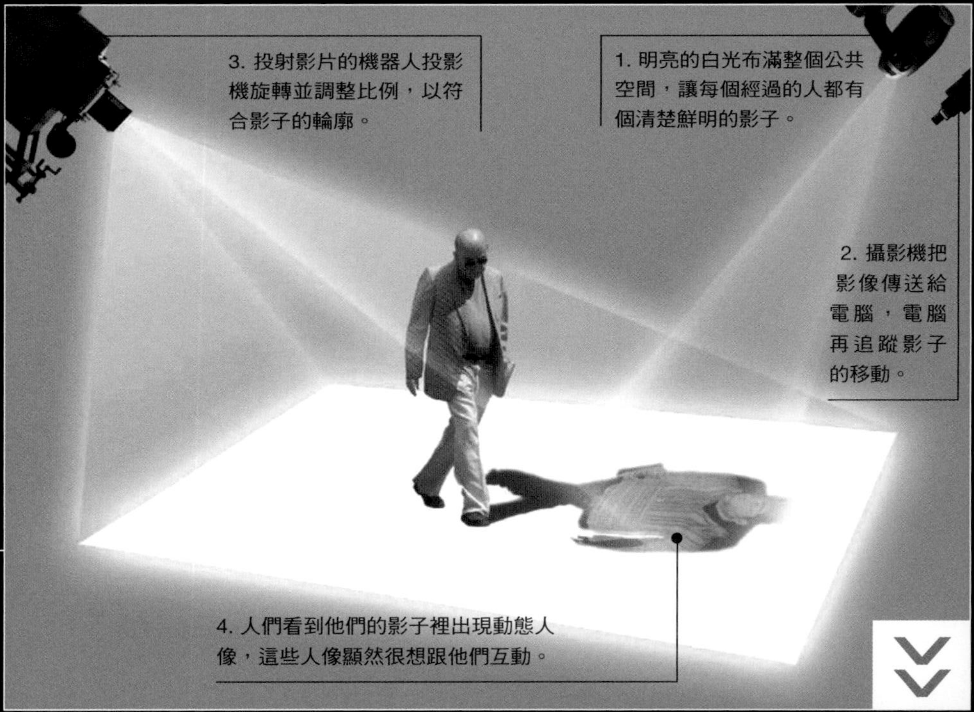

1. 明亮的白光布滿整個公共空間，讓每個經過的人都有個清楚鮮明的影子。

2. 攝影機把影像傳送給電腦，電腦再追蹤影子的移動。

3. 投射影片的機器人投影機旋轉並調整比例，以符合影子的輪廓。

4. 人們看到他們的影子裡出現動態人像，這些人像顯然很想跟他們互動。

光線明亮的區域會呈現鮮明的影子。來自攝影機的輸入資訊，決定他們的動作，並傳達這個資訊給其他控制機器人投影機的電腦。每台投影機都能轉向、偏斜角度，在有影子的區域裡放映影片。如果影子不動，電腦就會選擇人像表現友善行為、明顯想互動的影片片段。影子移開後，電腦便會不露痕跡地轉播另一段人像失去興趣、別過頭去的影片。

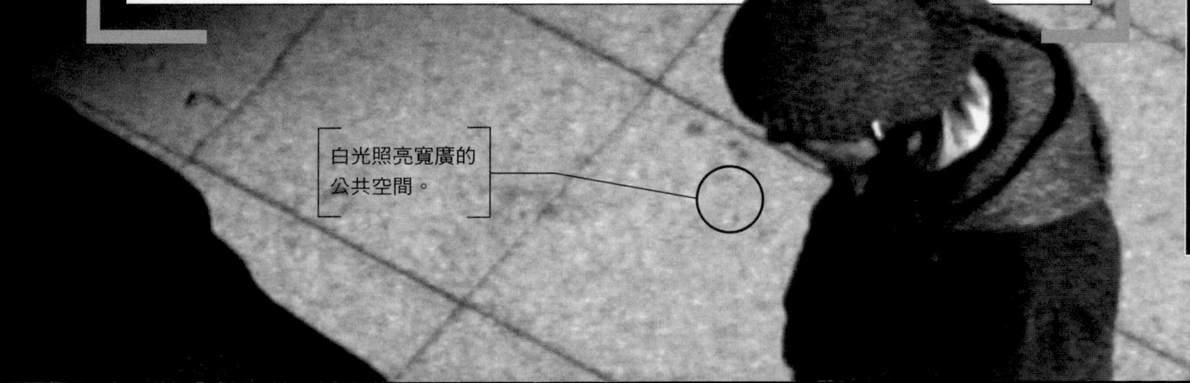

白光照亮寬廣的公共空間。

▼ 底圖：互動式投影裝置藝術

人們在站立或走動時會投射出影子。

一個人的動態影像出現在影子裡。

群魔亂舞

影子舞者表演

◀另一項裝置藝術「群眾」，讓黑暗空間搖身一變成為一場即興的芭蕾舞秀，而觀眾就是舞者。一台紅外線（熱感應）攝影機偵測人們的位置，並分別在每個人身上打聚光燈，燈光中還有一個投射的影子——他們個人專屬的「鬼舞者」。這些舞者會隨音樂起舞，邀請人們跟著跳舞。鬼舞者的舞蹈路線由電腦協調。

▶▶參見：寵物攝影機 p52、模擬器 p70、方塊虛擬世界 p94

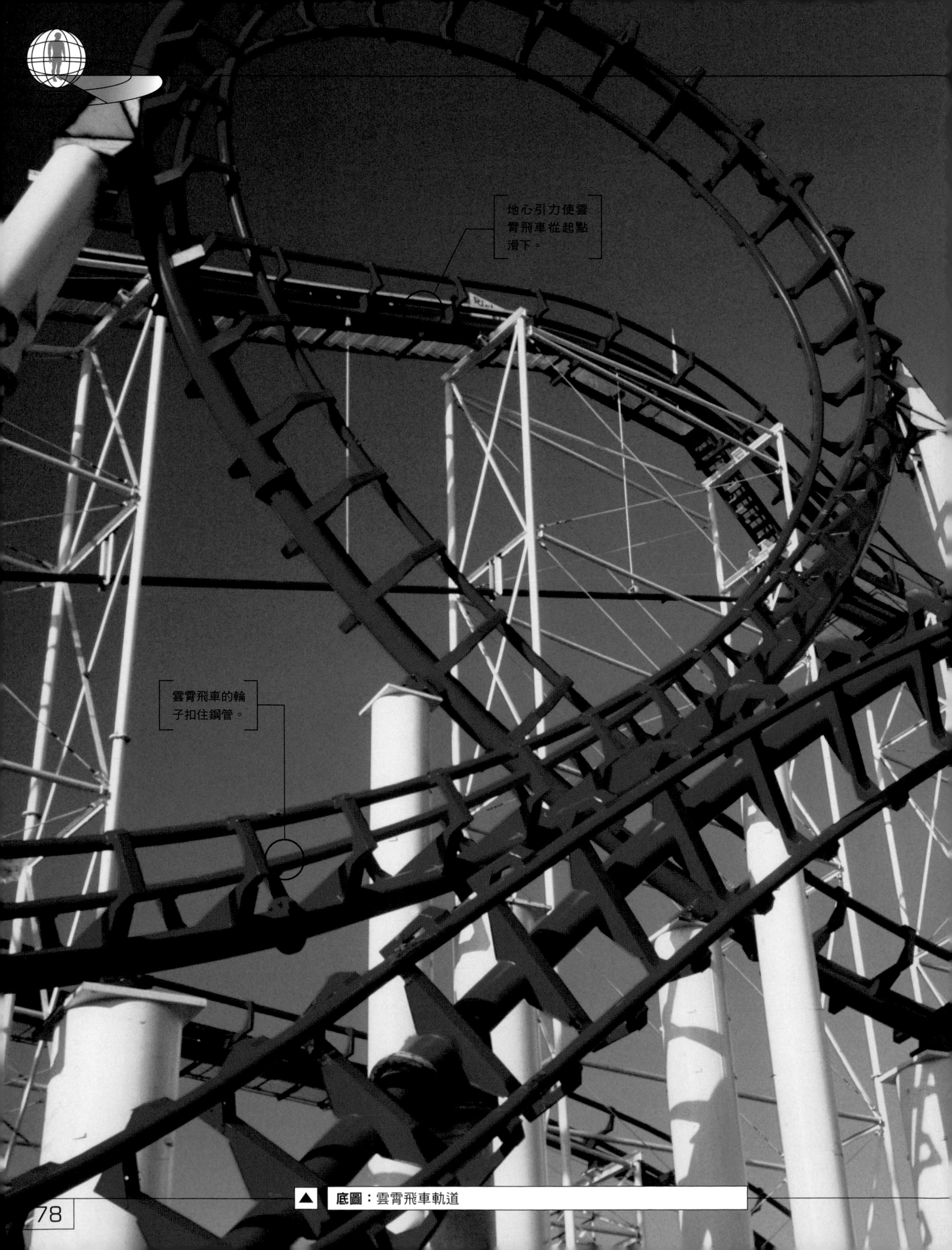
地心引力使雲霄飛車從起點滑下。
雲霄飛車的輪子扣住鋼管。

▲ **底圖**：雲霄飛車軌道

雲霄飛車

▶▶ 設計一台雲霄飛車需經過電腦事先計算結構、車體和乘客所受的各種力量，如此一來，在開始動工前，就可以徹底測試每個刺激的翻滾、轉彎，以確保安全。▶▶

▼雲霄飛車出發後，順著軌道下滑，累積足夠的動能，才能爬上第一個斜坡。重力的吸引再將高度轉換成速度，使車子爬上下一個斜坡。雲霄飛車就是這樣在軌道上，不停地用速度和高度轉換能量。

連串的翻轉迴圈意謂施加在乘客身上的力量迅速轉換。

>> 雲霄飛車如何製造刺激感

翻轉迴旋

方向轉換會對乘客施加G力。急轉彎時，動量會使乘客想要繼續朝直線前進，但雲霄飛車會強迫乘客進入彎曲的路徑，因此乘客會覺得被壓制在椅子上。陡降時，乘客和車子一同下墜，產生失重的感覺。

加速

傳統的雲霄飛車只靠重力加速，但這部位於美國紐澤西州的雲霄飛車，用可分離的電纜將車子從起點拋射出去，乘客在3.5秒內從0加速到時速206公里，跟一級方程式賽車加速一樣。這是世界上最快的雲霄飛車。

心理

有些雲霄飛車則藉著操弄心理，來增加乘坐的刺激感。移除地板，讓兩腳懸空，使乘客更害怕會摔出去，讓這趟旅程顯得更加危險刺激。雲霄飛車也可以上下顛倒，移除令人安心的扣肩桿，藉以增加恐懼因素。

▶▶參見：F1一級方程式賽車 p100、「嘔吐彗星號」無重力飛機 p140、彈射座椅 p220

極限運動

現代科技讓許多極限運動不再遙不可及。巧妙的裝置強化了人體使用彈簧和槓桿的能力。特殊材質在危險時刻可以吸收能量，所以不會撕裂或折斷，讓使用者更安全。但是，仍要靠人類對速度和高度的原始恐懼，才能讓我們體驗腎上腺素激升的快感。

高空彈跳

高空彈跳者只靠腳踝上的一條乳膠繩連接到高橋上。到下墜的最低點時，繩索呈現緊繃，並開始像一條超大橡皮筋般拉長。這條繩子吸收了彈跳的能量，使彈跳者短暫地停頓，之後再上下彈跳幾次。

彈弓高蹺鞋

彈弓高蹺鞋（PowerBocks）讓你可跳到三公尺的高度，奔跑速度達時速30公里。這項科技模擬跳躍的袋鼠，袋鼠落地時，將跳躍的能量儲存在彈簧般的肌腱，跳起時再次釋放出能量。彈弓高蹺鞋則將能量儲存在玻璃纖維製成的彈簧，讓你也能像袋鼠一樣跳躍。

街道滑板

這種大型的滑板名為街道滑板（street luge），靠重力加速，下坡時，時速高達115公里。行進方向由左右傾斜身體來控制，沒有煞車。風阻會減緩滑板的速度，但符合空氣力學的駕駛姿勢則可減低風阻。

瘋狂滾球

瘋狂滾球（Zorb®）由強韌的PVC塑膠製成，是直徑三公尺的充氣氣球，內部有上百條尼龍線懸吊著一個較小的球體。玩家（或稱Zorbonauts）被綁在球內從斜坡滾下。

風箏滑板

操作者雙腳綁在有輪子的滑板上。大型的強力風箏能輕易將人拉到空中。藉由身體傾斜和調整風箏與進風的角度，就可控制方向和速度。

▶▶參見：雲霄飛車 p78、強力彈簧高蹺 p82 模擬跳傘 p86

把手纏著粗糙的止滑帶，以增進抓握力。

強力彈簧高蹺

▶▶這個高科技彈簧高蹺讓人步履輕盈。強力彈簧高蹺（Flybar®）內裝有大型彈力推進器，伸縮自如，可製造高達1.5公尺的驚人跳躍。▶▶

▶設計出第一代彈簧高蹺的公司，藉由物理學家密道頓（Bruce Middleton）和圖中的世界滑板八冠王麥當諾（Andy Macdonald）的幫助，融合了彈簧高蹺、高空彈跳和彈跳床，研發出強力彈簧高蹺。

底圖：麥當諾使用強力彈簧高蹺

踏板上鋪上止滑帶。
活塞長度可增長至46公分，以增加跳躍高度。

強力彈簧高蹺就像一個巨型的橡皮筋，利用彈性將使用者反彈到空中。當使用者跳上踏板時，自身的體重會拉長12條彈力推進器。有彈性的東西延伸時，其內部長時間糾結的分子，會被拉直分開。拉開這個東西的能量就會儲存在內部，成為位能。彈性越延伸，分子間的作用力也增強。當這些作用力大於使用者的重量時，儲存在內部的位能，就會轉換成動能，使用者便往上彈跳。

圖中是最原始的彈簧高蹺，使用的是強力金屬彈簧，而強力彈簧高蹺則使用橡膠製的推進器。

強力彈簧高蹺的原理

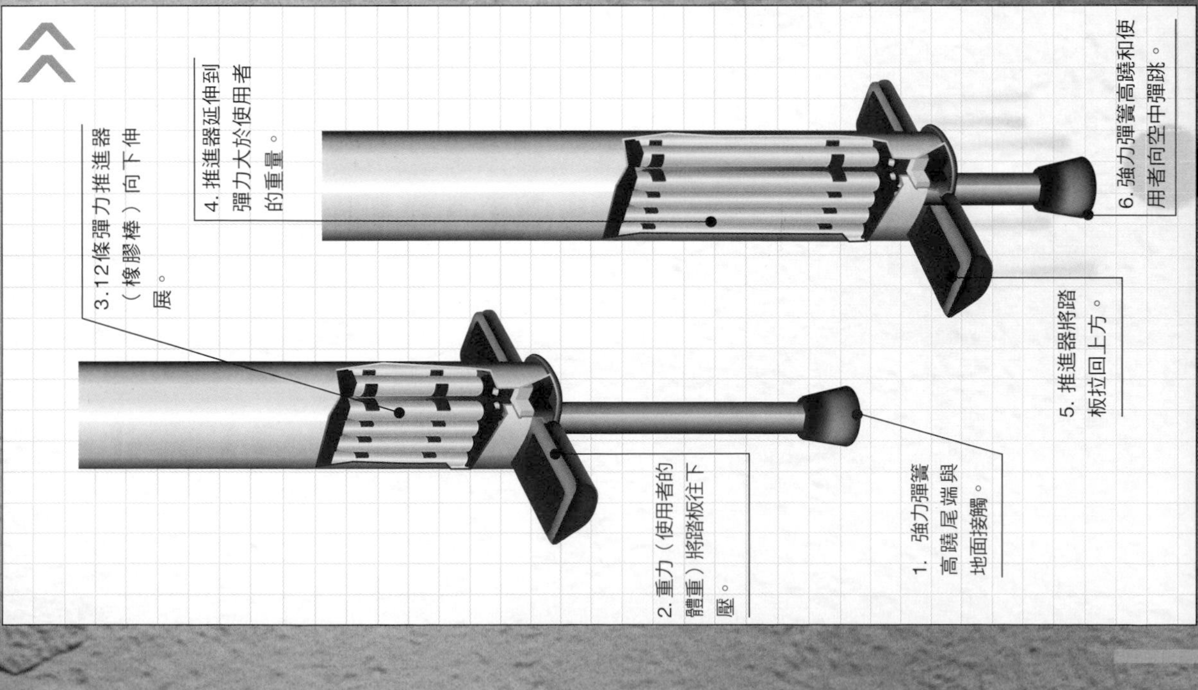

1. 強力彈簧高蹺尾端與地面接觸。
2. 重力（使用者的體重）將踏板往下壓。
3. 12條彈力推進器（橡膠棒）向下伸展。
4. 推進器延伸到彈力大於使用者的重量。
5. 推進器將踏板拉回上方。
6. 強力彈簧高蹺和使用者向空中彈跳。

▶▶參見：模擬器 p70、極限運動 p80、壁虎吸盤 p84

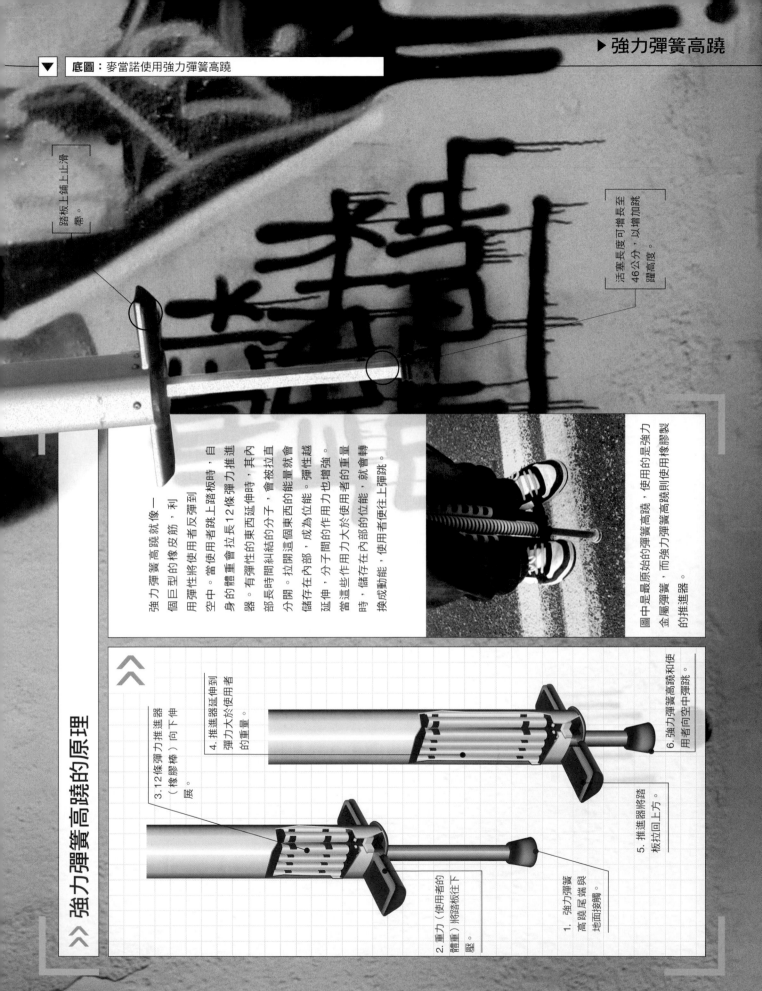

壁虎吸盤

▶1. 壁虎幾乎可以攀爬所有表面。牠們的腳並沒有吸盤，也不會分泌黏液。事實上，壁虎的腳掌很乾燥。那麼壁虎到底怎麼做到的呢？祕密就在腳底上的百萬根細毛，稱為剛毛，每根細毛還會分岔成更細的分支。

樹上的綠壁虎

壁虎的腳掌

◀2. 平均一隻壁虎腳底有650萬根剛毛。有了這些剛毛，壁虎能「黏」在各種物體表面上——不論平滑、粗躁、乾爽甚至濕潤。這些剛毛的吸力加起來可以支撐兩個成年男子。現在科學家已經發展出人工壁虎剛毛，可以緊緊吸附在物體表面。

▶3. 剛毛尾端細微的組織稱為匙突（spatulae）。匙突利用一種叫凡得瓦力（van der Waals force）的靜電力，吸引攀爬物體表面的分子，完全不靠化學反應，只單純靠分子彼此些微的拉近。

顯微鏡下的剛毛

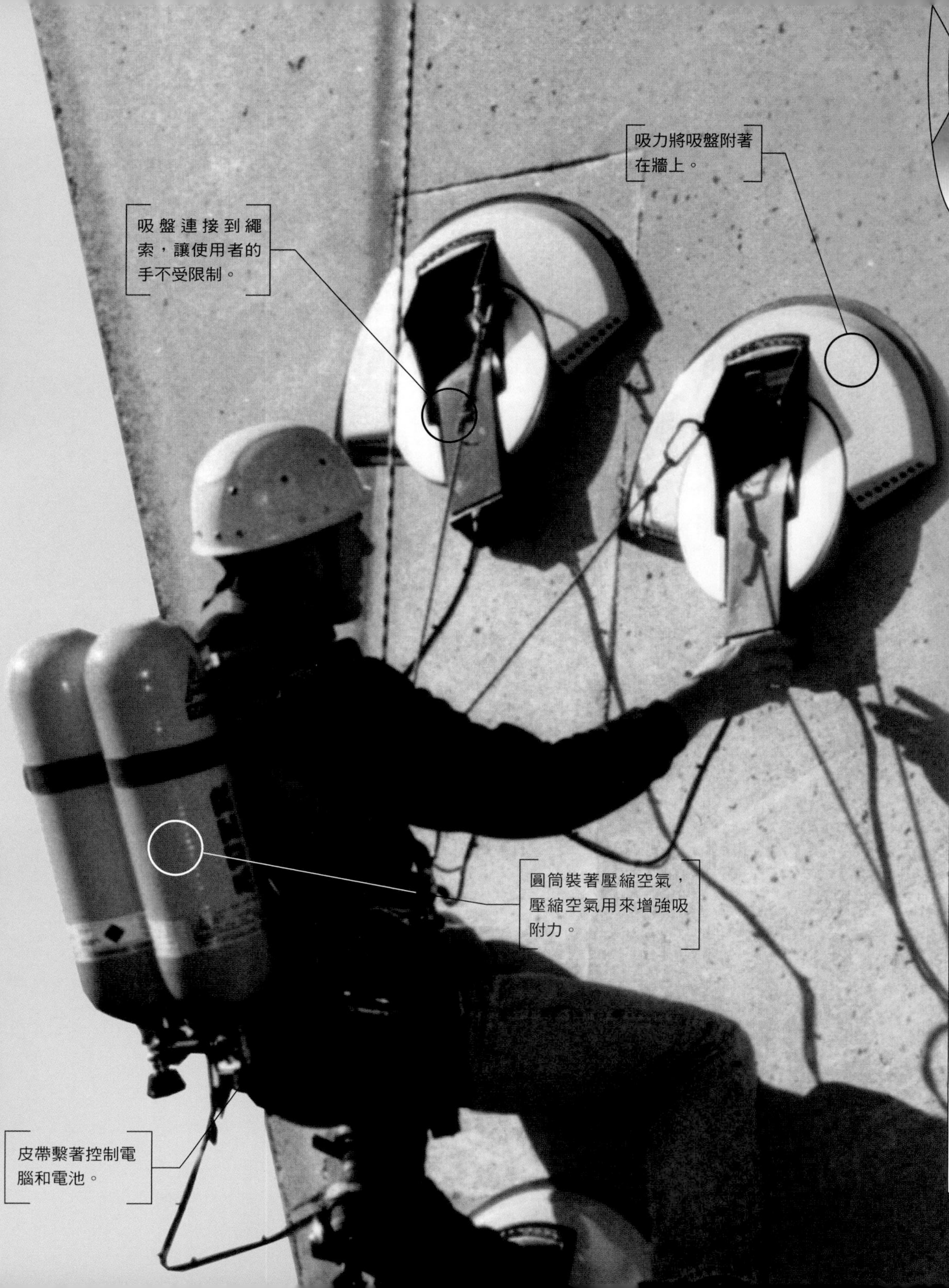
吸力將吸盤附著在牆上。
吸盤連接到繩索，讓使用者的手不受限制。
圓筒裝著壓縮空氣，壓縮空氣用來增強吸附力。
皮帶繫著控制電腦和電池。

▼ **底圖**：使用者正在測試吸盤

壁虎吸盤

▶▶壁虎吸盤（Gekkomat）讓大膽的人可以追隨蜘蛛人的腳步。吸盤讓使用者可以爬上牆壁等垂直的表面。壁虎是一種吃昆蟲的蜥蜴，可以走在垂直的光滑表面，還可以爬過天花板。▶▶

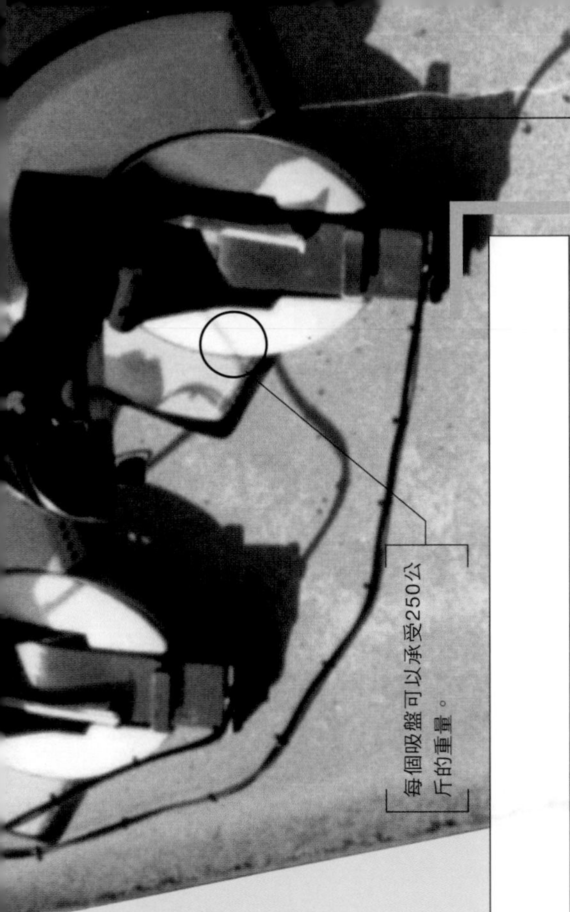

每個吸盤可以承受250公斤的重量。

▶壁虎吸盤是一組設備齊全的攀爬系統。攀爬者有四個吸盤分別支撐四肢，以吸附牆壁。輪流將牆上的吸盤往上移，「壁虎人」（Gekkonaut）就可以緩緩攀升。水泥、石頭、灰泥、木頭、玻璃、金屬等各種表面，只要讓吸盤可以好好吸附，產生真空，就可以攀爬。

壁虎吸盤的原理

為什麼你不能飛簷走壁？你跟壁虎不同，你的手很光滑，無法產生足夠的摩擦力（抓握力）來支撐體重。壁虎吸盤用吸附力增強你的抓握。吸盤靠氣壓才能運作。壁虎吸盤從底下抽出空氣，形成部分真空。外部的空氣壓力較高，將吸盤推向牆壁，摩擦力則使吸盤固定位置。使用者所背的壓縮（高壓）空氣筒，經由稱為文氏管（Venturi）的細管，送出空氣。如此可減低連接管線中的壓力，並從吸盤底下抽取空氣。若要移動吸盤，使用者拉起手把，則吸盤底下的活門就會打開，讓空氣流入，解除吸附。

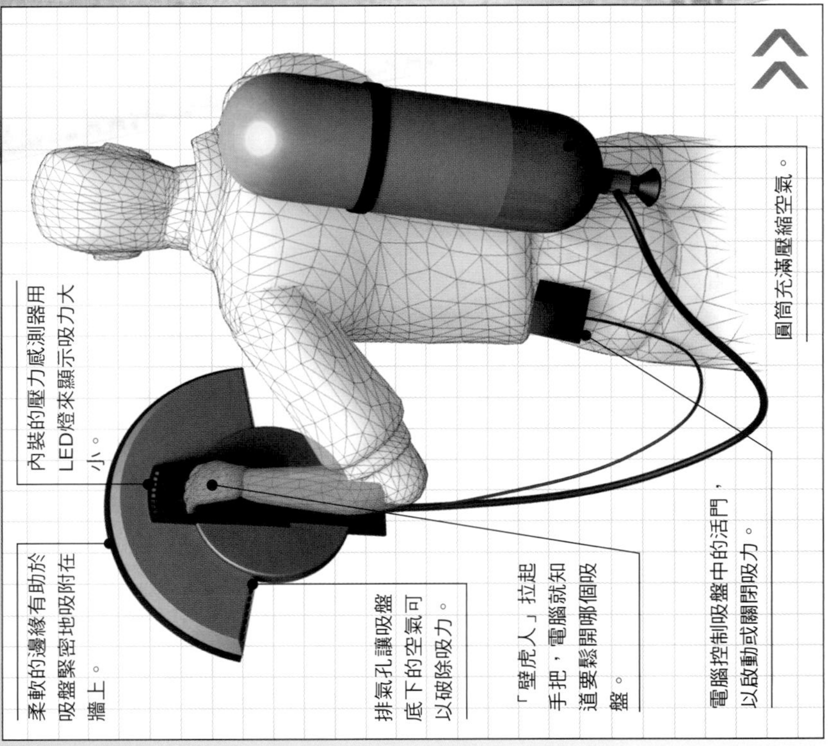
柔軟的邊緣有助於吸盤緊密地吸附在牆上。
排氣孔讓吸盤底下的空氣可以破除吸力。
「壁虎人」拉起手把，電腦就知道要鬆開哪個吸盤。
電腦控制吸盤中的活門，以啟動或關閉吸力。
內裝的壓力感測器用LED燈來顯示吸力大小。
圓筒充滿壓縮空氣。

▶▶參見：模擬器 p70、模擬跳傘 p86、機器人 p90

▼ **底圖：**垂直風洞中的模擬飛行員

▲模擬跳傘員可以在垂直風洞中，練習高難度招式。姿勢變換會改變跳傘員身上的阻力（參見下頁說明），讓他們在空中移動。風洞底部的葉片可減少亂流，讓跳傘員享受平穩的飛行。
窗戶讓觀眾可以近距離觀賞。
網狀地板讓空氣可以通過。萬一跳傘員下墜，也可提供保護。
快速向上的氣流使模擬跳傘員懸浮在空中。

模擬跳傘

▶▶ 在垂直的風洞中，模擬跳傘（Bodyflight）讓勇者可以體驗花式跳傘，並在受控制的環境裡練習動作。空氣以190公里的時速向上衝，這個速度等同於人體自由落體時的速度。▶▶

模擬跳傘的原理

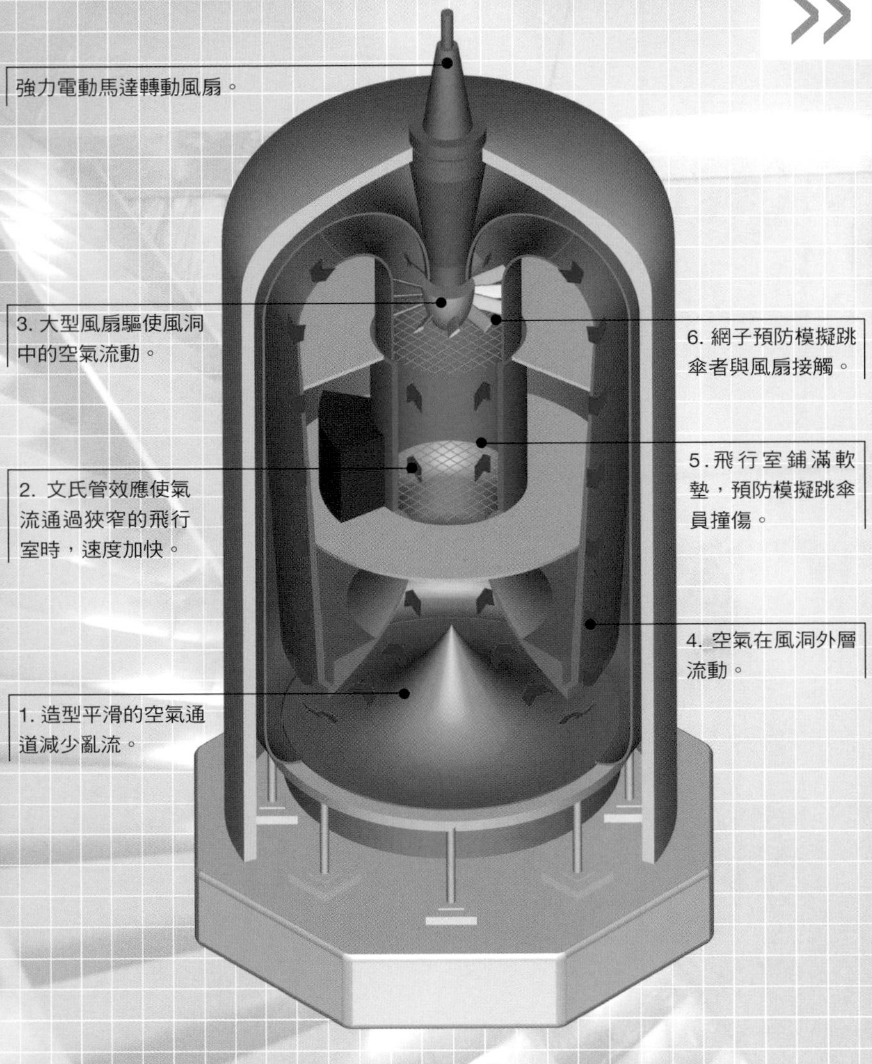
強力電動馬達轉動風扇。
3. 大型風扇驅使風洞中的空氣流動。
6. 網子預防模擬跳傘者與風扇接觸。
2. 文氏管效應使氣流通過狹窄的飛行室時，速度加快。
5. 飛行室鋪滿軟墊，預防模擬跳傘員撞傷。
4. 空氣在風洞外層流動。
1. 造型平滑的空氣通道減少亂流。

典型的垂直風洞

模擬跳傘的重點就是阻力。阻力是固體通過空氣時，阻止其運動的力量。所以，當你下墜，靜止的空氣會減緩你的墜落。但快速流動的空氣則企圖帶動你。垂直風洞中的阻力被用來平衡你的重量，所以可維持飄浮。大型風扇將空氣快速吹向你，以支撐你的重量。氣流速度受到控制，以免模擬跳傘員飛射出去或下墜。模擬跳傘員用手腳當舵，增加或減少身體的阻力，就可以四處移動。飛行區域（飛行室）是風洞中最窄的區域。空氣如果流經變窄的管道，速度就會增快，這就叫文氏管效應（Venturi effect）。

垂直風洞主要有兩種。一是風扇在上方（如左圖），另一種則在下方（如上圖的戶外跳傘員）。

▶▶參見：特技飛機 p128、「嘔吐彗星號」無重力飛機 p140、彈射座椅 p220

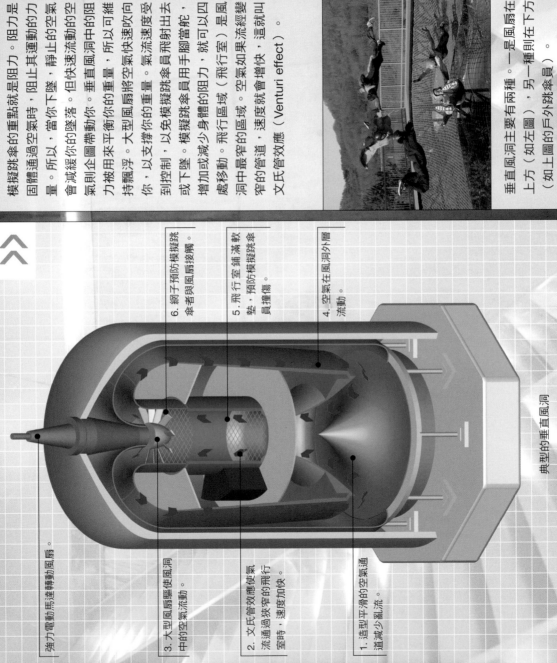

底圖：網球賽中球的飛行途徑

鷹眼

▶▶ 運動競賽的裁判有時會出錯。鷹眼攝影機在網球或板球這類運動中，可正確找出球的位置，電腦即可計算其路徑和落點。▶▶

▲ 網球賽中，鷹眼可判斷球在球場裡的落點。球落在邊線上時，這項設備尤其有用。3D立體影像讓電視觀眾可以看到球的路徑，並立即得到各項比賽的相關數據。

鷹眼的原理

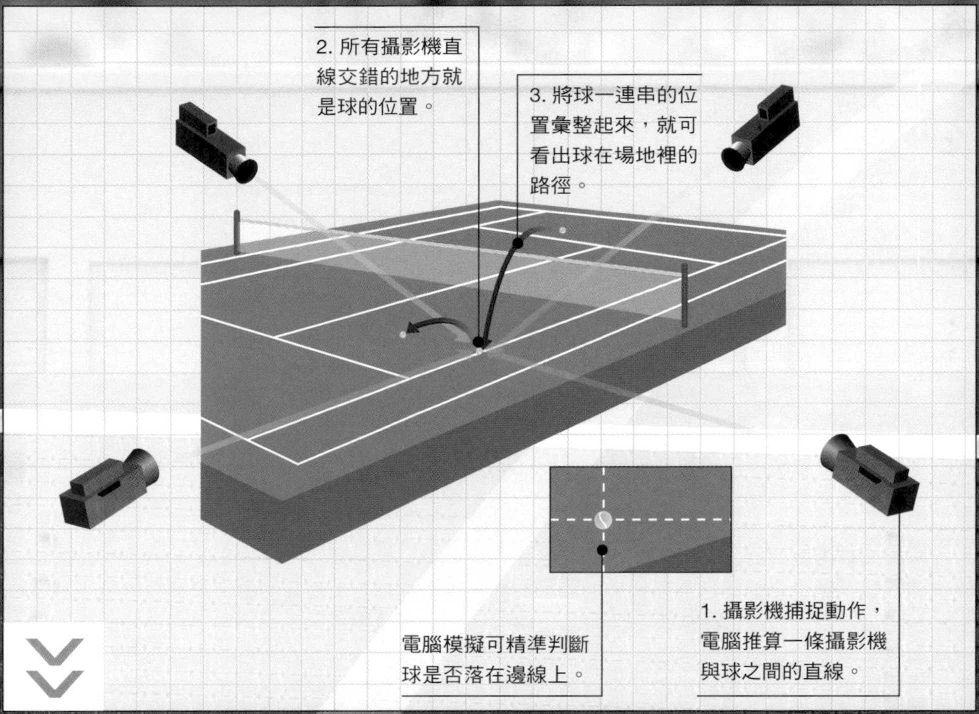
2. 所有攝影機直線交錯的地方就是球的位置。
3. 將球一連串的位置彙整起來，就可看出球在場地裡的路徑。
電腦模擬可精準判斷球是否落在邊線上。
1. 攝影機捕捉動作，電腦推算一條攝影機與球之間的直線。

數個攝影機對準了網球場。每台攝影機各有不同的角度。鷹眼電腦藉著電子描繪出攝影機到球的直線，便可以推算出來球在球場的精準位置，也就是所有線的交會點。兩台攝影機就可以推算出球的位置，但是球員可能會擋到攝影機，所以布置了更多台。電腦將一連串球的位置連接起來，就可以顯示出球的路徑。

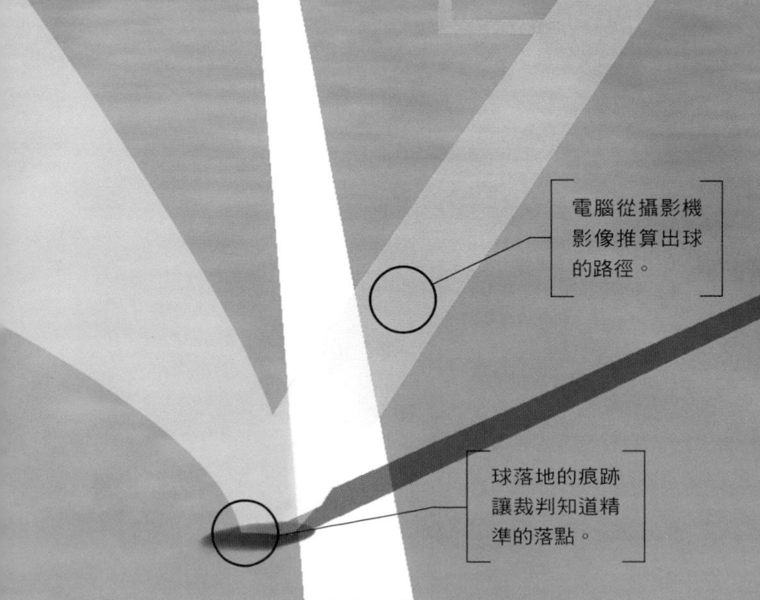
電腦從攝影機影像推算出球的路徑。
球落地的痕跡讓裁判知道精準的落點。

板球

▶ 在板球比賽中，除了要注意球的落點，還要判斷若擊球手沒有擋到球，球是否會擊中柱門。這是一條稱為腿截球（Leg Before Wicket）的規則。鷹眼即可用電腦程式計算球未受阻擋時的落點。

追蹤每顆球的路徑

▶▶ 參見： 抬頭顯示器 p54、模擬器 p70、互動式投影 p74

機器人

ASIMO機器人
ASIMO是世上唯一會自己走路的機器人，遇到轉角還會轉向和爬樓梯。快走時，人類的膝蓋要承受約自己體重兩倍的力量，對ASIMO來說也是如此，因此它穿有墊底的鞋來吸納衝擊力。ASIMO手臂的機械原理複雜，能拿起菸灰缸、推推車，甚至和人握手。

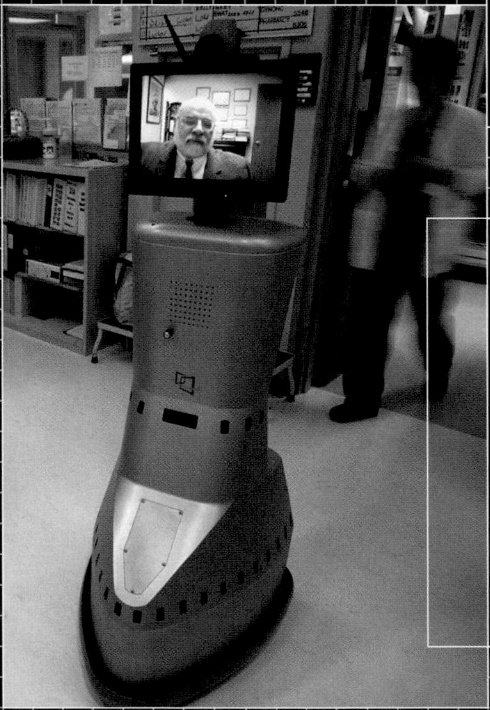

機器人醫生
這個RP-6機器人是個移動式的視訊連結，只要極短的事先通知，醫生便可和病人說話，即使醫生所在的醫院很遠也沒關係。機器人的頭部顯現醫生本人的即時電視影像，而內建式電視攝影機和麥克風則會把病人的影像和聲音傳送到醫生的診療室。

人類的身體是世界上最令人驚奇的「機器」。肌肉和骨頭像槓桿一樣合作無間，讓我們能輕鬆移動自己的身體和其他物體。我們的大腦布滿一千億個神經細胞，功能比任何電腦都還多元。要開發出像大腦一樣靈活且功能複雜的機器，是項艱難的挑戰。

Ubiko 機器人

機器人已經在工廠幫忙生產了，如噴漆和汽車焊接。不只如此，它們也即將變成商店裡熟悉的景象。身高1.13公尺的Ubiko機器人，有像貓一般和善的臉龐。它已經出現在日本的商店，幫忙招呼客人和銷售行動電話了。

Kismet 機器人

機器人已會學習如何表達情緒。Kismet機器人頭上的感應器和馬達，可以幫助它對鄰近的人做出回應。當情緒從平靜（左圖）轉變成快樂（右圖），Kismet會豎起耳朵、微笑並睜圓眼睛。開發Kismet機器人的目的，是要研究人類如何對機器做出回應。

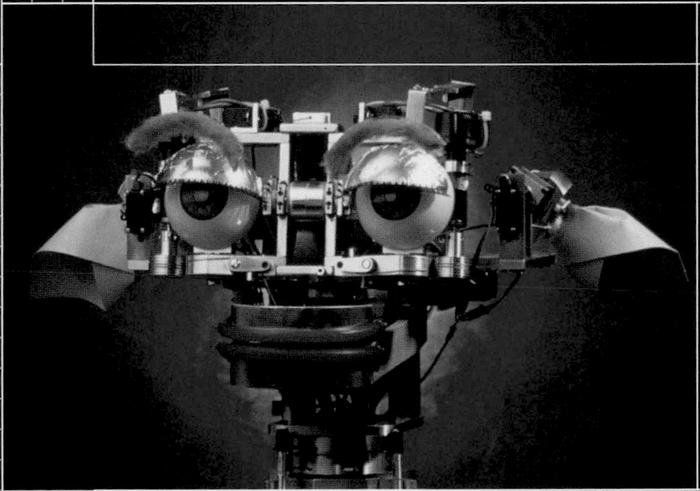

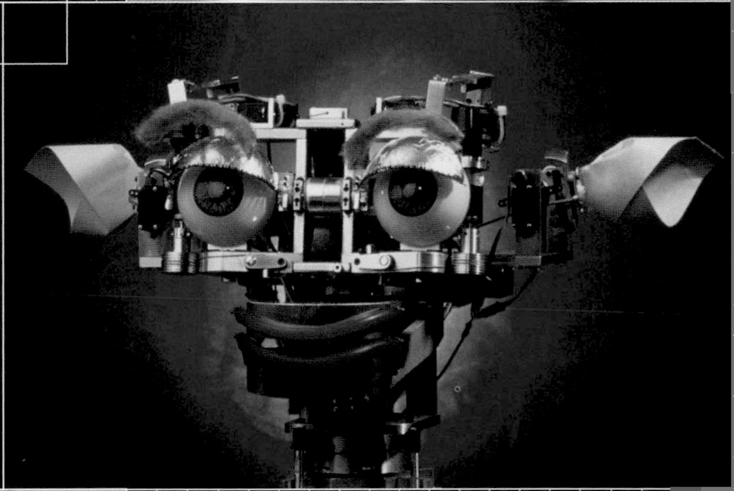

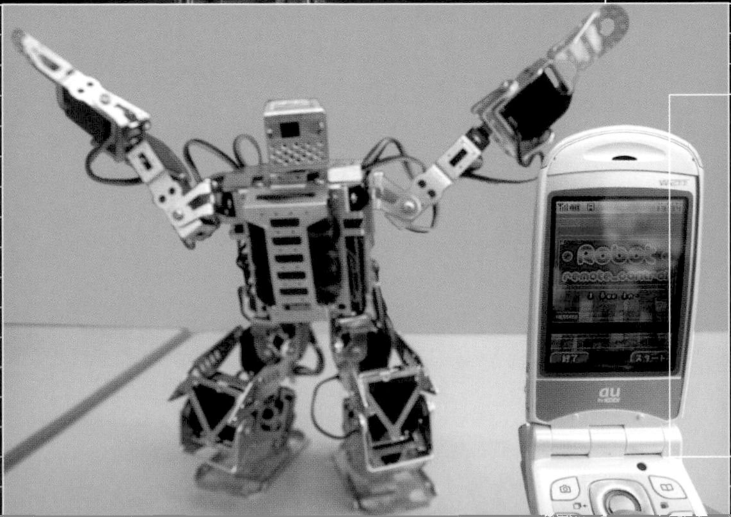

Plen 機器人

今日的機器工人只是固定在牆上的遙控機器，未來的機器人將更具行動力和獨立性。左圖的無線機器人帶我們向前邁進一步，它由藍芽行動電話控制，會走路會揮手，還會根據鍵盤上輸入的指令做出動作。

▶▶參見：寵物攝影機 p52、樂高機器人套件 p92[redacted]自走車 p104、火星探測車 p142

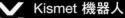

底圖：樂高機器人套件設計的機器人

樂高機器人套件

▶▶設計機器人如果是件簡單的事，你應該就已經設計出一個機器人幫你收拾房間了。學習如何設計機器人的好方法，就是擁有樂高機器人套件（Lego® Mindstorms™），它包含了建造和設計一個會動的機器人所需的每樣東西。▶▶

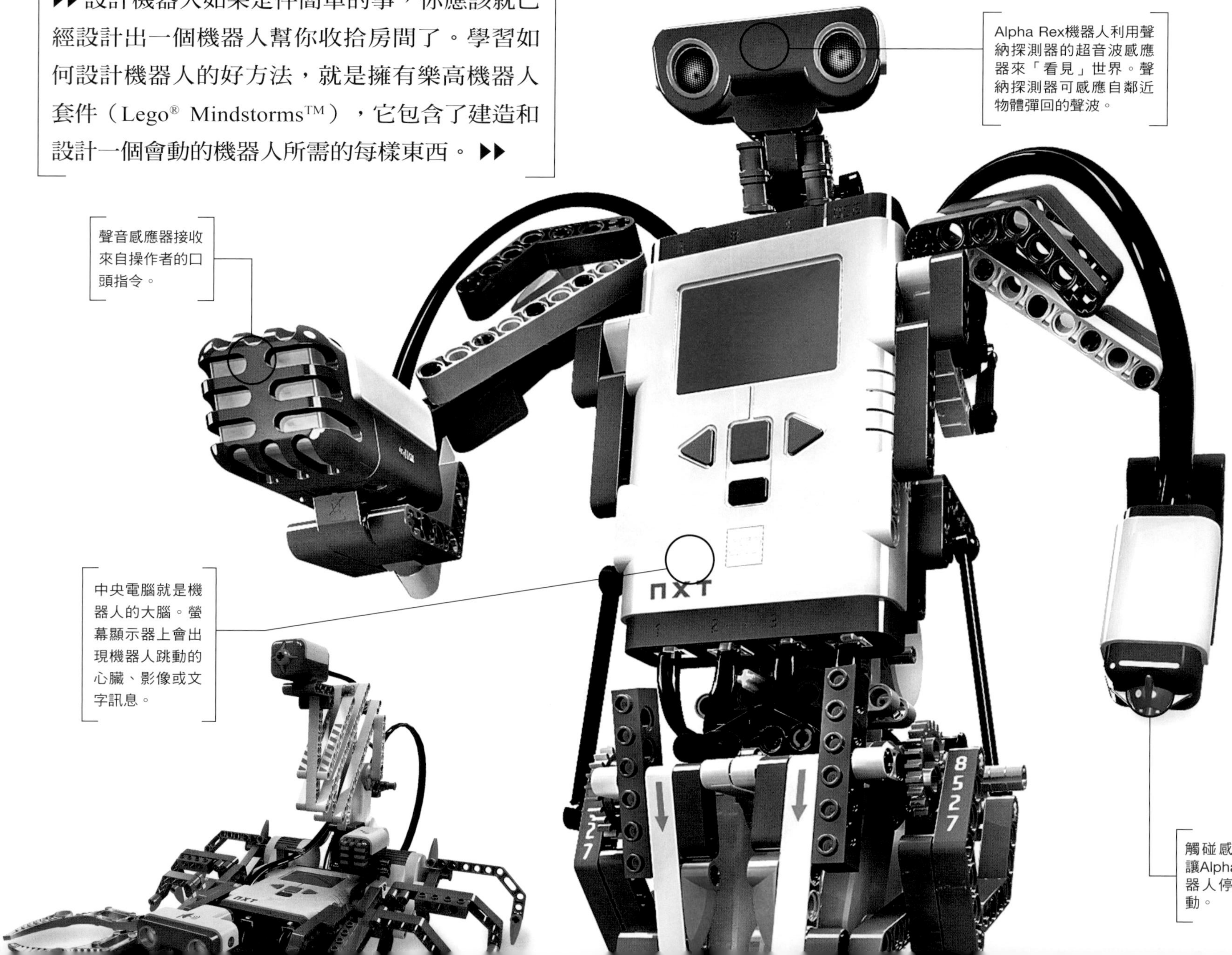

Alpha Rex機器人利用聲納探測器的超音波感應器來「看見」世界。聲納探測器可感應自鄰近物體彈回的聲波。

聲音感應器接收來自操作者的口頭指令。

中央電腦就是機器人的大腦。螢幕顯示器上會出現機器人跳動的心臟、影像或文字訊息。

觸碰感應器可讓Alpha Rex機器人停止或啟動。

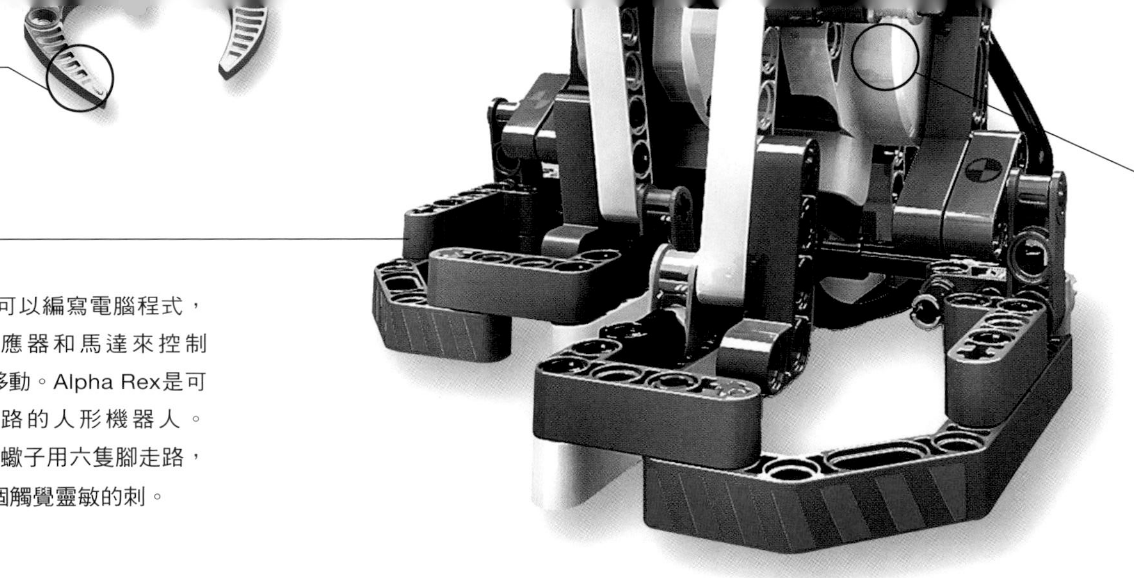

Spike機器蠍子具有可延長的尾巴和可抓握異物的螯，它們具有聲音感應器和觸碰感應器，因此可以偵測外部物體。

獨立的馬達會帶動機器人的雙腿來走路。

▶使用者可以編寫電腦程式，並透過感應器和馬達來控制機器人的移動。Alpha Rex是可以直立走路的人形機器人。Spike機器蠍子用六隻腳走路，並具有一個觸覺靈敏的刺。

>> 樂高機器人套件的原理

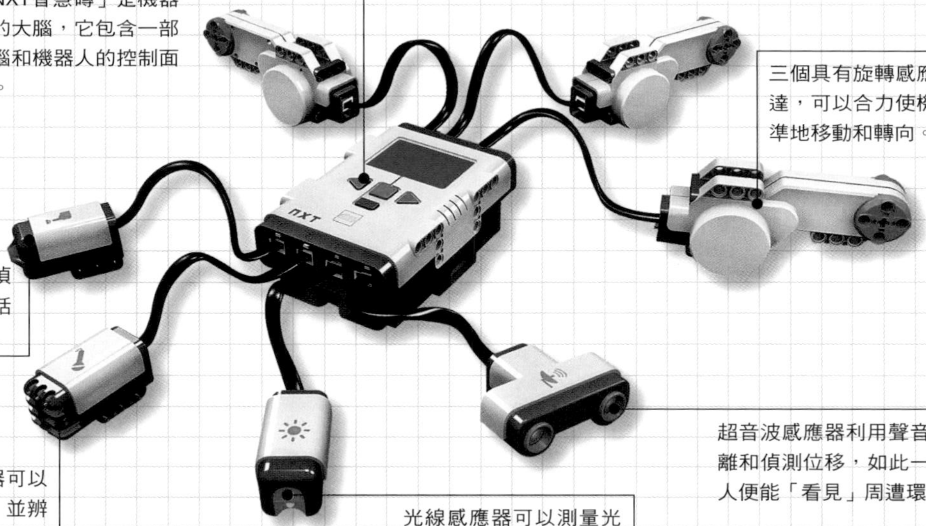

「NXT智慧磚」是機器人的大腦，它包含一部電腦和機器人的控制面板。

三個具有旋轉感應器的馬達，可以合力使機器人精準地移動和轉向。

觸碰感應器可以偵測不同動作，包括推、鬆開或碰撞。

聲音感應器可以偵測聲音，並辨識聲音的模式。

光線感應器可以測量光的強度。

超音波感應器利用聲音來測量距離和偵測位移，如此一來，機器人便能「看見」周遭環境。

這些機器人的核心就是一台小型電腦，稱作「NXT智慧磚」。它可以控制三個馬達，並接收來自感應器的訊息。設計者可以編寫程式，讓「NXT智慧磚」回應感應器傳來的資訊並執行任務。設計者可以從選項清單中選擇程式，或以傳統的程式語言來撰寫程式。

撰寫Alpha Rex機器人的電腦程式

▶▶參見：Wi-Fi 玩具 p46、機器人 p90、火星探測車 p142

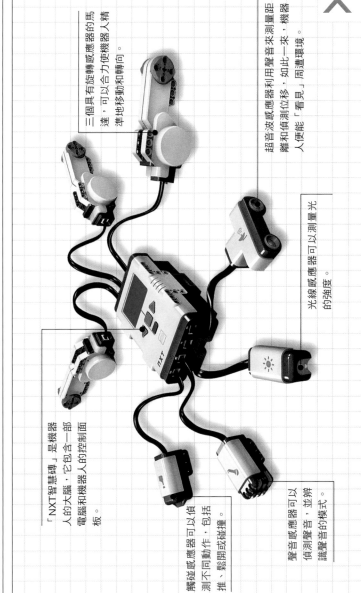

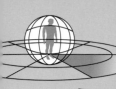

方塊虛擬世界

▶▶ 這些小塑膠方塊可以垂直排列或水平排列。方塊裡的小人物會玩遊戲，彼此互動，並在方塊之間遊走。▶▶

這個方塊中的小人物外出拜訪下面方塊中的朋友。

方塊面板上的符號說明小人物目前從事的活動。

底圖：方塊虛擬世界中的小人物正在互動

>> 方塊虛擬世界的原理

CUBE WORLD
SLIM
方塊內部是一部電腦，它可控制顯示器，也能和另個方塊中的電腦連結。
LCD顯示器顯示小人物在方塊中的活動情況。
按下按鈕就可以和方塊中的小人物玩遊戲。
電子接點連接個別方塊電腦，以交換資訊和協調小人物的動作。
磁鐵將方塊吸住，如此電子接點才不會鬆開。
當方塊翻轉或震動時，震動感應器使小人物做出回應。

方塊內部是一部由電池供電的電腦，連接至LCD顯示器和按鈕。電腦程式可顯示出活動中的小人物並控制他的動作。當方塊堆疊在一起，方塊四周的電子接點會相互磁吸在一起。當方塊彼此連結，個別電腦便會互相傳送數位資訊來溝通。如果兩個方塊中的電腦同意小人物去拜訪鄰居，訊號便會在兩部電腦中傳輸，以精確地算出小人物離開一個方塊後，到達另一個方塊的時間。當同一方塊中有多個小人物，這個方塊中的電腦便會使用來自其他電腦的資訊，以決定小人物的動作。

◀ 方塊中的小人物可以做出不同動作，例如：彈奏樂器或舉啞鈴。當方塊堆在一起，小人物就會互動。不需指令提示，他們可以互相拜訪，一起遊戲或跳舞。一個方塊中最多可容納四個小人物。

Tamagotchi電子寵物

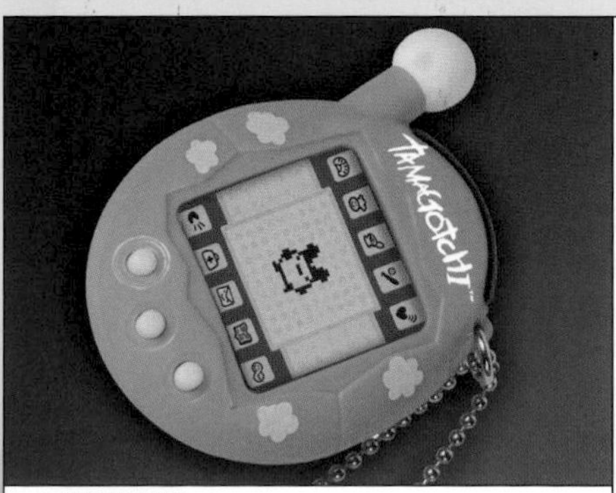
TAMAGOTCHI
口袋型寵物

◀ Tamagotchi™電子寵物是一種虛擬寵物，可以放在口袋裡帶著走。左圖帶有按鈕的塑膠盒螢幕上顯示有隻小寵物。主人可以餵食寵物，或者和它玩遊戲。Tamagotchi™電子寵物還會隨著時間不斷長大，外表和行為也都會改變。如果主人忘了餵它，它就會餓死！最新型的Tamagotchi™電子寵物可以透過紅外線傳輸，互相連結互動。

▶▶參見：Wi-Fi 玩具 p46、寵物攝影機 p52、遊戲機 p68、樂高機器人套件 p92

你如何能傾斜站立而不跌倒呢？p112

▶▶ 從深邃的海洋到廣闊的太空，酷炫的交通工具可以為我們帶來一趟趟驚奇之旅，諸如F1一級方程式賽車在賽車場上馳騁，直升機在空中盤旋，水上摩托車在海面上飛馳，潛水艇隱遁在深海裡。今日的交通工具看來令人印象深刻，但是明日的交通工具將會在各方面都更勝一籌。新科技在彈指間即將出現，汽車將可自動駕駛，計程車沿著凌駕在擁擠街道的軌道上急馳，船隻將可破浪而行，超音速噴射機將不再製造噪音。▶▶

這個東西能讓你保持行進嗎？p132

什麼叫做顛覆常理的四兩撥千斤？p188

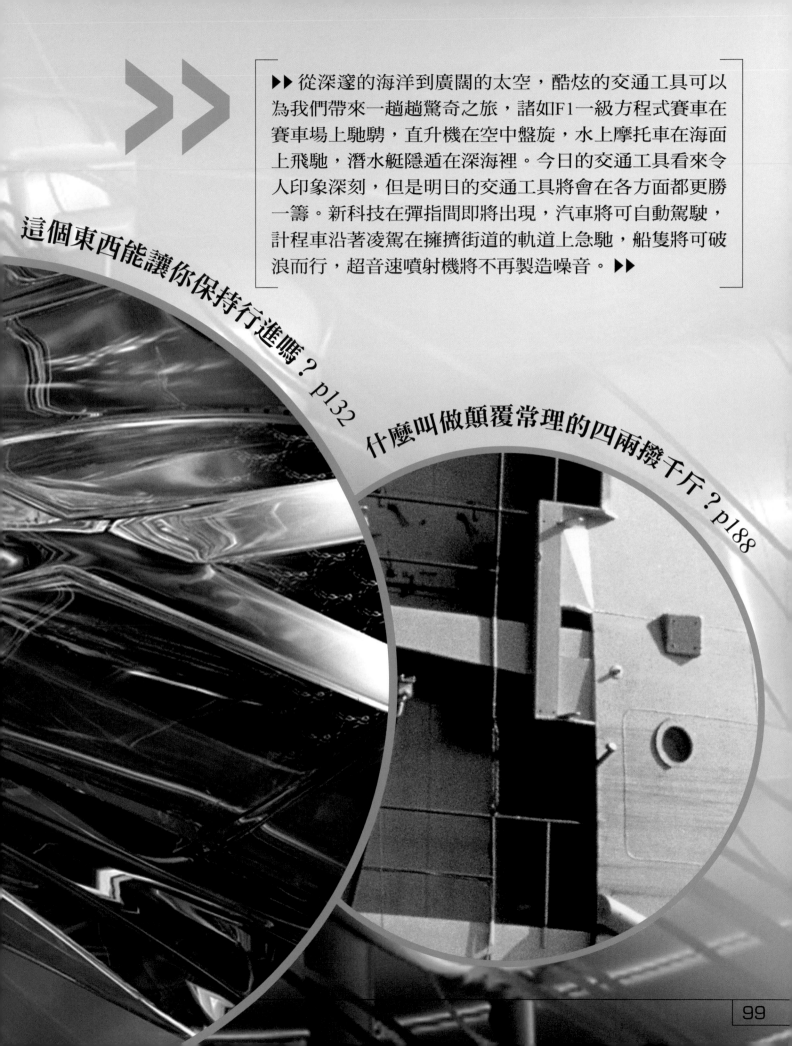

F1一級方程式賽車

▶▶ F1賽車就像是貼地高速飛行的飛機一樣。它的流線造型讓車子在高速行進中能緊貼住賽車跑道，引擎馬力則是一般家庭房車的五倍。▶▶

≫ 風洞測試

▶ 經過風洞測試，賽車的設計將更符合空氣動力學原理，也就是說空氣能更流暢地通過車身。在測試中，四隻機器手臂會將尺寸為原賽車二分之一的縮小版模型固定住，讓高速的氣流從車身通過。

在風洞中進行測試的F1賽車模型

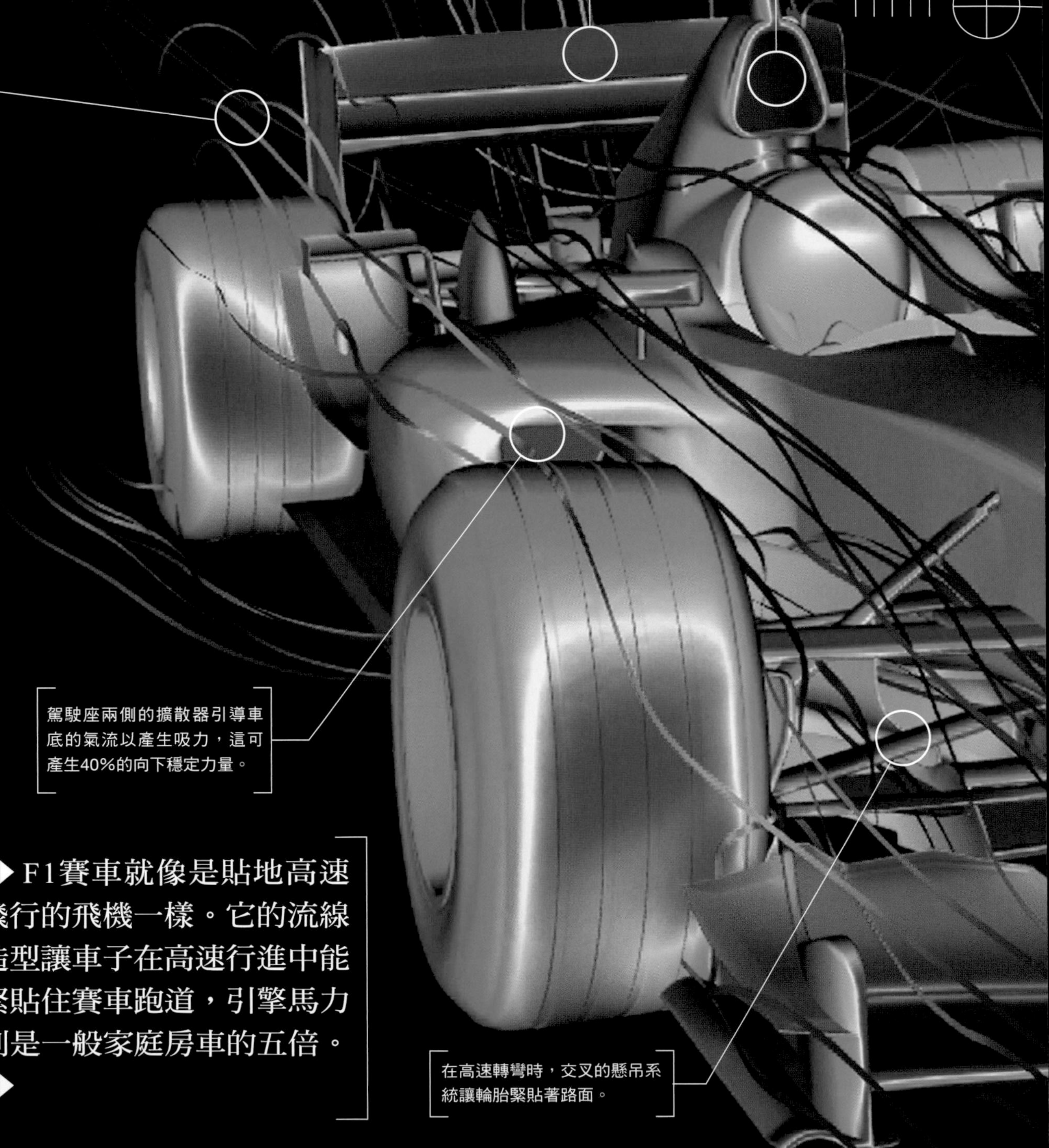

尾翼可以有20種不同的角度，以提供35%的向下穩定力量。
進氣孔每秒可為引擎提供650公升的空氣，相當於一個成年人120個深呼吸的空氣量。
線條代表通過車身的氣流。
駕駛座兩側的擴散器引導車底的氣流以產生吸力，這可產生40%的向下穩定力量。
在高速轉彎時，交叉的懸吊系統讓輪胎緊貼著路面。

▲ **底圖**：F1賽車車身氣壓和氣流的電腦模擬圖

>> F1一級方程式賽車的原理

SIEMENS
Mobil 1
West

AMD

駕駛座

駕駛座的設計會盡量貼近地面，這樣車子才能高速轉彎。為了安全考量，狹小的駕駛座有特別的強化設計，配備戰鬥機飛行員專用的安全帶以固定住駕駛。

控制按鈕

F1賽車手沒時間去操作控制桿，所以除了剎車和油門外，所有的控制按鈕都在方向盤上，而傳統式複合儀表板則由一個LCD螢幕取代。

輪胎

F1賽車輪胎由聚酯和尼龍強化的軟質橡膠製成。在五倍的重力和100℃的考驗下，只能跑約200公里。

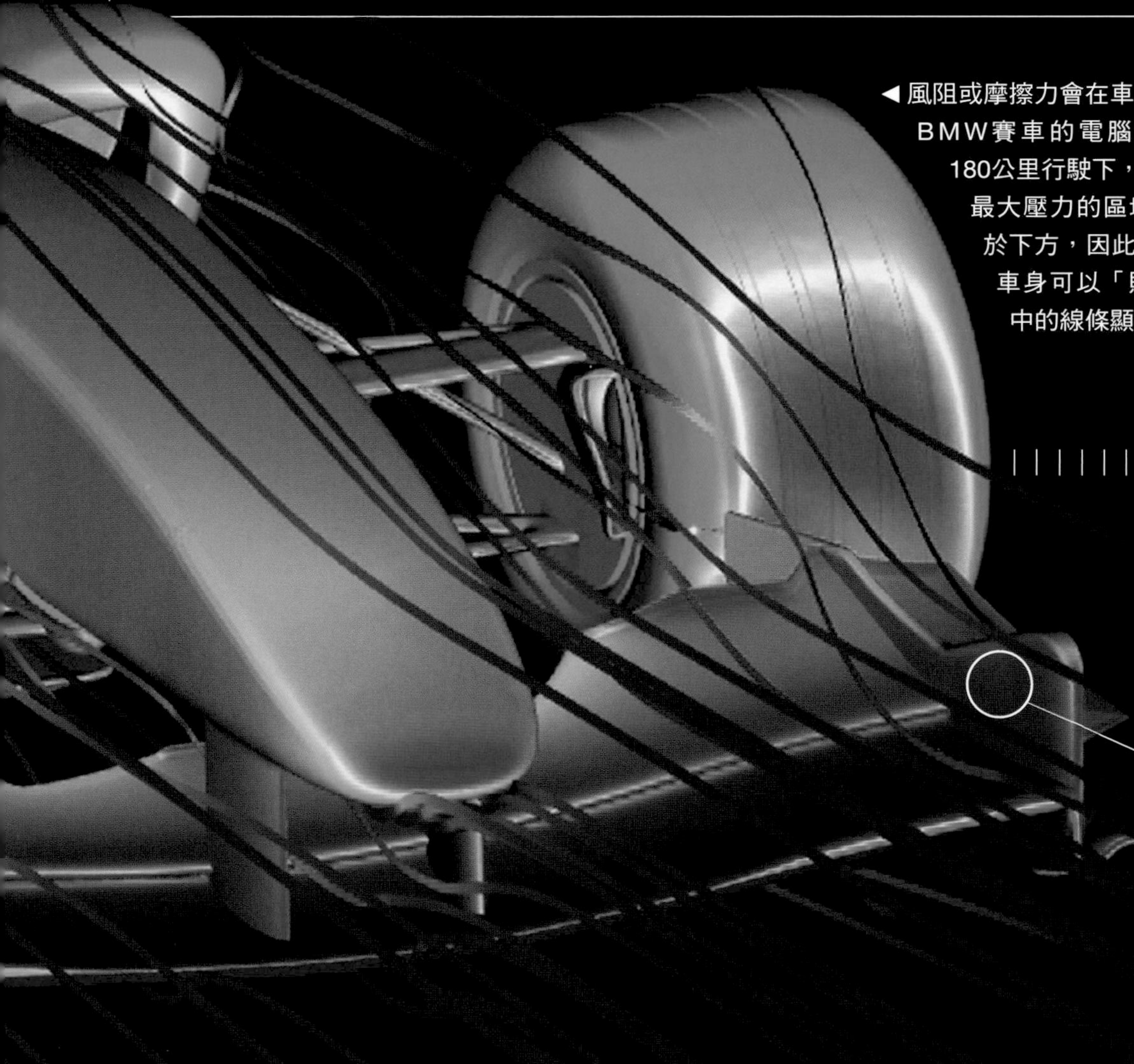
前翼可引導迎面而來的氣流以冷卻剎車，並貢獻25%的向下作用力。

◀風阻或摩擦力會在車身上形成壓力。Sauber BMW賽車的電腦模擬圖顯示，在時速180公里行駛下，紅色和黃色區塊是承受最大壓力的區域。車身上方的氣壓大於下方，因此形成一股向下力量，使車身可以「貼」在跑道上。模擬圖中的線條顯示車身的氣流。

▶▶參見：抬頭顯示器 p54、「嘔吐彗星號」無重力飛機 p140

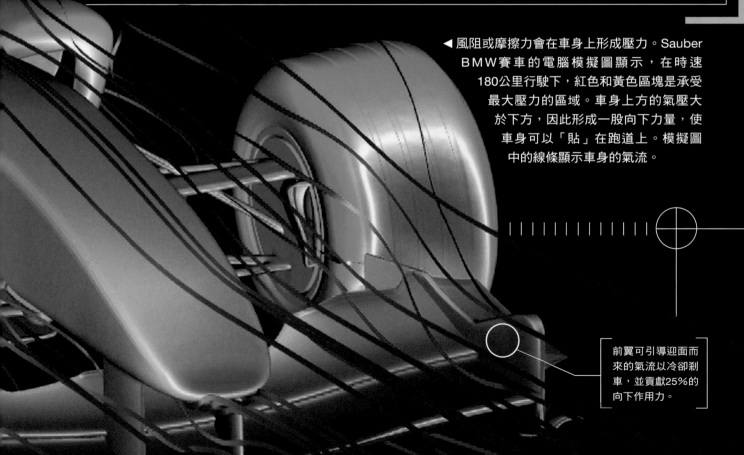

底圖：穿過觸媒轉換器的透視圖

觸媒轉換器

▶▶ 從雅典到莫斯科，從北京到孟買，煙霧使得世界上許多大城市黯然失色。空氣污染阻塞了我們的肺臟，殘害樹木，並使得建築物看起來一文不值。觸媒轉換器以化學作用來清除污物，能將汽車廢氣中的髒污清除，減低汽車引擎所帶來的污染。▶▶

>> 觸媒轉換器的原理

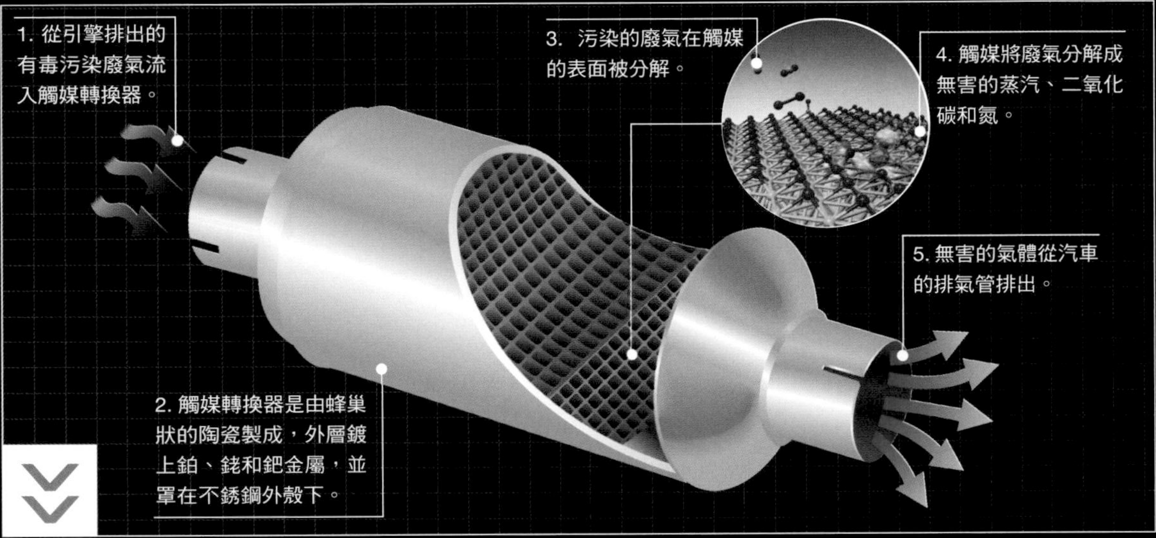

1. 從引擎排出的有毒污染廢氣流入觸媒轉換器。
2. 觸媒轉換器是由蜂巢狀的陶瓷製成，外層鍍上鉑、銠和鈀金屬，並罩在不銹鋼外殼下。
3. 污染的廢氣在觸媒的表面被分解。
4. 觸媒將廢氣分解成無害的蒸汽、二氧化碳和氮。
5. 無害的氣體從汽車的排氣管排出。

汽車引擎以空氣來燃燒燃料，這個化學反應產生了動力。但是組成石油燃料的碳氫化合物，無法完全而乾淨地燃燒，因此產生了污染物。廢氣裡包含的污染物有氧化氮（會導致肺臟病變）、有毒的一氧化碳和未燃燒完全的碳氫化合物。觸媒轉換器看起來像一個立體的過濾器。不同於強迫分離出污染物的方式，觸媒轉換器的表面以化學反應的方式來分解污染物。化學反應將有害的氧化氮、一氧化碳和碳氫化合物分子，分解成更小的原子。然後，這些原子在觸媒表面重新排列組合成更乾淨和安全的物質——水（蒸汽）、二氧化碳和氮。

◀ 當廢氣通過觸媒轉換器，一組緊鄰的觸媒會將廢氣中的污染物濾出。然後，「還原觸媒」會將氧化氮分離出（分解成氮和氧），而「氧化觸媒」則會將一氧化碳和碳氫化合物，轉換成二氧化碳和水。

▶▶ 參見：抬頭顯示器 p54、馬路 p106

自走車

▶▶有一些不尋常的賽車比賽在美國沙漠中舉行。賽車無人駕駛，也不需遙控器。自走車必須自己利用攝影機、雷達和雷射，進行長達212公里的路線導航。

▶參賽者，如這張圖中的「沙塵暴號」，必須要越過沙丘，穿過岩地，渡過乾涸的河床，避開途中的每個障礙物。工程師設計這些交通工具的目的，是為了要開發能運送物資和裝備前往邊陲危險地帶的自走車，才不會讓駕駛員冒著生命危險前往。

可導向的長距雷射掃描儀，能轉動查看四周角落。
攝影機環視地表，發現障礙物。
GPS天線計算位置，誤差不超過數公尺。
電腦計畫接下來往哪裡走，並控制整個系統。
特殊懸吊裝置在行走於崎嶇不平的路面上時，為電子設備和感應器避震。
19
Boeing
Phantom Works
intel
Chevron
Duke
HARRIS
TTTech
TTControl
PHILIPS
RED TEAM

無人駕駛摩托車

「鬼騎士」自走摩托車

◀有個團隊在2005年的比賽中加入了一部無人駕駛摩托車。除了要進行路線導航之外，「鬼騎士」還面臨了車身不能傾倒的挑戰。它的電腦每1/100秒測一次車身的傾斜度，同時指示前輪朝反方向導正，讓車身維持平衡。這部摩托車在資格賽時就遭淘汰，無緣爭奪一百萬英鎊的獎金。

▶▶參見：抬頭顯示器 p54、鷹眼 p88、機器人 p90、馬路 p106

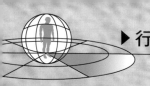

>>「沙塵暴號」如何導航

「沙塵暴號」從車上的眾多感應器中得到數據。GPS提供詳細的地點資訊，讓它能依照賽車路線行駛。但是GPS並沒有精確到讓「沙塵暴號」可以一直行走在窄小的道路上，或處理途中遇到的障礙物。「沙塵暴號」的電腦必須將遠距雷達、攝影機畫面和雷射掃描儀（LIDAR）蒐集到的周圍環境資訊結合起來，才能準確計算出方向盤該往哪邊轉。LIDAR提供更多的細節，用雷射光束掃描車子周圍的地貌，回報地形和障礙物的資訊，絲毫不差。

長距LIDAR進行條狀式掃描，可往前掃描50公尺，還可轉向查看角落的情形。
電腦結合LIDAR的數據及其他感應器的資訊，來控制速度、方向和煞車。
短距LIDAR蒐集車子四周的數據。
車子發出的雷射光到達前方地表再回傳到車子，用所花的時間來計算距離。

雷達雖不如雷射準確，但能在更遠的距離就偵測到障礙物，而且也不受空氣中塵埃的影響。
固定式雷射掃描儀，協助測繪周圍的地形圖。

◀ **底圖：**2005年比賽中的「沙塵暴號」自走車

馬路

▶▶馬路可以是都市生活中川流不息的隧道，也可以是靜靜蜿蜒穿梭在鄉間景致中的瀝青緞帶。最繁忙的高速公路，每天有15萬輛車從上駛過，其中還包括相當於七頭大象重量的卡車。▶▶

瀝青湖

千里達，布雷亞

▲大部分的馬路都是黑色的，因為它們的表面塗了瀝青。位於千里達布雷亞（La Brea, Trinidad）的這口湖，是全世界最大的瀝青沉積湖。這裡的瀝青非常軟，車子走在上面，很快就會沉下去。瀝青必須和砂石或其他岩石混合，才能產生一層耐磨、防水、堅固得足以支撐車子重量的表面。

▼挪威的羅佛登（Lofoten）群島地處於北極圈內，因此馬路必須承受夏冬之間劇烈的溫差。添加物確保上層的瀝青能隨著溫度熱脹冷縮，才不至於龜裂，而讓水滲入，破壞下層路面。

馬路是如何鋪設的

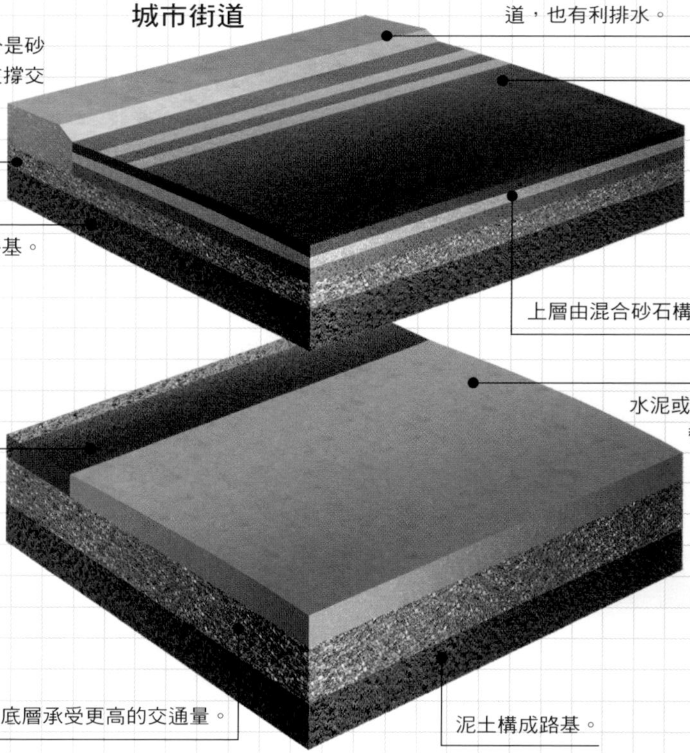
城市街道
水泥邊欄讓駕駛人不會開上人行道，也有利排水。
底層的成分是砂石，負責支撐交通工具的重量。
粗粒防水瀝青的磨耗層可增加摩擦力。
泥土構成路基。
上層由混合砂石構成。
水泥或瀝青磨耗層在彎道或交流道處使用粗粒，提供額外的抓地力。
路肩鋪的是瀝青。
高速公路
更厚的砂石底層承受更高的交通量。
泥土構成路基。

馬路底層的粗石提供能負重的強度，而上層則是為速度和舒適性而設計。上層（磨耗層）防水，以保護其下的結構。輪胎的摩擦會讓它耗損，因此每隔幾年就必須重新鋪設。高速公路路面常鋪設粗水泥，它的磨耗速度比瀝青慢。超過九成的馬路都鋪瀝青路面，因為它較容易在彎曲的道路、下水道出入孔、排水溝及其他障礙物周圍鋪設。

▼底圖：挪威羅佛登群島的馬路路面

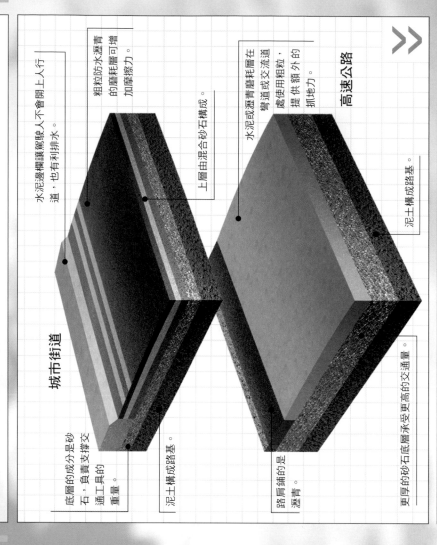

鋪路時，用強力水柱或捶擊方式讓瀝青路面變粗，以增加摩擦力。
二氧化鈦鋪路塗料中，嵌有細小的玻璃珠，能更有效地反射車頭燈的光線。

▶▶參見：F1一級方程式賽車 p100、自走車 p104、貓眼® p108

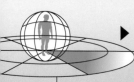

貓眼

▶▶ 駕駛人在夜間行駛時，發生車禍的機率比日間行駛高了十倍，而馬路上的小反光體降低了這個風險。這些通稱貓眼®的小東西，從1934年發明至今，已拯救了無數的生命。▶▶

底圖：有如馬路之眼的貓眼®

▶ 夜晚的車流順暢安全，要歸功於車道之間的貓眼。貓眼通常是白色的，但也可做成紅色、琥珀色或綠色，來指示禁止穿越、路面濕滑或其他的特殊路況。貓眼凸起的避震物在被輾過時會產生噪音，提醒駕駛人已經駛離車道範圍。

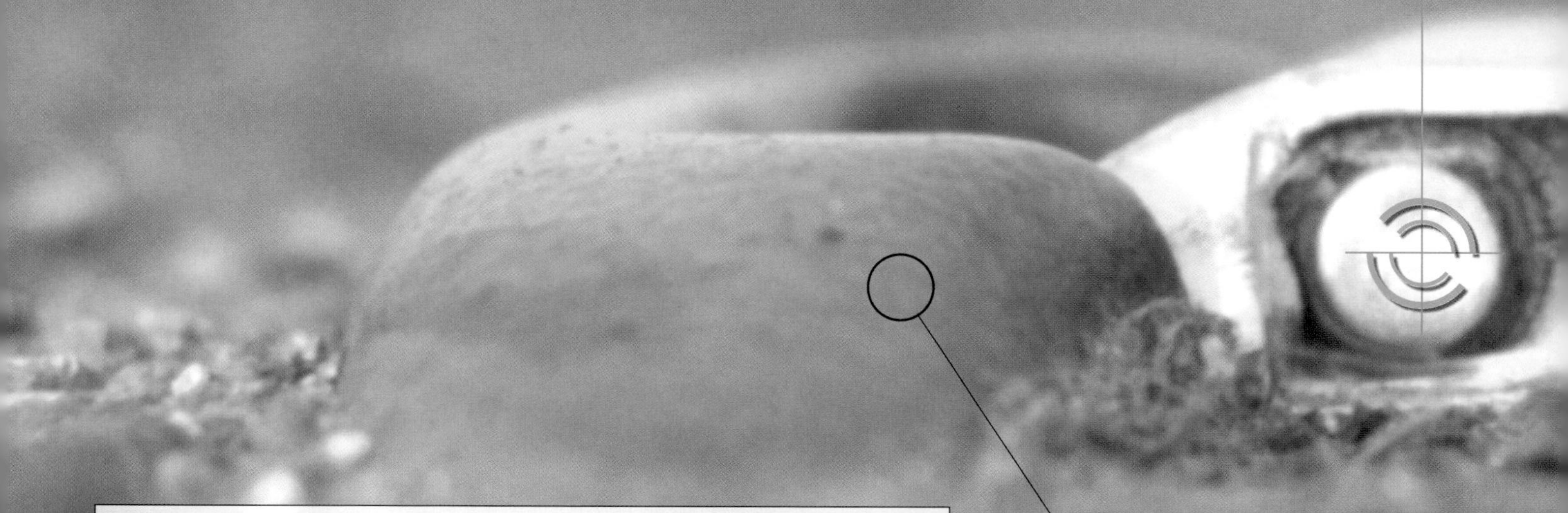

鐵製板架上的避震物使貓眼不會因衝擊力而損壞。

發明貓眼

▶ 柏西・蕭（Percy Shaw，1890-1976）在某個濃霧籠罩的夜晚，開車下危險的山頭時，有了發明貓眼的念頭。他在路上看到奇妙的光，原來是一隻貓的眼睛反射了他的車燈燈光。柏西・蕭突然發現自己開在馬路的另一邊，正朝懸崖開去，差點喪命。那隻貓救了他一命。

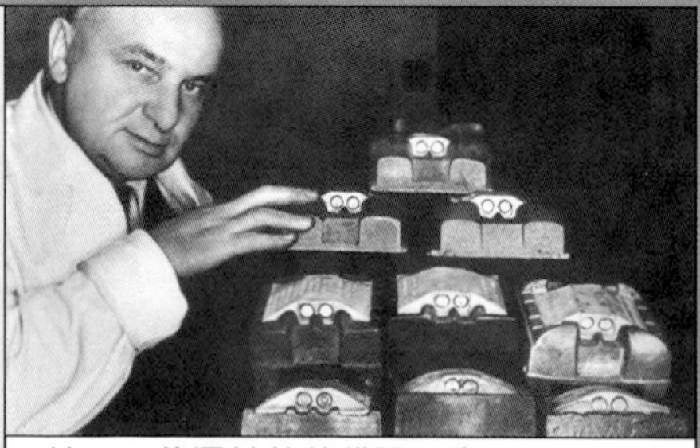

柏西・蕭攝於他的貓眼工廠

>> 貓眼的原理

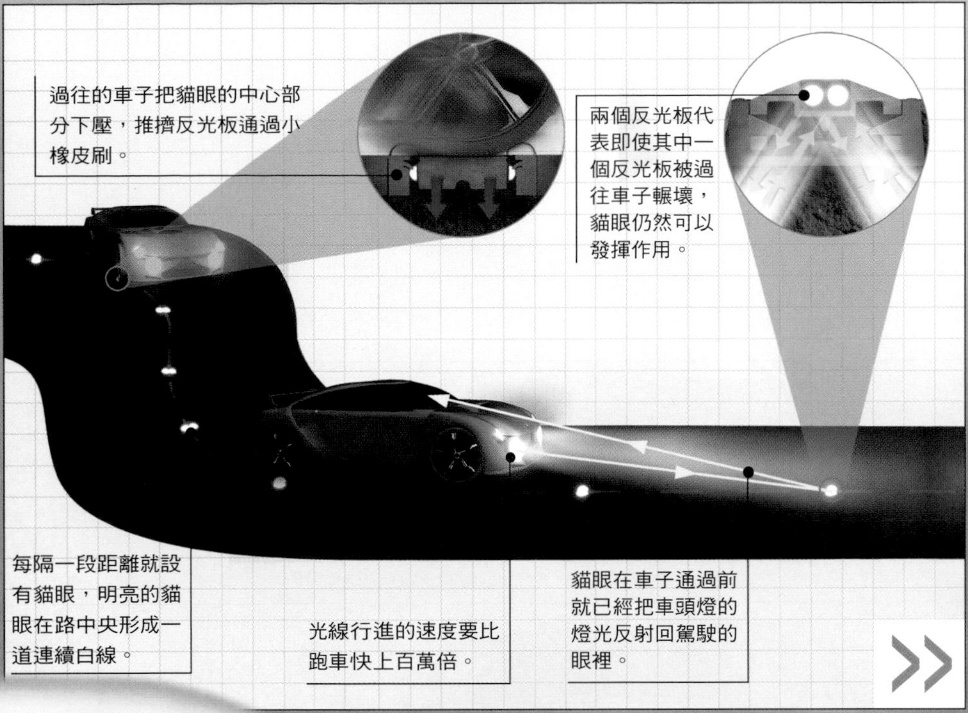
過往的車子把貓眼的中心部分下壓，推擠反光板通過小橡皮刷。
兩個反光板代表即使其中一個反光板被過往車子輾壞，貓眼仍然可以發揮作用。
每隔一段距離就設有貓眼，明亮的貓眼在路中央形成一道連續白線。
光線行進的速度要比跑車快上百萬倍。
貓眼在車子通過前就已經把車頭燈的燈光反射回駕駛的眼裡。

車頭燈是朝下的，這樣才能照亮路面，而貓眼的反光板傾斜朝上，把接收的光線反射回駕駛人的眼睛。每個貓眼的距離約隔6-18公尺。在更快速的道路上，貓眼之間的距離會更遠，在彎道、霧氣容易聚集的凹處，以及對向來車燈光刺眼的山丘頂端上會更近。如果貓眼沒那獨特的自清設計，很快就會變髒而失去作用。中央的白色橡皮在每次有車子輾過時，就會上下震動，同時把反光鈕擦乾淨。

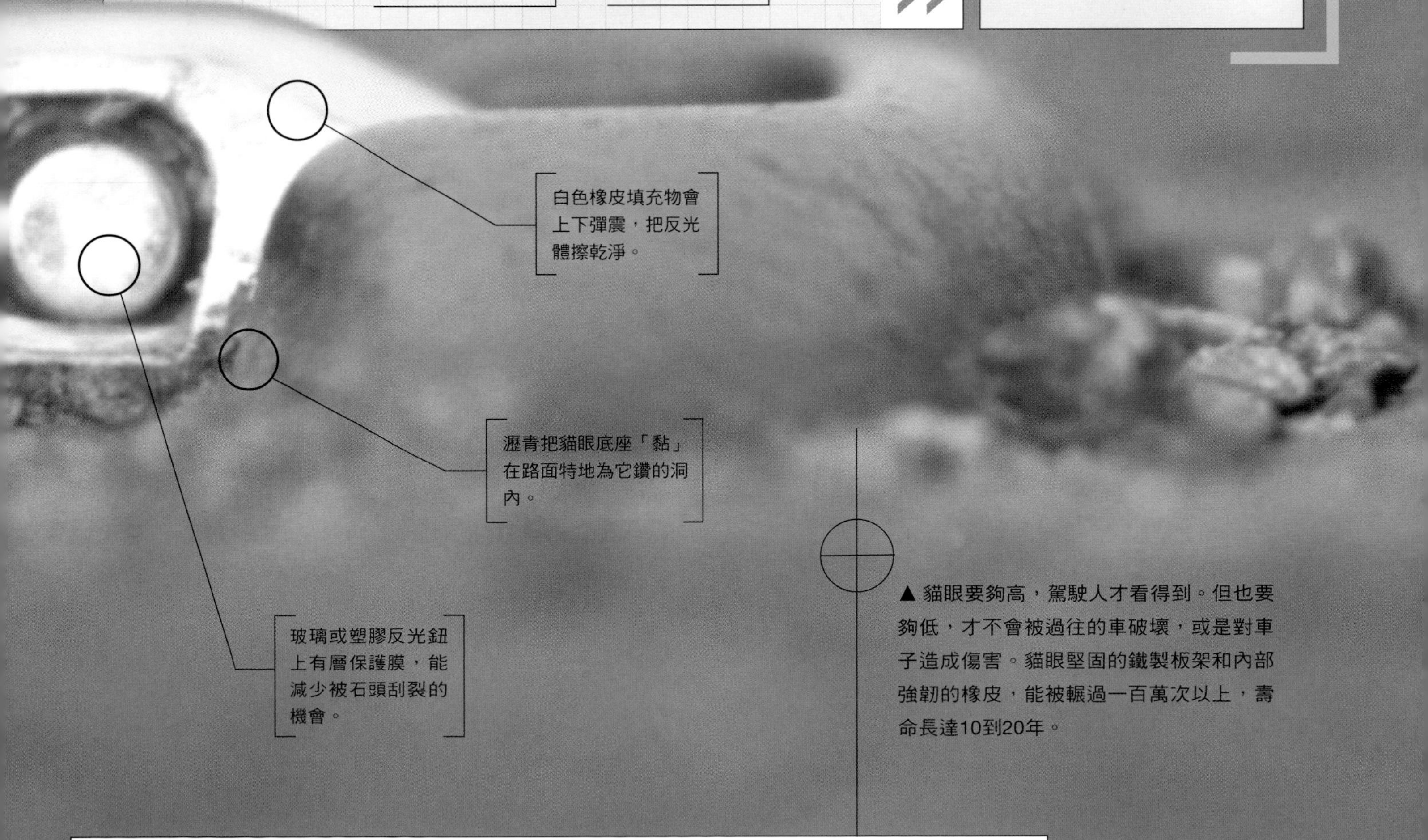
白色橡皮填充物會上下彈震，把反光體擦乾淨。
瀝青把貓眼底座「黏」在路面特地為它鑽的洞內。
玻璃或塑膠反光鈕上有層保護膜，能減少被石頭刮裂的機會。

▲ 貓眼要夠高，駕駛人才看得到。但也要夠低，才不會被過往的車破壞，或是對車子造成傷害。貓眼堅固的鐵製板架和內部強韌的橡皮，能被輾過一百萬次以上，壽命長達10到20年。

▶▶ 參見：抬頭顯示器 p54、馬路 p106、 夜視攝影機 p160

底圖：行走在高架軌道上的ULTra® 計程車

ULTra計程車

▶▶世界上有六億輛車——地球上平均每11個人就有一部車。正當交通日益惡化之際，無人駕駛的電動ULTra® 計程車能紓解壅塞並降低污染。▶▶

◀當電車碰上汽車：ULTra計程車在城市裡行動的速度快上兩三倍，因為它跑在自己的特殊軌道上，比地面高六公尺，和其他交通區隔。每輛ULTra計程車裡沒有駕駛員，而是隨車感應器，能讓中央電腦系統來引導。

ULTra計程車的主要特色

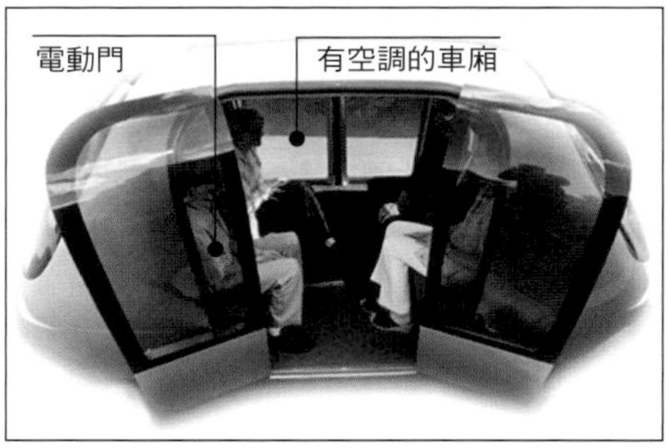

乘客通道

每輛車都是3.7公尺長（相當於一部小車），搭載四位乘客，或負重500公斤。寬闊的門和低矮的地板，讓老年人、推嬰兒車的家長和殘障者都容易上下車。ULTra計程車在設計上比一般車子要安全10倍以上。

乘車月台

雖然ULTra計程車的最高時速只有40公里，但在每個特殊的乘車月台間行駛時是不停的，所以通車時間很短。ULTra計程車隊讓平均等車時間不到10秒。這些計程車在市區行駛要比一般街道交通來得快速。

電動馬達

ULTra計程車用的不是汽油引擎，而是電動馬達和電池，所以幾乎無聲，也完全不造成污染。它們在尖峰時刻消耗的能源是車子的十分之一，而效率比公車、火車和電車更高。

▶▶參見：自走車 p104、馬路 p106、Segway®PT電動車 p112

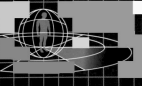

船舶

波浪適應模組船（WAM-V）

搶眼的WAM-V™波浪適應模組船不會強行破浪前進，而是順應海浪，自行調整。懸吊在海面之上的座艙可以作為豪華客艙、貨艙，或是海軍實驗室。

環球號（Earthrace）

這艘環保的快艇企圖打破環球航行的最快紀錄。它的動力來自生質柴油，是用黃豆或廢食用油等製成。一油箱的油可讓這艘快艇航行超過6000公里，時速可達90公里。

過去的船舶設計從來沒有現在這麼多采多姿。當代先進的船舶有各種形狀和大小——有些甚至不像船。符合氣體力學的設計和輕巧的材質，有助於速度增快和輕鬆操控。而潛艦技術讓休閒船也可以潛入海中。

海豚艇（Dolphin Boat）

這艘海豚造形的船是由玻璃纖維製成，名為「破浪號」（Sea Breacher）。登上這艘美麗的船，可以體驗海洋哺乳動物的生活。這艘船航行時速可達48公里，下潛三公里，還可模仿海豚躍出海面在空中翻滾。

短劍隱形快艇（M80）

短劍隱形快艇是用輕巧的碳纖維打造而成，因此吃水很淺。雙M形的船身長達24公尺，效率高，幾乎不會激起波浪，最高航速可超過時速100公里。

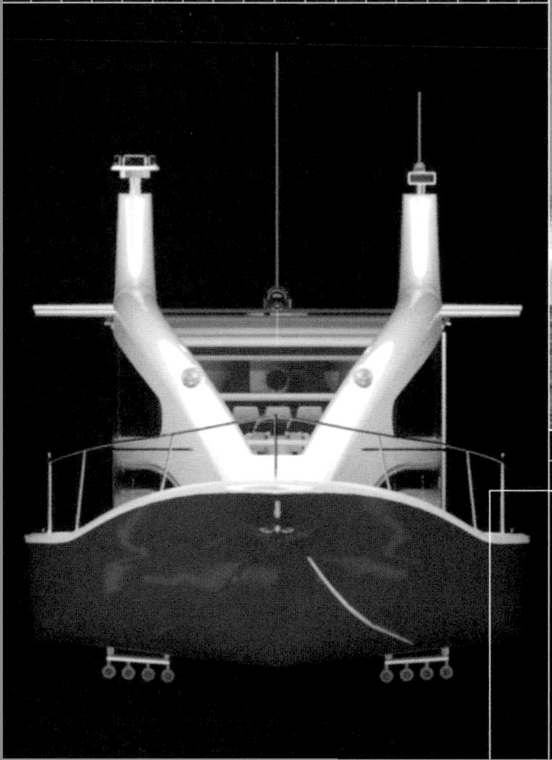

Exomos潛艇

這艘豪華的遊艇也是可下潛20公里的潛水艇。當長達21公尺的船身下潛，甲板上最多可容納14位潛水員，而防水的船艙裡還坐得下八名乘客乾爽地欣賞風景。

▶▶參見 海上浮動觀測船 p118 水上摩托車 p120 火箭風帆 p122

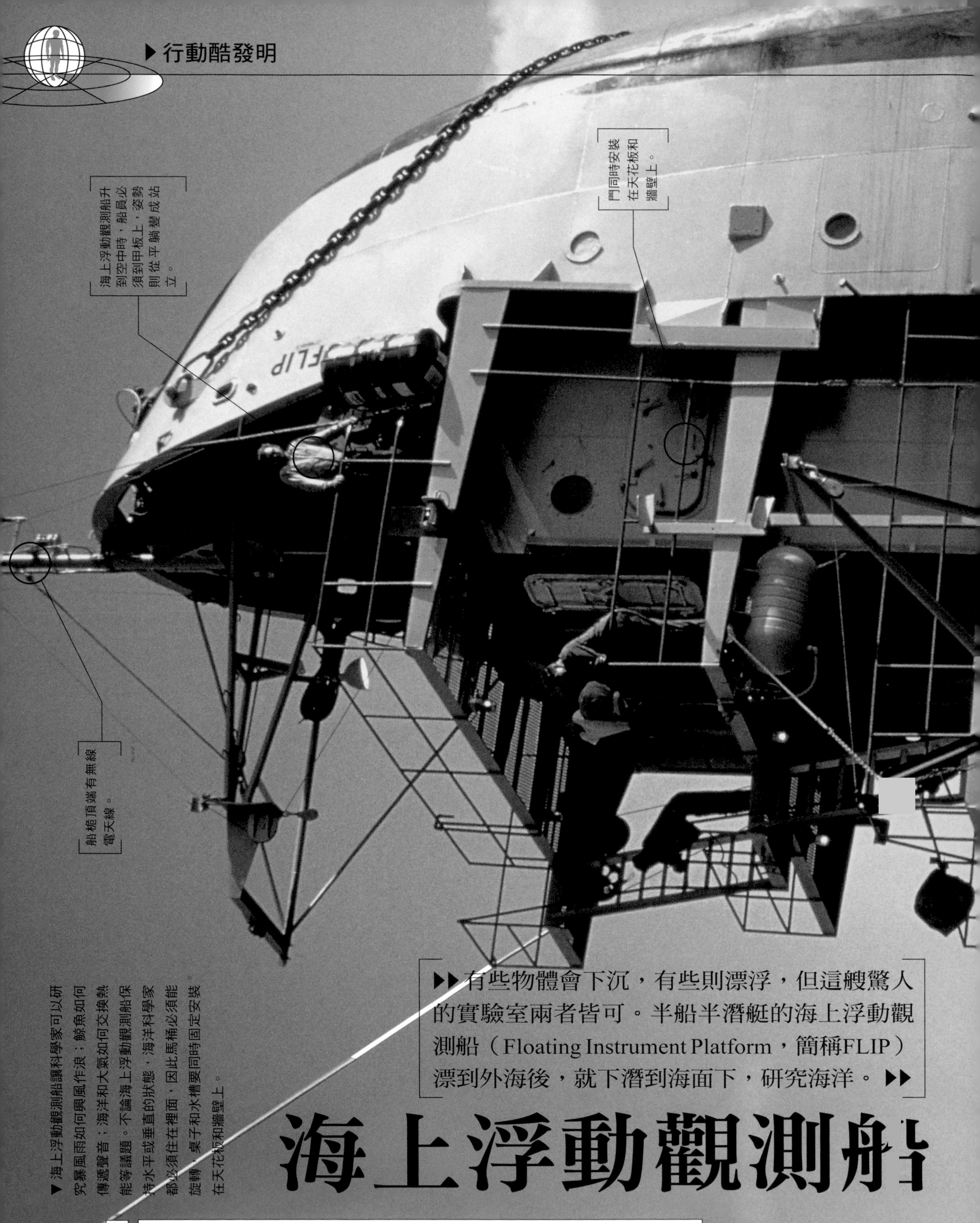

海上浮動觀測船升到空中時，船員必須到甲板上，姿勢則從平躺變成站立。

門同時安裝在天花板和牆壁上。

船桅頂端有無線電天線。

▶▶有些物體會下沉，有些則漂浮，但這艘驚人的實驗室兩者皆可。半船半潛艇的海上浮動觀測船（Floating Instrument Platform，簡稱FLIP）漂到外海後，就下潛到海面下，研究海洋。▶▶

海上浮動觀測船

▼海上浮動觀測船讓科學家可以研究暴風雨如何興風作浪；鯨魚如何傳遞聲音；海洋和大氣如何交換熱能等議題。不論海上浮動觀測船保持水平或垂直的狀態，海洋科學家都必須住在裡面，因此馬桶必須能旋轉，桌子和水槽要同時固定安裝在天花板和牆壁上。

▲ **底圖**：美國Scripps海洋科學研究中心的海上浮動觀測船

海上浮動觀測船如何豎直

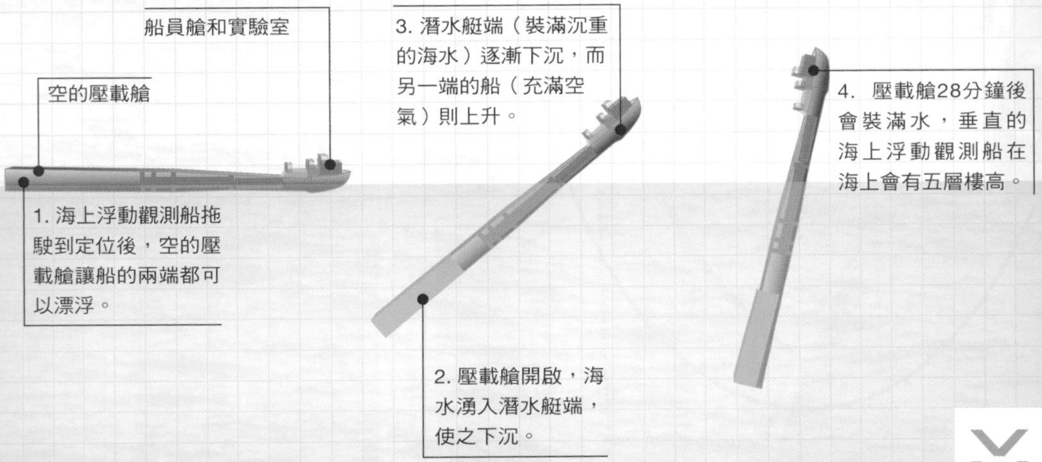
船員艙和實驗室
空的壓載艙
1. 海上浮動觀測船拖駛到定位後，空的壓載艙讓船的兩端都可以漂浮。
2. 壓載艙開啟，海水湧入潛水艇端，使之下沉。
3. 潛水艇端（裝滿沉重的海水）逐漸下沉，而另一端的船（充滿空氣）則上升。
4. 壓載艙28分鐘後會裝滿水，垂直的海上浮動觀測船在海上會有五層樓高。

海上浮動觀測船長達108公尺，看起來一端像潛水艇，另一端像一般的船。拖到定位時，潛水艇端的空水槽會開始進水，下沉至海底91公尺，使另一端的船升到空中17公尺處。海上浮動觀測船豎直後，科學家就用船上的實驗室研究海洋活動。一般的船會隨海浪漂浮，但因為壓載艙充滿了水，非常沉重，所以海上浮動觀測船在浪中幾乎不會移動。

▶▶參見：船舶 p116、探險家 p154、鑽油平台 p156

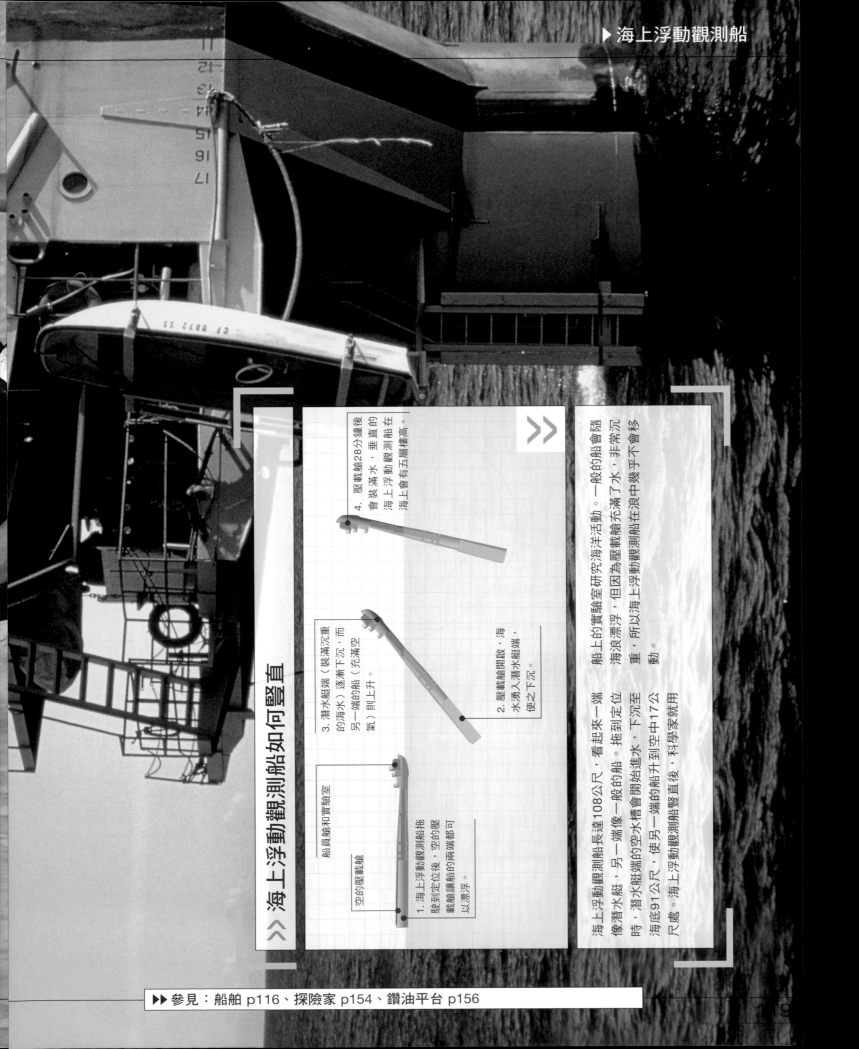

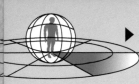

火箭風帆

▶▶火箭風帆（SailRocket）優雅地滑過海浪，在海與風之間取得完美的平衡。火箭風帆企圖打破世界航行紀錄，在適當的條件下，其時速可達90公里。▶▶

馳騁大海

▶ 這片衝浪板和火箭風帆一樣，破浪的前端尖翹。當海浪簇擁著衝浪手前進時，尖翹的前端維持衝浪板前方平坦（向上翹）。如此可減少水阻力，讓衝浪板迅速滑過浪頭，而不是慢慢地拖行。

一名衝浪手正滑向岸邊

▶ 極度流線的火箭風帆就像風浪板（裝有風帆的浪板）和小型帆船的混合體。火箭風帆完全靠風力驅動，駕駛員舒服地躺在駕駛艙，藉著操控手繩和腳繩來駕駛火箭風帆。

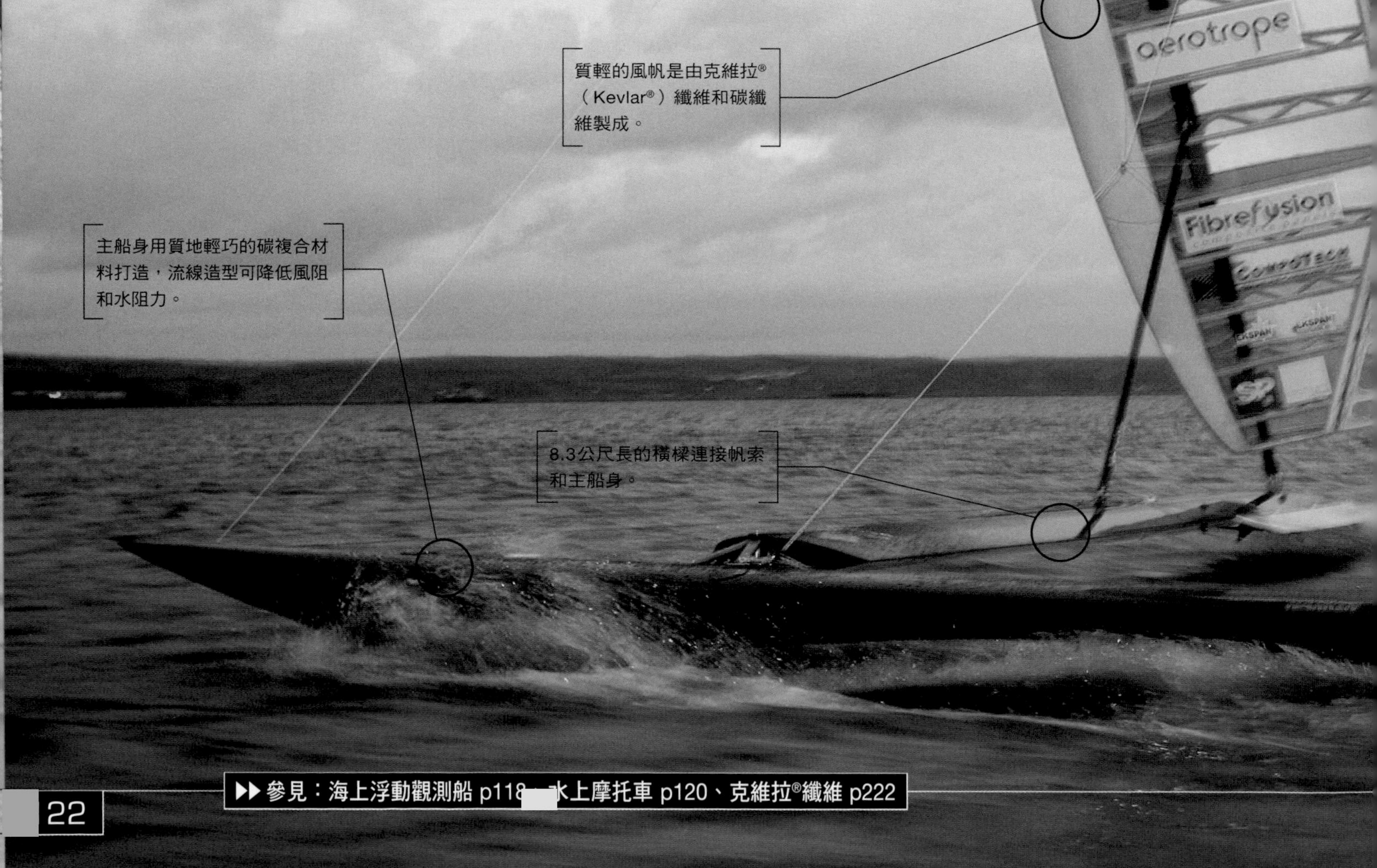

質輕的風帆是由克維拉®（Kevlar®）纖維和碳纖維製成。

主船身用質地輕巧的碳複合材料打造，流線造型可降低風阻和水阻力。

8.3公尺長的橫樑連接帆索和主船身。

▶▶參見：海上浮動觀測船 p118、水上摩托車 p120、克維拉®纖維 p222

>> 火箭風帆如何在水中航行

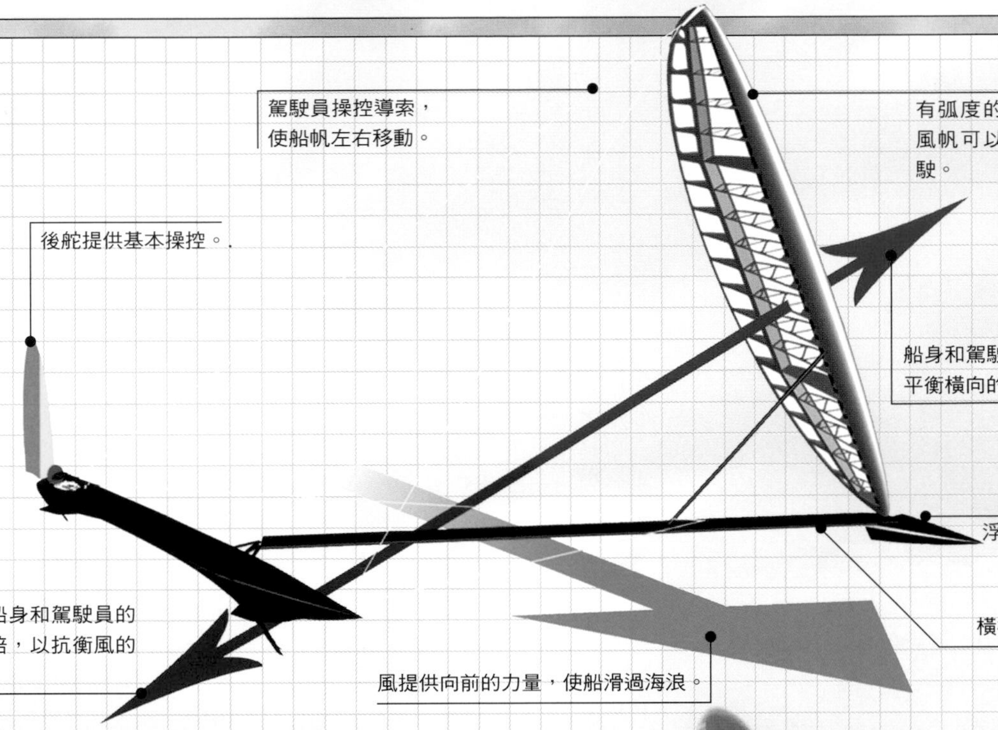

駕駛員操控導索，
使船帆左右移動。
有弧度的強化帆讓火箭
風帆可以順風或逆風行
駛。
後舵提供基本操控。
船身和駕駛員的重量可
平衡橫向的風力。
浮板連接風帆和橫樑。
橫樑
橫樑使船身和駕駛員的
重量加倍，以抗衡風的
轉力。
風提供向前的力量，使船滑過海浪。

一艘普通的遊艇船身上方會有船帆，水面下則有龍骨（垂直面板），以防止船翻覆。如果風從船側吹來，整艘船會搖晃（往兩側傾斜），以致增加水阻，使速度減慢。如果風從前方吹來，整艘船會抬起，上下晃動，速度也會減慢。火箭風帆則不同，它的船帆裝在浮板上，再由長長的橫樑固定在主船身。不論風的抬力或轉力，船身的重量和浮力都可抗衡。因此，風不但不會使船上下左右搖晃，反而會使船航行得更快。

駕駛員坐在艙內，
控制手繩和腳繩。
後舵由繩索控制。速
度慢時，可用後舵操
控。

▲ 底圖：火箭風帆徜徉海上

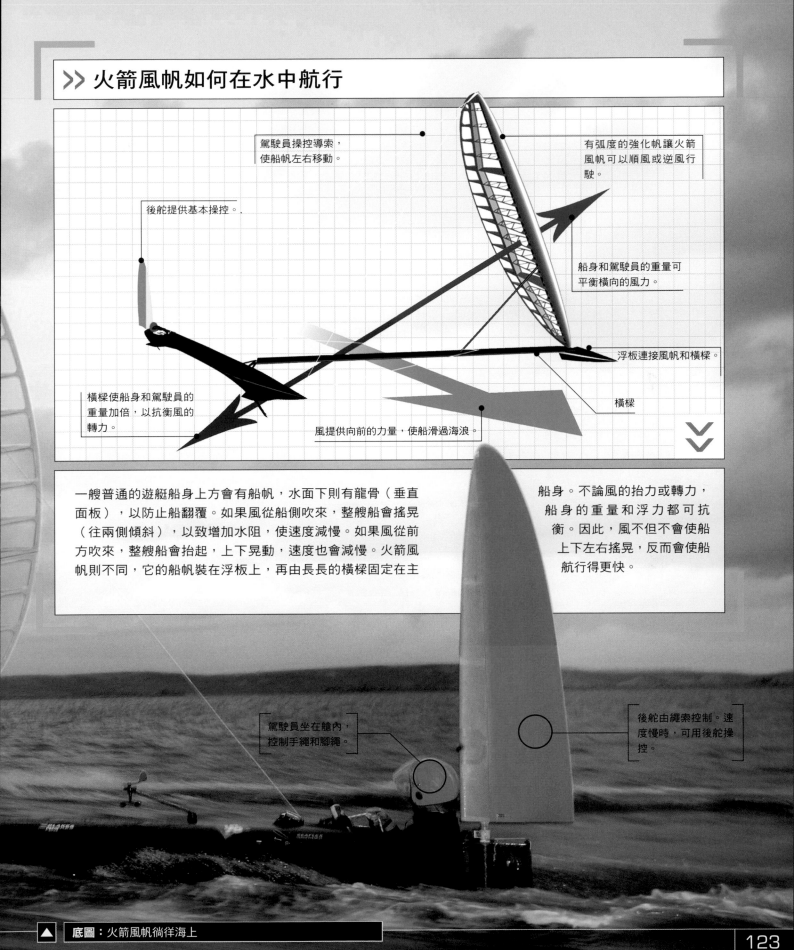

滑翔機

▶▶想像自己一天飛越3000公里，像鳥一樣，隨著上升氣流一起盤旋而上，或沿著山坡，隨風而飛。現今高效能的滑翔機，可以在沒有引擎的情況下，翱翔藍天。▶▶

細長的機翼伸展達18公尺，可減少阻力（滑翔機在空中運動時，所遇到的抗拒力量）。

▶滑翔機起飛是由一架小型飛機拖曳，或用地面上的大絞盤發射。由於沒有引擎提供推力（驅動的力量），駕駛員必須向下調整機翼，以利用暖空氣氣流的升力，來產生速度並保持飄浮。

機翼表面都有打磨，以減少與空氣的摩擦。

破紀錄的滑翔機飛行

▶多數的客機在距離地面1067公尺的高空飛行。2006年，兩位駕駛員駕駛Perlan滑翔機，攀升到15,447公尺。在這種高度下，氣溫只有-60℃，駕駛員需要太空裝和氧氣罩。滑翔機利用高空中移動空氣的波動，在上升氣流處「衝浪」，以取得高度。

Perlan滑翔機和駕駛員

▶ **底圖**：飛行中滑翔機的照片

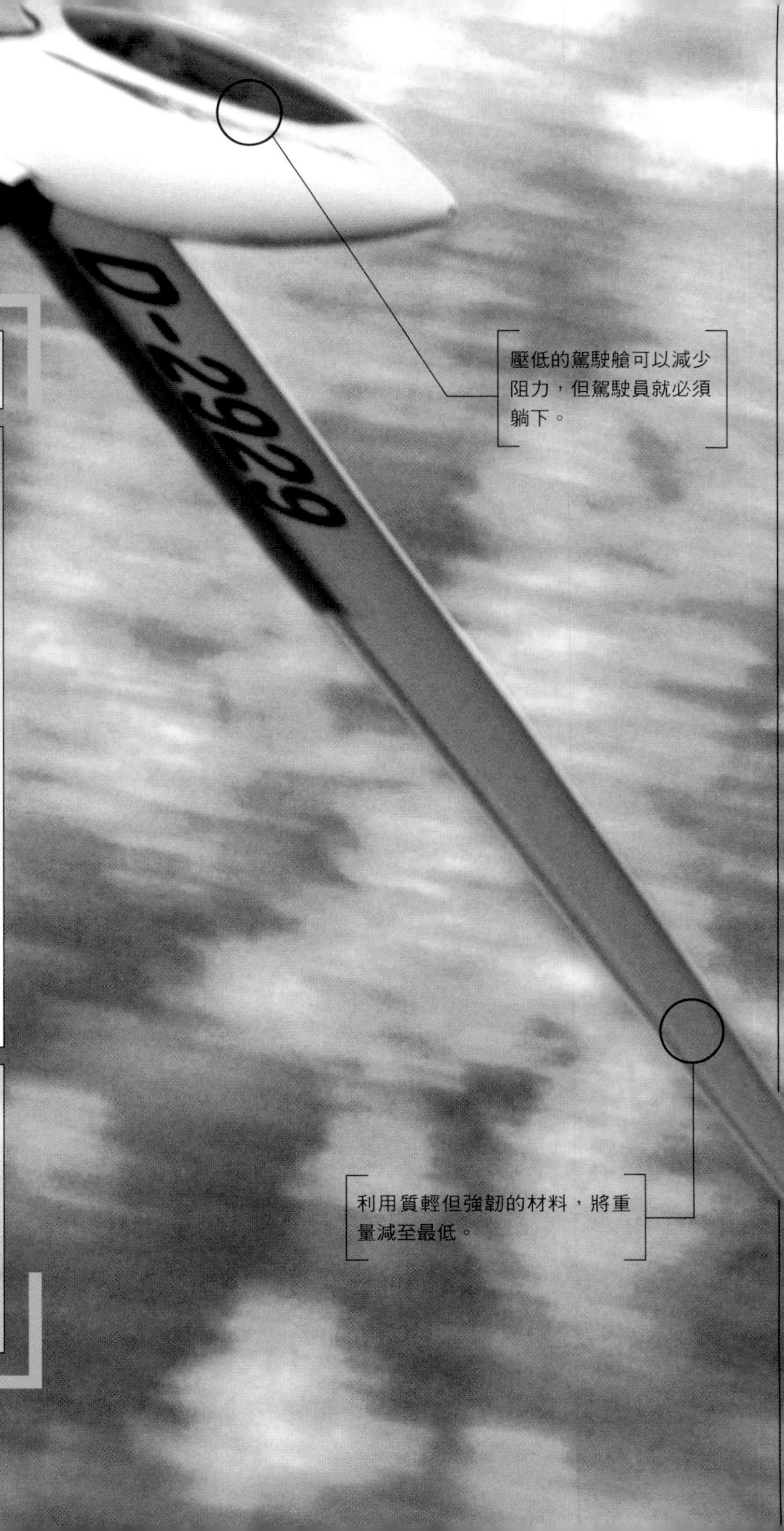
升空後，起落架收起，使外型更流線。
壓低的駕駛艙可以減少阻力，但駕駛員就必須躺下。
利用質輕但強韌的材料，將重量減至最低。
D-2929

滑翔機如何保持空中飛行狀態

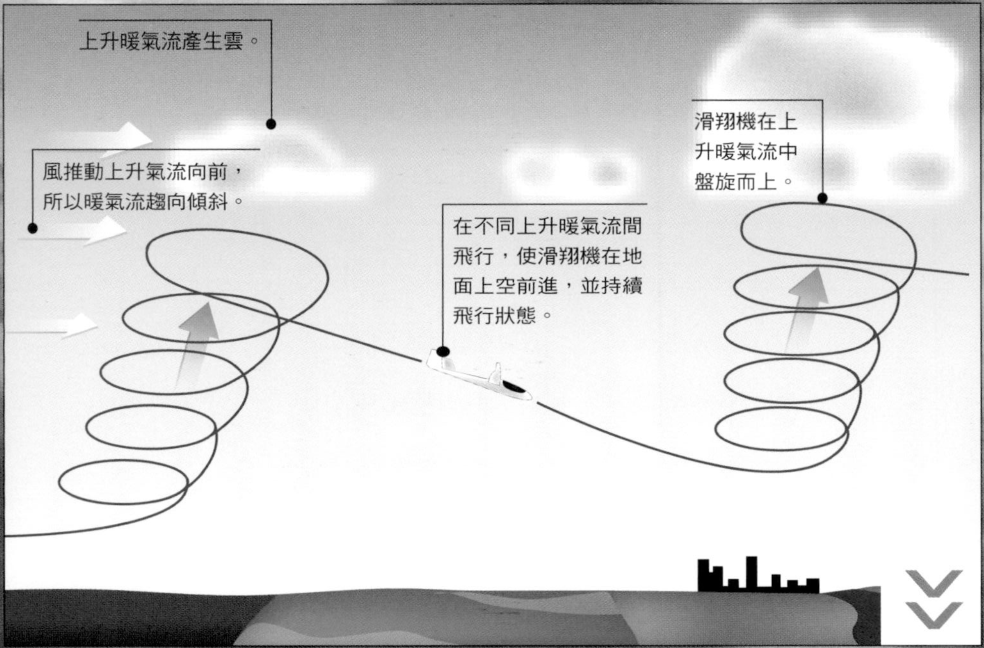
上升暖氣流產生雲。
風推動上升氣流向前，所以暖氣流趨向傾斜。
在不同上升暖氣流間飛行，使滑翔機在地面上空前進，並持續飛行狀態。
滑翔機在上升暖氣流中盤旋而上。

不論滑翔機的造型有多流線，若持續在同一高度飛行，那麼阻力終究會讓它失去能量而慢下來。要增加速度，滑翔機就要向下飛。因此，若要維持相同的飛行速度，滑翔機一定要逐步下降。但若滑翔機要飛行很長的距離，那麼就必須取得一定的飛行高度。因此，滑翔機利用上升的暖空氣，順勢而上。在某些地形，如停車場或曠野，空氣溫度比平均溫度高，因此會上升。若滑翔機能在這些上升氣流的氣潭（air pocket）中盤旋，就可以由氣流帶動，取得高度。

▶▶參見：寧靜飛行 p126、特技飛機 p128

寧靜飛行

▶▶ 新世代的飛機將與今日的飛機大異其趣。完全無聲、省油的飛機將會全天候服務。讓這個願景成真的研究目前正在順利進行中。▶▶

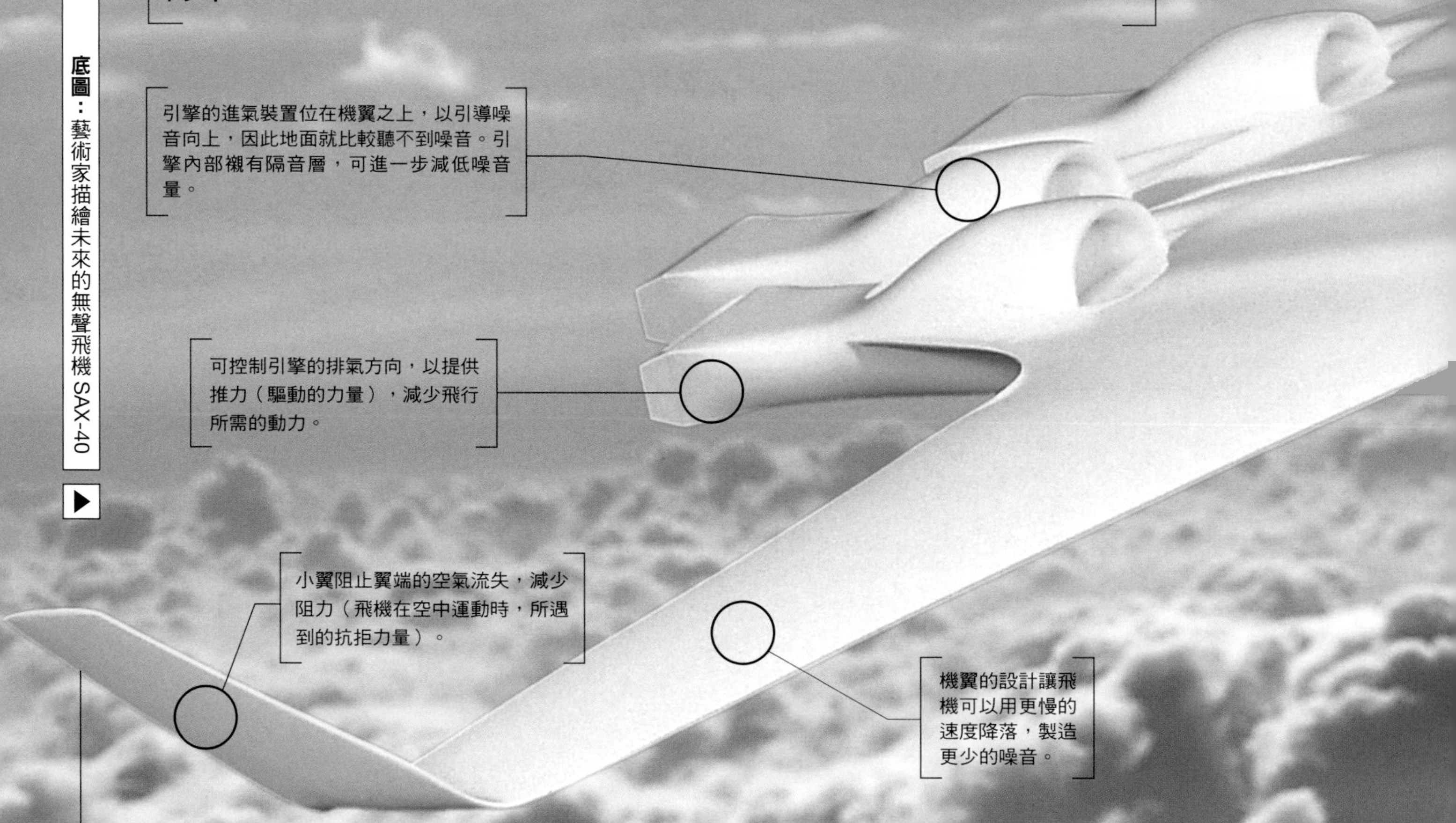

引擎的進氣裝置位在機翼之上，以引導噪音向上，因此地面就比較聽不到噪音。引擎內部襯有隔音層，可進一步減低噪音量。
可控制引擎的排氣方向，以提供推力（驅動的力量），減少飛行所需的動力。
小翼阻止翼端的空氣流失，減少阻力（飛機在空中運動時，所遇到的抗拒力量）。
機翼的設計讓飛機可以用更慢的速度降落，製造更少的噪音。

底圖：藝術家描繪未來的無聲飛機 SAX-40 ▶

▲ 這架飛機還沒真正製造，但2030年時可能會成真。有一項計畫正研究如何建造更安靜、更有效率的飛機，這是該計畫的成果。目前正利用風洞和電腦模擬測試混合的機身造型和全新的引擎設計。如何更安靜地起降，也是研究項目之一。

早期的「飛翼」技術

▶ 融合機翼與機身的想法並不新奇。1940年代，美國空軍試圖研發飛翼轟炸機。這個造形有助於產生更大的升力（向上的力量），並減低阻力，因此可承載更重，飛行更遠。當時建造了好幾架實驗機，但在一次重大墜機事故後，這項計畫就終止了。

諾斯洛普（Northrop）公司早期的飛翼原型機N-9M

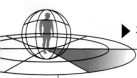

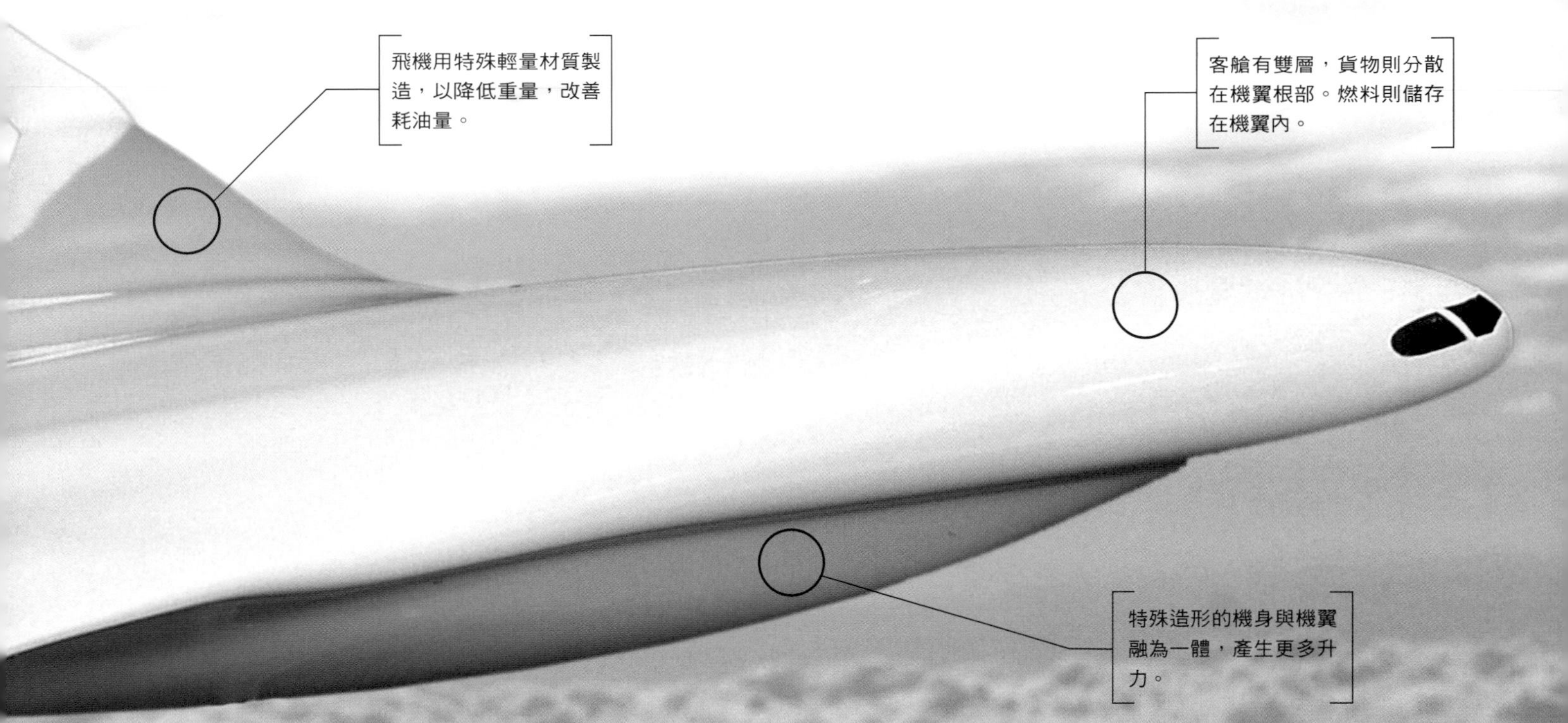

飛機用特殊輕量材質製造，以降低重量，改善耗油量。
客艙有雙層，貨物則分散在機翼根部。燃料則儲存在機翼內。
特殊造形的機身與機翼融為一體，產生更多升力。

如何研發寧靜飛行

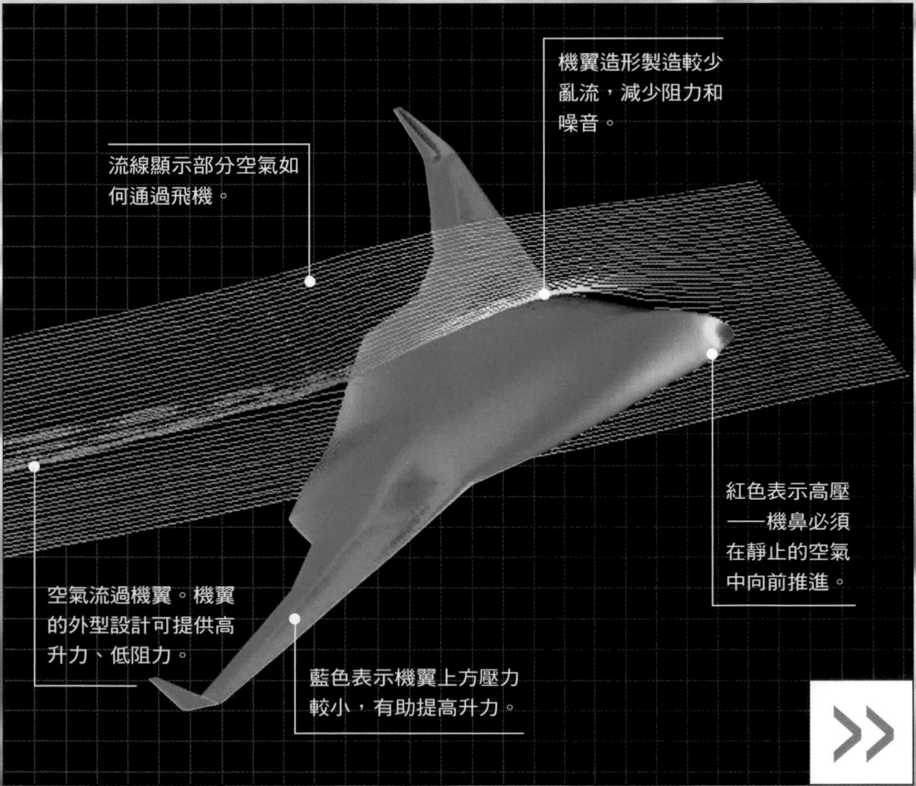

機翼造形製造較少亂流，減少阻力和噪音。
流線顯示部分空氣如何通過飛機。
紅色表示高壓──機鼻必須在靜止的空氣中向前推進。
空氣流過機翼。機翼的外型設計可提供高升力、低阻力。
藍色表示機翼上方壓力較小，有助提高升力。

新設計的飛機利用電腦模擬來測試並修正。這張圖顯示虛擬風洞的輸出資訊，也可看出如何以立體、彩色、數位的方式，展示飛機的外型。從這張圖，設計師可以分析不同情況下飛機周遭的氣流。飛機的設計可以直接修正、測試，不需要花費時間和金錢，來建造新模型，再以風洞測試。飛機多半是單靠機翼的升力飛行。融合機翼和機身，成為一體的流線外型，可以用飛機整體產生升力，並減少阻力。因此，飛機更有效率，耗費更少燃料，同時因為更少能量流失成為噪音，所以更安靜。

▶▶參見：模擬跳傘 p86、滑翔機 p124、直升機 p130

底圖：急遽爬升中的Zivko Edge 540特技飛機

▼這架小型輕巧的Zivko Edge 540特技飛機，具有大面積的控制舵面（機翼上的襟翼和水平尾翼），它的面積比一般飛機還大，因此能很迅速地改變飛行方向，非常適合做特技飛行，不到一秒鐘機翼便可完成360度迴轉。

由強大引擎所帶動的螺旋槳可隨著飛行器爬升，而向不同方向轉動。

駕駛員坐在傾斜的駕駛座上，以減低G力對身體的作用力。

特技飛機

▶▶坐在特技飛機狹小的駕駛艙裡，可感受到極限的快感。當飛機在天空翻轉，駕駛員必須努力保持清醒，因為施加在駕駛員身上的巨大壓力會使腦部缺血。▶▶

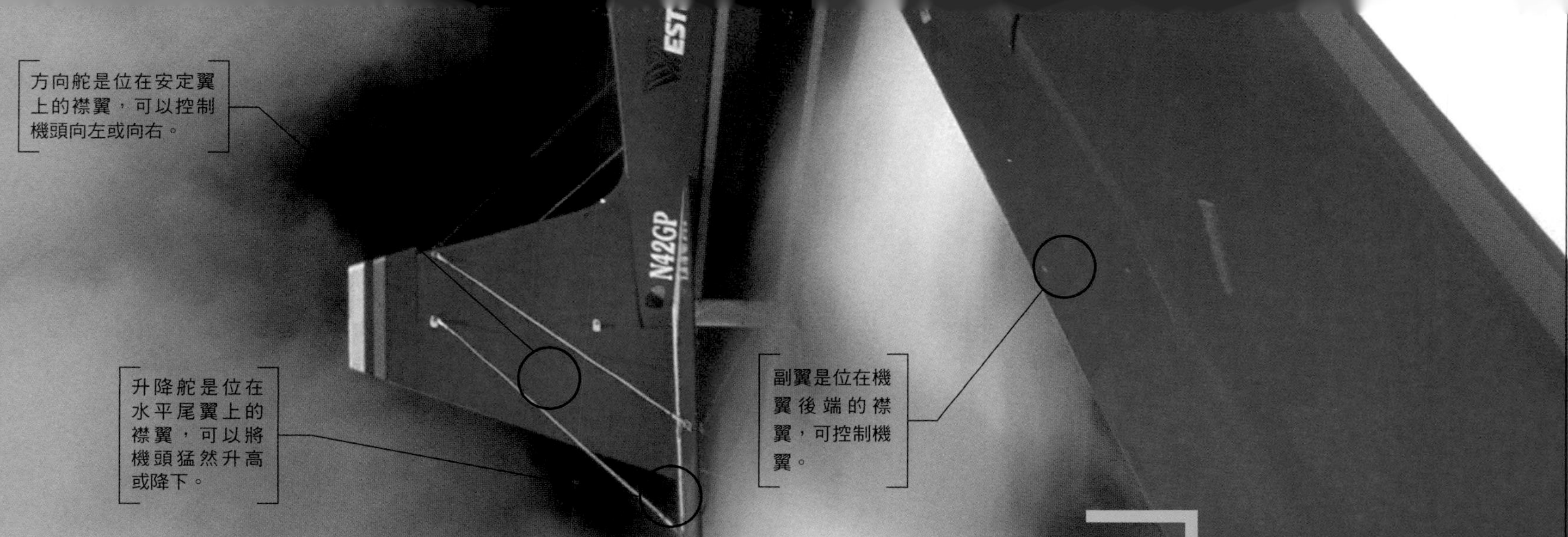
方向舵是位在安定翼上的襟翼，可以控制機頭向左或向右。
升降舵是位在水平尾翼上的襟翼，可以將機頭猛然升高或降下。
副翼是位在機翼後端的襟翼，可控制機翼。
N42GP

特技飛機如何飛行

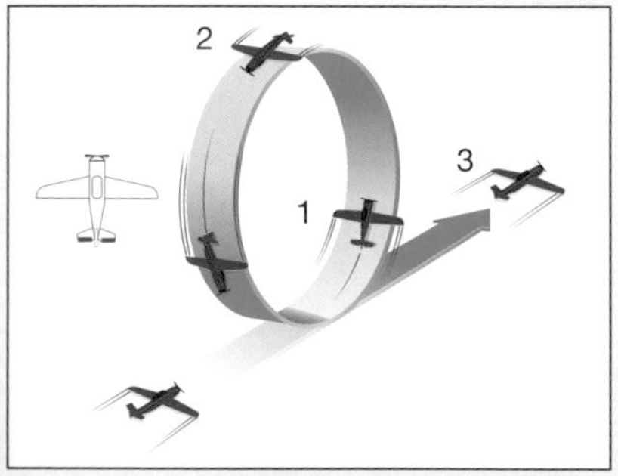
1
2
3

內迴圈

飛機以最陡峭的角度爬升（1），並一路爬升到垂直向上的狀態，接著繼續攀爬，直到飛機上下顛倒（2），然後再垂直向下。飛機最後會回復到水平的位置（3）。水平尾翼上的升降舵可用來讓機頭不斷向上提高。

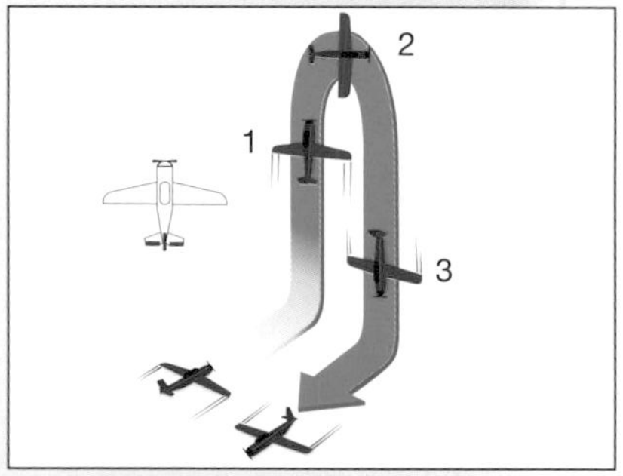
1
2
3

失速倒轉

升降舵提高機頭，直到飛機能垂直爬升（1）。接著飛機降低速度直到完全停止，方向舵並將飛機轉向（2），機頭然後垂直向下墜落（3）。這時再以升降舵將垂直墜落的飛機拉回。

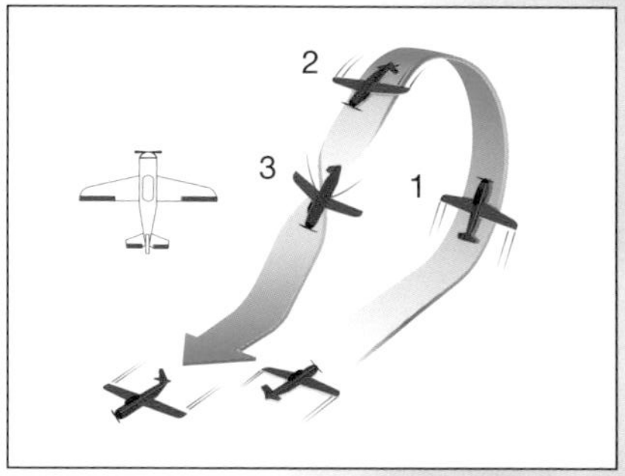
1
2
3

半古巴8字（Half Cuban）

這個特技的開始和迴圈相似（1），直到飛機上下顛倒、機頭朝下（2）。這時駕駛員停止操作升降舵，如此飛機便能保持上下顛倒的姿態繼續飛行。然後再以副翼來控制機翼（3），直到飛機再度向上爬升。

▶▶參見：F1一級方程式賽車 p100、滑翔機 p124、彈射座椅 p220

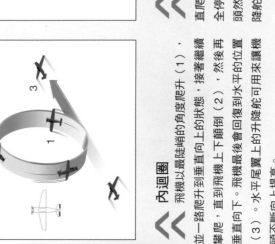

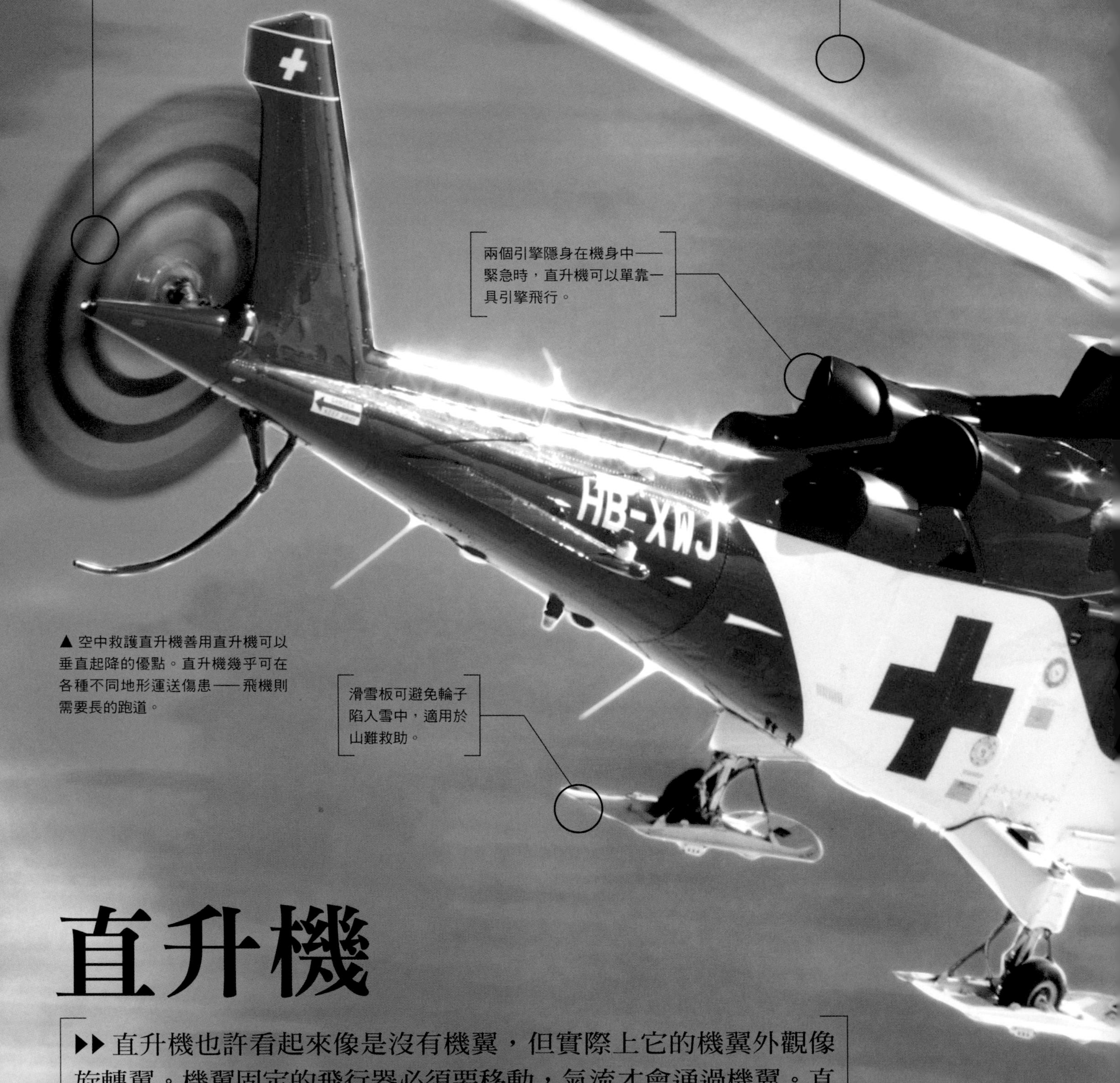
四個旋轉「機翼」製造升力，使直升機停在天空。
尾旋翼由兩個短小可旋轉的「機翼」構成，可以讓直升機旋轉。
兩個引擎隱身在機身中——緊急時，直升機可以單靠一具引擎飛行。
HB-XWJ
滑雪板可避免輪子陷入雪中，適用於山難救助。

▲空中救護直升機善用直升機可以垂直起降的優點。直升機幾乎可在各種不同地形運送傷患——飛機則需要長的跑道。

直升機

▶▶直升機也許看起來像是沒有機翼，但實際上它的機翼外觀像旋轉翼。機翼固定的飛行器必須要移動，氣流才會通過機翼。直升機則可以靜止不動，然後讓它的「機翼」旋轉。▶▶

▲ **底圖：**瑞士紅十字會的空中救護直升機

>> 直升機的主要特徵

尾旋翼

如果沒有尾旋翼，直升機的機身會以和主旋轉翼相反的方向旋轉。因此兩個位在側邊的尾旋翼，便會製造力量來抗衡。藉由調整旋轉翼的傾斜度來改變力量的大小，這樣尾旋翼就可以讓機身向左或向右旋轉。

主旋轉翼

每個旋轉翼都是會旋轉的機翼，可製造升力讓直升機停在空中。駕駛員可以調整旋轉翼的角度，以增加主旋轉翼一側的傾斜度（可產生升力），而減少另一側的傾斜度。這使得直升機向一側傾斜，並朝那個方向飛去。

控制面板和踏板

操縱桿可以控制主旋轉翼和它傾斜的角度，進而控制直升機的方向。踏板則用來控制尾旋翼，它可調整機身的位置而不改變直升機的行進方向。在中間部位的集體操縱桿（節流閥）則可控制引擎的力量和主旋轉翼的整體升力。

寬敞的窗口提供駕駛員良好的全景視野，這對搜尋救難工作是必要的。

旋轉翼和機翼的綜合體

▶ CarterCopter原型飛行器是有機翼的飛機和直升機的綜合體。設計它是為了測試飛行器的概念：旋轉翼用來垂直升降，升空後則使用機翼來快速飛行。這兩種技術的結合顯示，在高速下，當機翼製造升力讓飛行器停在空中，旋轉翼的轉速便會變慢。

CarterCopter原型飛行器

▶▶參見：滑翔機 p124、特技飛機 p128

運動鞋

部落風格
這雙應用「馬賽族赤足技術」（MBT®）所製造的運動鞋，模擬東非馬賽族（Masai）赤腳走路的情況。它會增進足部肌肉和關節的健康。祕訣就在於弓起的鞋底，會使得鞋子稍微不穩。如此一來，便會強迫使用者持續做細微調整，而使得肌肉變結實且燃燒多餘的卡路里。

伸縮鞋（Inchworm）
小孩的腳長得非常快速，伸縮鞋就是專為小孩設計。只要按下側邊的按鈕，拉一下鞋尖，運動鞋便會增大半號。小視窗會顯示目前的大小。

不僅能保護腳部的古怪鞋，已成為今日的一門大生意。科學、技術，加上專業設計的整合應用，已為不同運動項目的選手製造出符合特殊需求的鞋。現在還有鞋可用來保持身體健康，也有會「長大」的運動鞋，腳跟裝有輪子的運動鞋，以及生產過程可減少碳排放量的環保運動鞋。

滑輪運動鞋（Wheelies with Heelys®）

有了一雙滑輪運動鞋後，你再也不需要帶著滑板了。因為滑輪運動鞋的鞋跟裡就藏著一個輪子。要使用輪子滑行時，使用者只要將重心移到腳跟，就可以滑行。如要停止，則只要把鞋底貼在地面就行了。

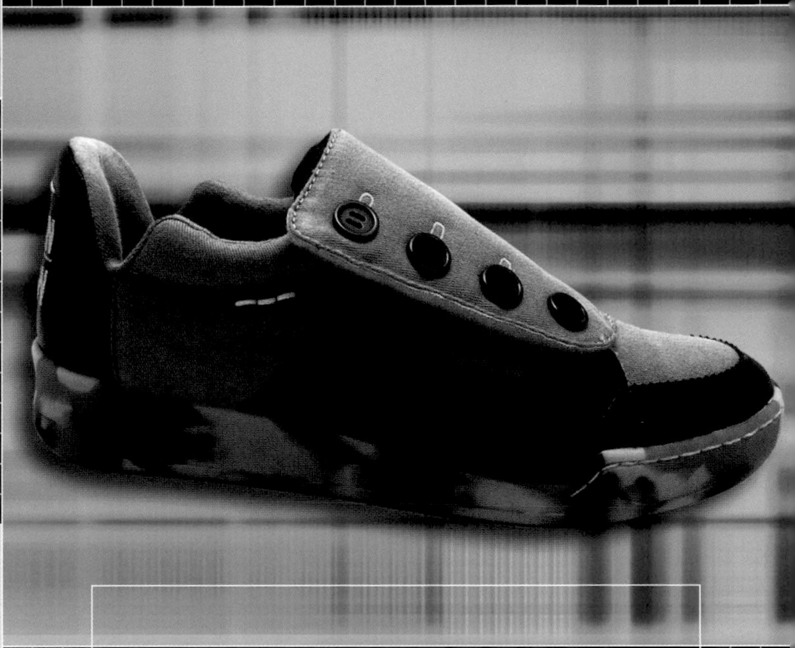

夜行運動鞋

運動鞋專門設計在夜間行走或跑步時使用。每一步所產生的衝擊力被轉換成電能，電能便會使運動鞋上特殊的聚合片發光，以照亮前方的道路，後方的來車也可看到發光的聚合片。

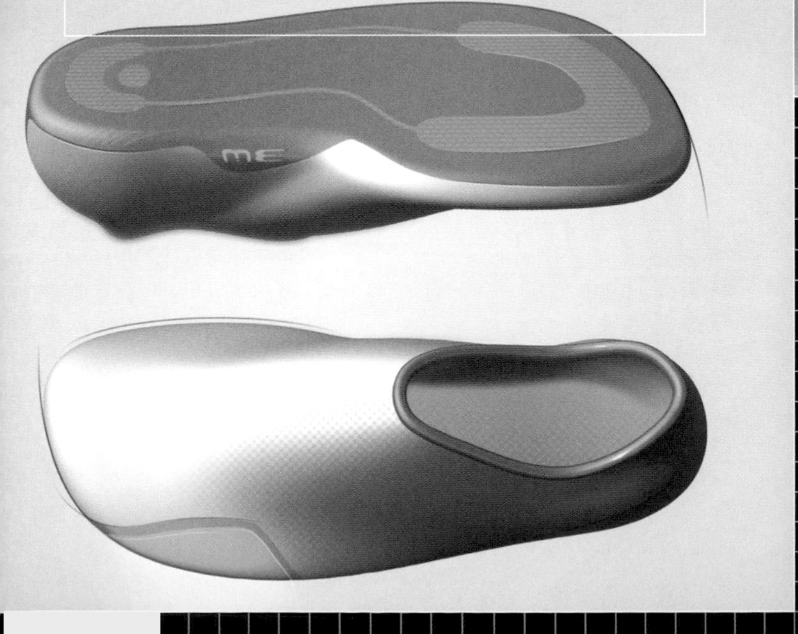

環保再生運動鞋

這些環保再生運動鞋99%是由回收的物質所製成，這些物質從廢棄的汽車座椅到舊衣回收都有。為了降低燃料的使用，這些鞋的組合縫製使用了工廠附近不要的廢棄物。此外，為了彌補生產過程所排放的二氧化碳，製造商還種植樹木，並援助環保計畫。

▶▶參見：極限運動 p80、強力彈簧高蹺 p82、壁虎吸盤 p84

底圖：購物中心的手扶梯組

扶手和手扶梯踏板的
移動速度一致，乘客
才會站得穩。
每個手扶梯踏板
每天要循環移動
3000次。

手扶梯

▶▶ 手扶梯是有效率的運送工具。電梯一次只能載送一小群人，但是手扶梯卻可以不間斷地循環運送人們。當一些人剛站上手扶梯，另一些人已經在運送途中，另外的一些人則正離開手扶梯。▶▶

▲ 因為直接的路線無法刺激買氣，所以通常手扶梯組的配置，會間接地繞到一些店家，這樣顧客才會看到商品，然後買下它。

手扶梯的原理

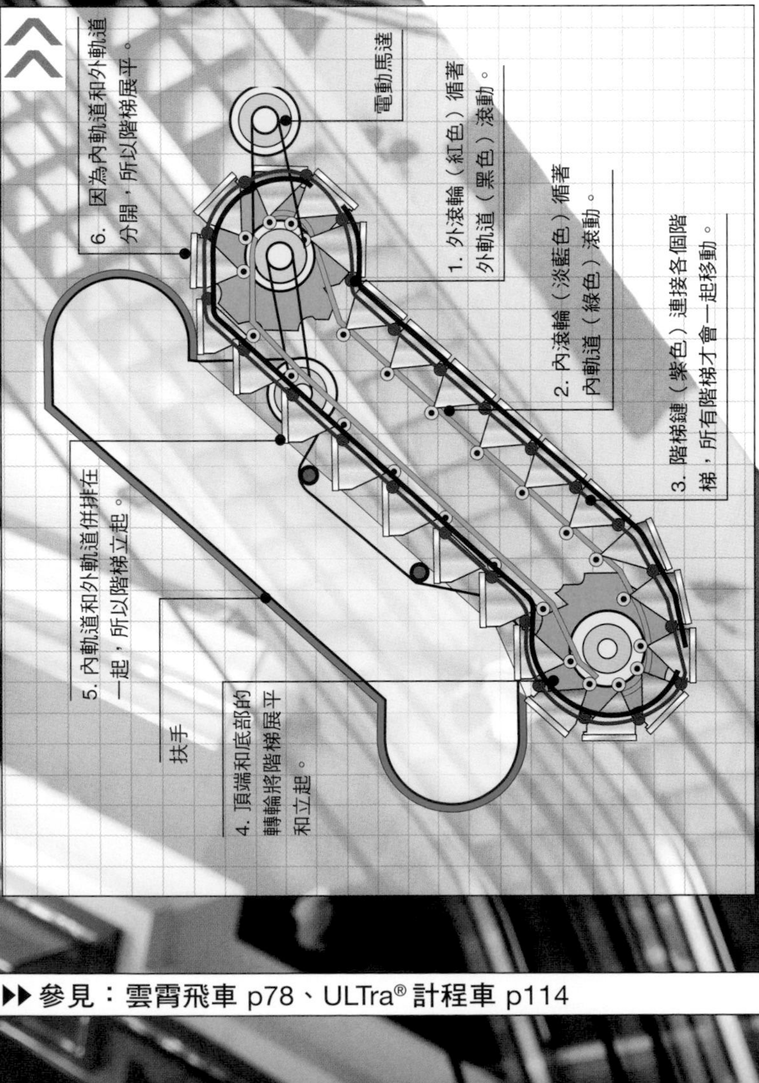

電動馬達
1. 外滾輪（紅色）循著外軌道（黑色）滾動。
2. 內滾輪（淡藍色）循著內軌道（綠色）滾動。
3. 階梯鏈（紫色）連接各個階梯，所有階梯才會一起移動。
4. 頂端和底部的轉輪將階梯展平和立起。
5. 內軌道和外軌道併排在一起，所以階梯立起。
6. 因為內軌道和外軌道分開，所以階梯展平。
扶手

手扶梯的金屬踏板移動到人們站立之處時，便會立起成為樓梯的形式。當它們移回時，便會展平在手扶梯下方。每個踏板都有兩個滾輪，所以移動時，踏板才會交替地立起或展平。其中，一個滾輪固定在踏板的上方，另一個則固定在下方。兩個滾輪分別依循不同軌道移動。當兩個軌道拼排時，也就是踏板移到手扶梯正面時，踏板便會立起。當軌道分離時，也就是踏板移到手扶梯背面時，踏板便會展平。這種可展立收合的踏板方便乘客在上、下方站上或離開手扶梯。

▶▶ 參見：雲霄飛車 p78、ULTra® 計程車 p114

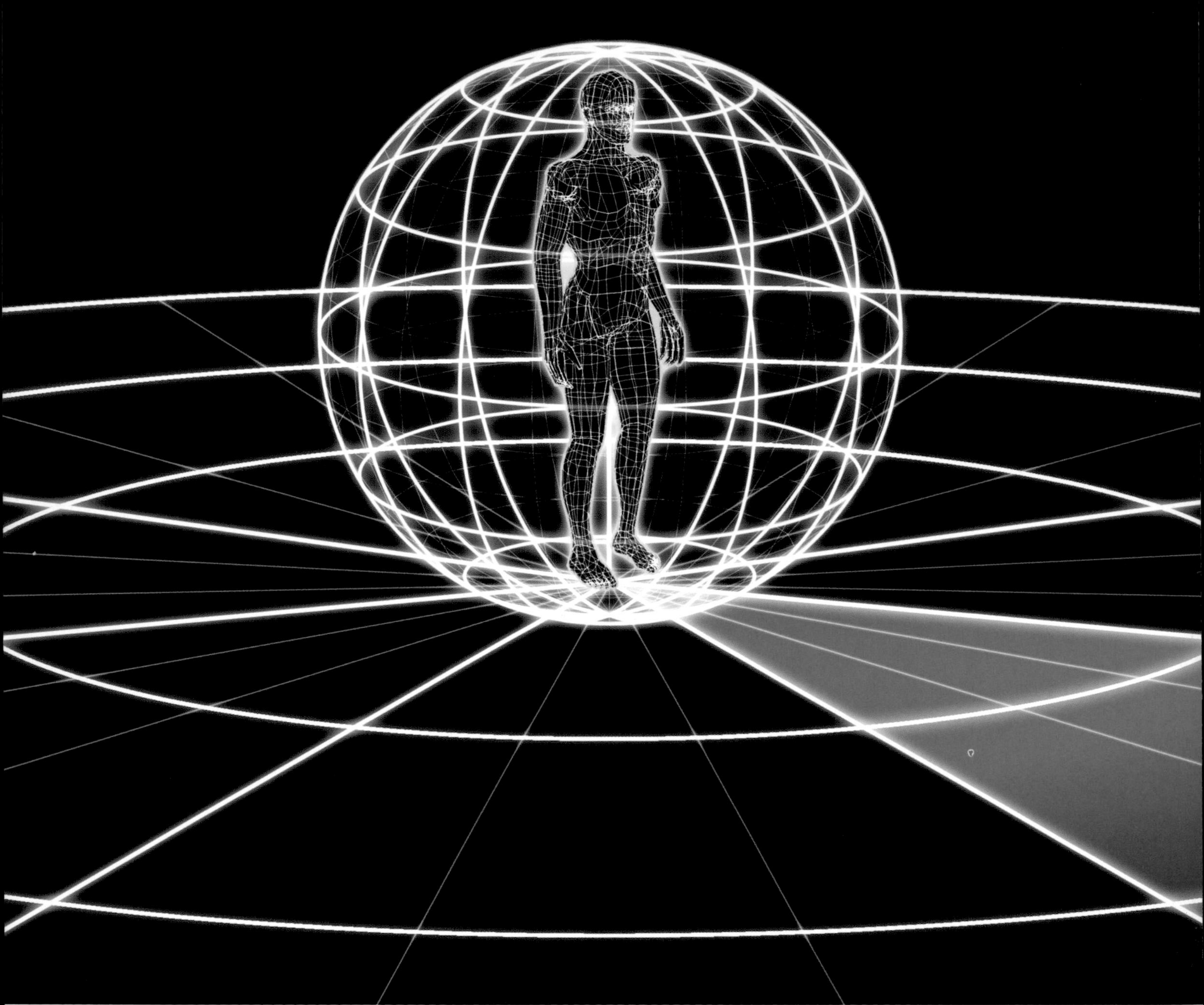

>> 探險酷發明

「嘔吐彗星號」無重力飛機 >> 火星探測車 >> 太空探測器 >> 太陽帆 >> 太空船一號 >> 望遠鏡 >> 太空站 >> 探險家 >> 鑽油平台 >> 雙筒望遠鏡 >> 夜視攝影機 >> 顯微鏡 >> 氣象氣球 >> 超環面儀器 >> 微中子槽 >> 核融合反應爐

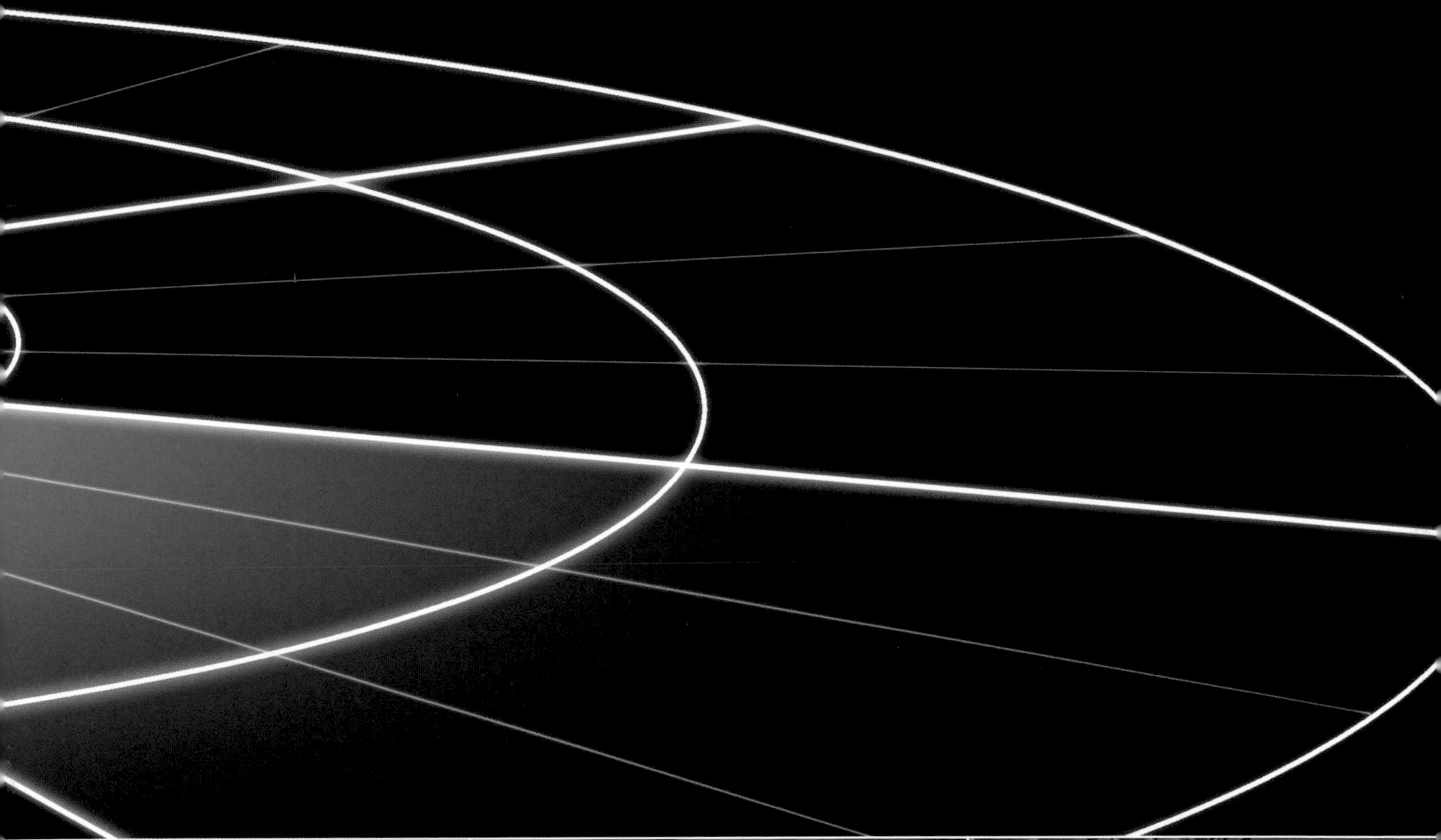

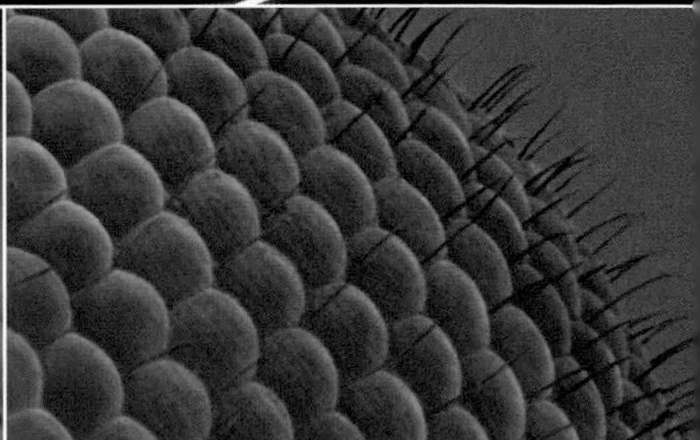

用龐大的機器來觀察微小物體，殺雞用牛刀？ p166

想要擁有一個魚眼鏡頭嗎？ p154

▶▶ 宇宙還有很多事物和地方等待人們去發掘與探勘。科學家與工程師開發了精巧的科技讓人們去探測那些人跡罕至的祕境，其中包括由氣球攜帶到地球大氣層的迷你氣象觀測站；由太陽光提供能量遨遊太陽系的太空船；以及可以探測海底深處的機器人。可放大物體幾千倍的顯微鏡揭開了地球本身的奧祕。一些史上最龐大的機器也被開發來發掘次原子粒子不為人知的一面，揭露宇宙到底是由何種物質所構成。▶▶

什麼東西可以模仿太陽光製造能量的方式？

在哪裡可以不需要空氣就能航行？p146

「嘔吐彗星號」無重力飛機

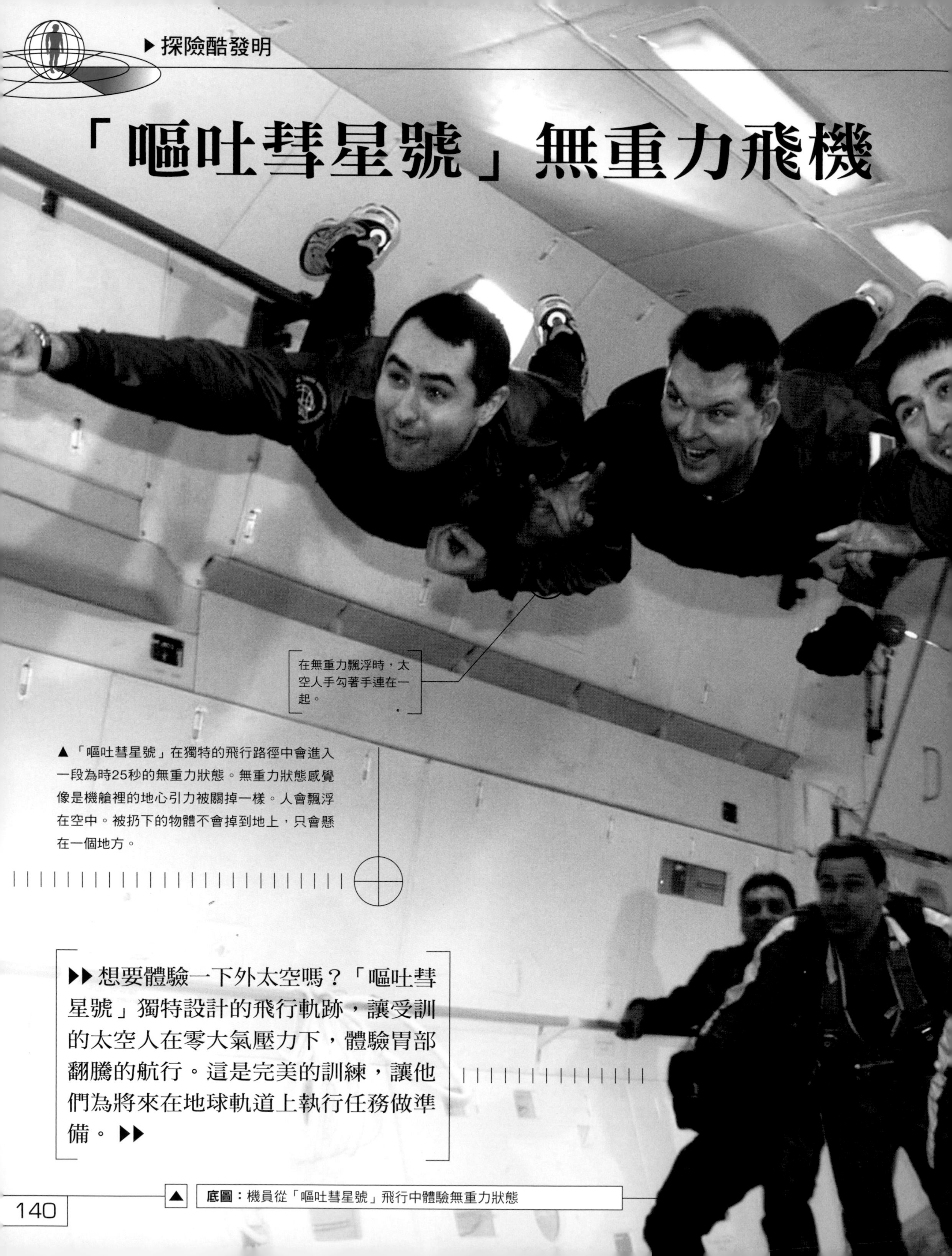

在無重力飄浮時，太空人手勾著手連在一起。

▲「嘔吐彗星號」在獨特的飛行路徑中會進入一段為時25秒的無重力狀態。無重力狀態感覺像是機艙裡的地心引力被關掉一樣。人會飄浮在空中。被扔下的物體不會掉到地上，只會懸在一個地方。

▶▶想要體驗一下外太空嗎？「嘔吐彗星號」獨特設計的飛行軌跡，讓受訓的太空人在零大氣壓力下，體驗胃部翻騰的航行。這是完美的訓練，讓他們為將來在地球軌道上執行任務做準備。▶▶

▲ **底圖：**機員從「嘔吐彗星號」飛行中體驗無重力狀態

▶▶參見：雲霄飛車 p78、模擬跳傘 p86、太空船一號 p148

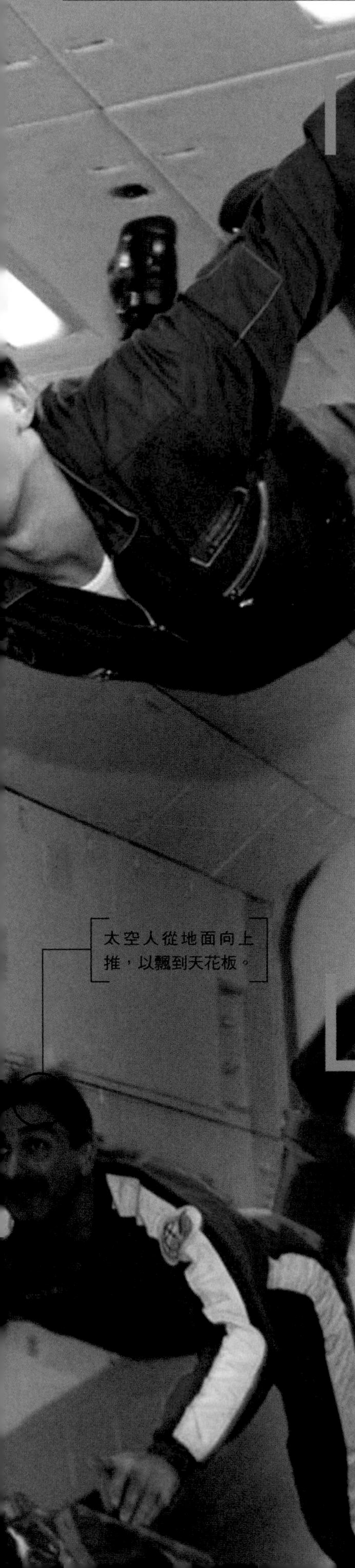

太空人從地面向上推，以飄到天花板。

「嘔吐彗星號」的原理

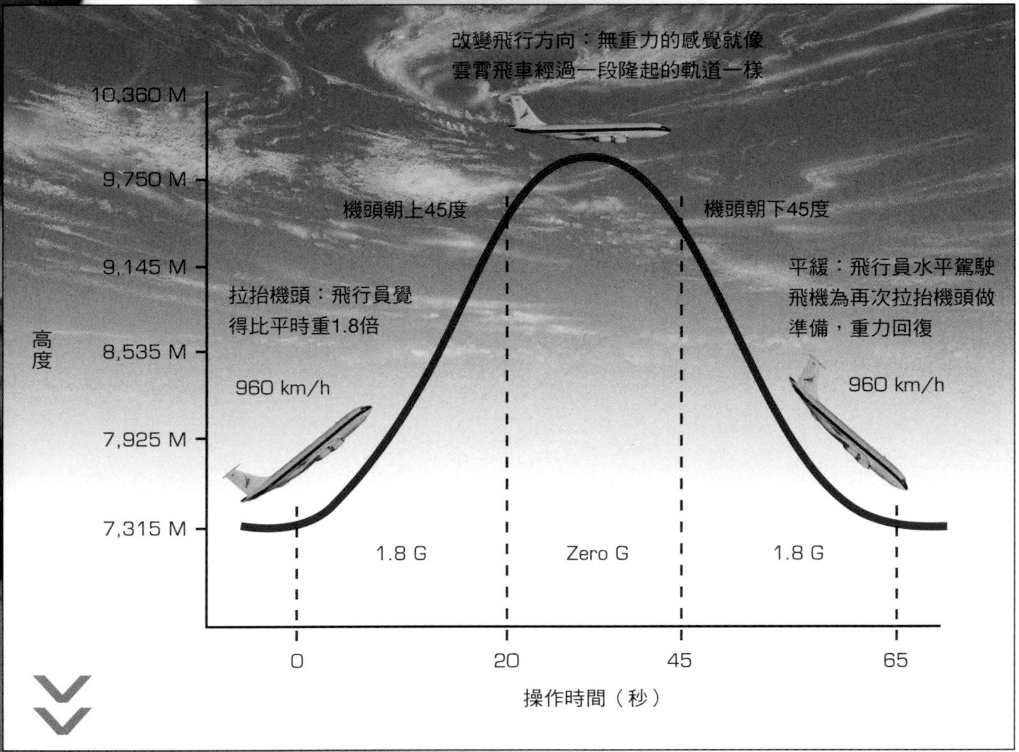

改變飛行方向：無重力的感覺就像
雲霄飛車經過一段隆起的軌道一樣
10,360 M
9,750 M
9,145 M
8,535 M
7,925 M
7,315 M
高度
機頭朝上45度
機頭朝下45度
拉抬機頭：飛行員覺得比平時重1.8倍
平緩：飛行員水平駕駛飛機為再次拉抬機頭做準備，重力回復
960 km/h
960 km/h
1.8 G
Zero G
1.8 G
0
20
45
65
操作時間（秒）

「嘔吐彗星號」直線水平飛行時，飛行員所感受到的地心引力和在地表上相同。當機頭揚升45度時，太空人學員會覺得像被壓在座椅上，並感覺到重量增加——這就是正的G力。然後，飛行員會再次緩慢地將機頭向下，這個特殊的飛行路徑稱為拋物線路徑（parabola）。這個路徑就和將石頭拋入空中一樣，當石頭達到弧形頂點時，便會開始下降。在僅僅25秒內，飛機飛離太空人的速度和太空人飛向飛機的速度一樣。他們定在一點，但又可感覺到自己正在墜落——這就是無重力狀態。

水槽潛水訓練

▶「嘔吐彗星號」只能製造短暫的無重力狀態，而且訓練空間也受限於飛行器的大小。當太空人需要接受長時間或複雜的太空漫步訓練時，例如修復哈伯太空望遠鏡時，這時就可以進行水槽潛水訓練。太空人會穿著沉重的太空衣，在水槽裡練習修復的程序。這和在太空裡是不太一樣的，因為他們無法體驗無重力感，而且在水中移動比在太空中還困難。

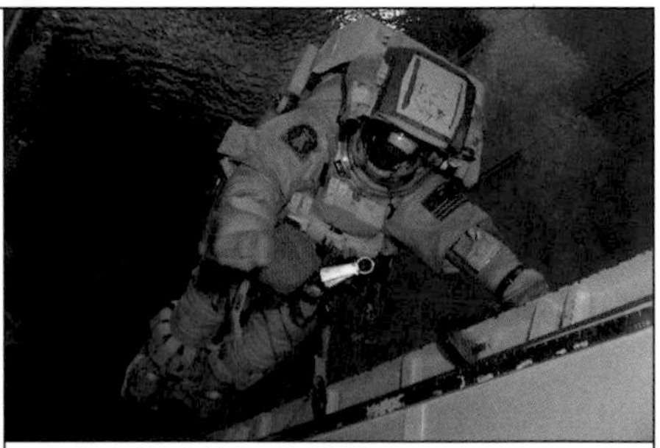

太空人為哈伯任務受訓

火星探測車

▶▶自2004年1月起，「精神號」和「機會號」就一直在探索火星表面。這兩部由地質學家設計的機器，要獨立自主的工作，找尋水源和生命跡象。▶▶

▶ 每部火星探測車都是自給自足的。它能發電，執行崎嶇地表導航，進行實驗，和地球溝通。這兩部探測車因為分別在火星的兩側著陸，所以從未相遇。它們已經找到火星在很久以前曾有液態水流動的證據。

>> 火星探測車如何移動

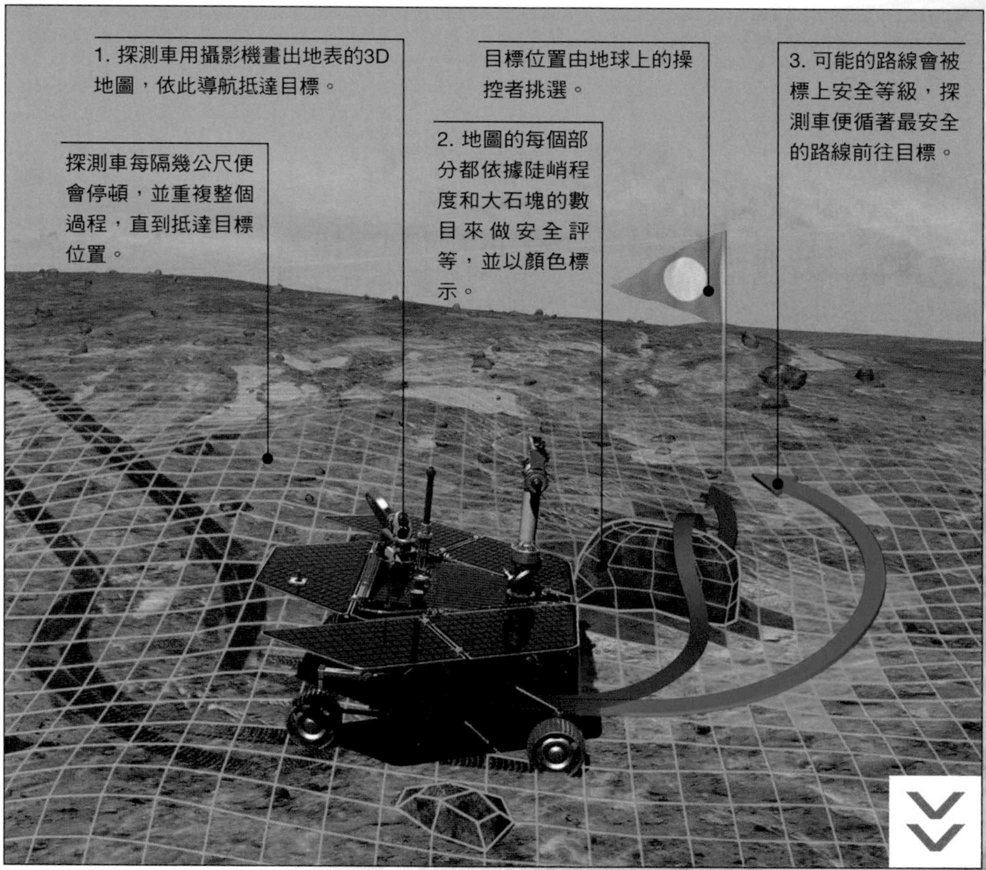

1. 探測車用攝影機畫出地表的3D地圖，依此導航抵達目標。
目標位置由地球上的操控者挑選。
3. 可能的路線會被標上安全等級，探測車便循著最安全的路線前往目標。
探測車每隔幾公尺便會停頓，並重複整個過程，直到抵達目標位置。
2. 地圖的每個部分都依據陡峭程度和大石塊的數目來做安全評等，並以顏色標示。

地球和火星之間的訊號傳送得花上數分鐘，因此要像控制模型車一樣即時控制探測車，是不可能的。探測車必須要能在崎嶇不平的地表上自行導航前往目標，不能陷入麻煩當中。地球上的操控者告知探測車目標的地點。探測車的電腦靠著避危攝影機和導航攝影機，以3D立體影像測繪周圍地表。接著電腦會挑選出最直接、安全的路徑，指示探測車前進。指示的路徑距離最長為兩公尺，之後再重新審視路徑。探測車無須進一步導引便能抵達目標物一公里內的範圍。

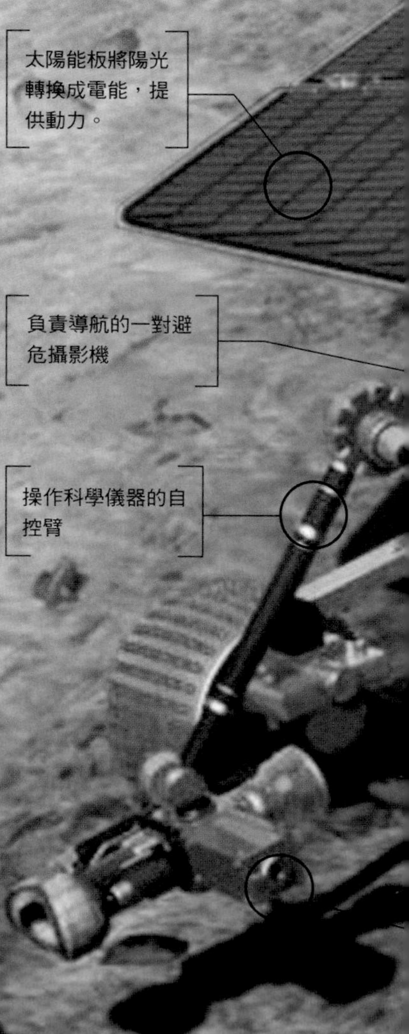

太陽能板將陽光轉換成電能，提供動力。
負責導航的一對避危攝影機
操作科學儀器的自控臂

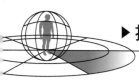

▶▶參見：太空探測器 p144、太空船一號 p148、太空站 p152

火星表面

「機會號」於2006年10月4日拍攝的火星表面全景圖

▲ 探測車的全景科學攝影機能拍攝火星表面的360度立體照片。攝影機的性能設計成與人眼類似。讓地球上的地質學家能透過攝影機的「眼睛」來觀察，就如同他們自己就在火星表面一樣。

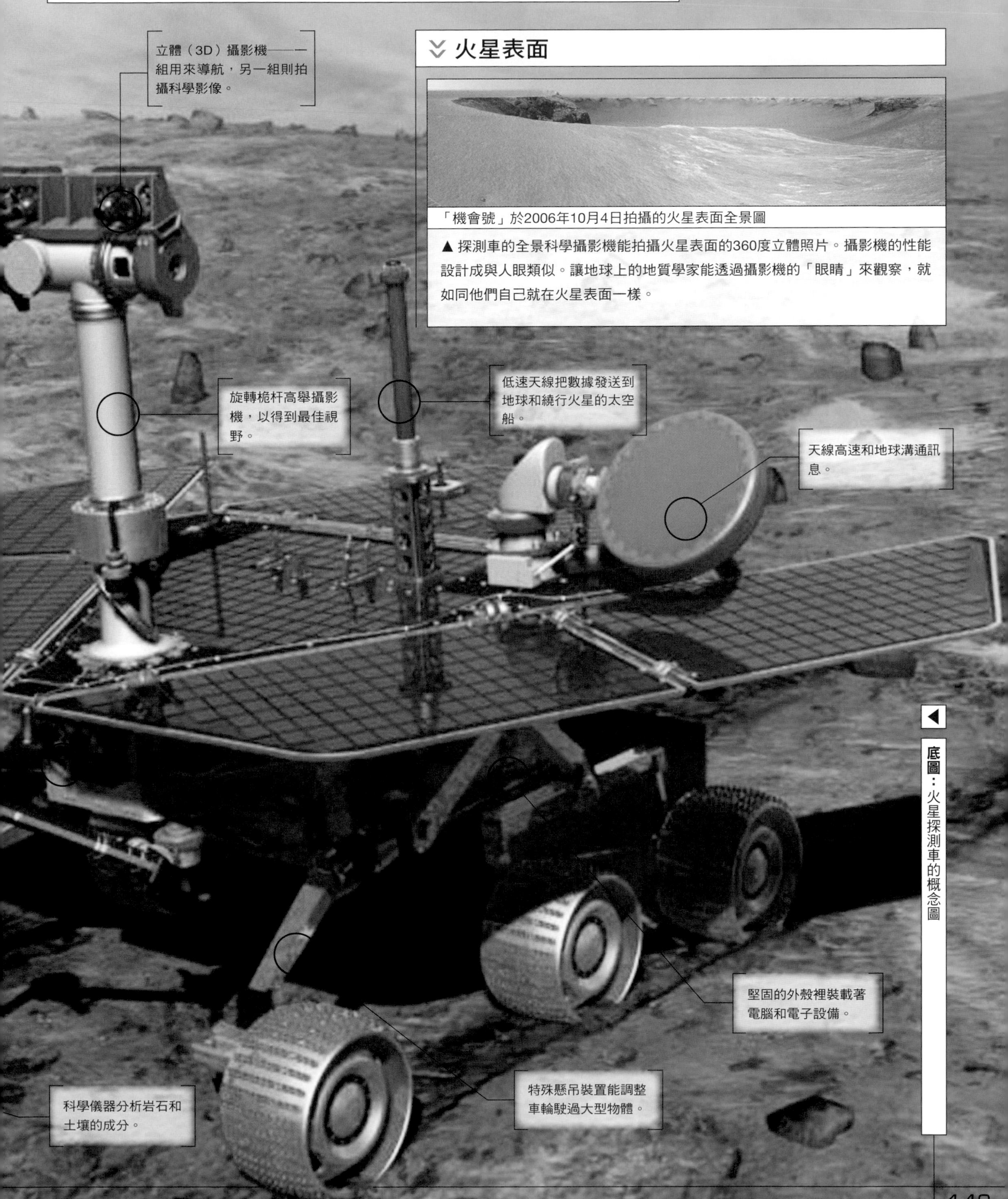
立體（3D）攝影機——一組用來導航，另一組則拍攝科學影像。
旋轉桅杆高舉攝影機，以得到最佳視野。
低速天線把數據發送到地球和繞行火星的太空船。
天線高速和地球溝通訊息。
堅固的外殼裡裝載著電腦和電子設備。
特殊懸吊裝置能調整車輪駛過大型物體。
科學儀器分析岩石和土壤的成分。

◀ 底圖：火星探測車的概念圖

太空探測器

雖然人類最遠只到過月球，但是科學家有辦法把太空探測器發送得更遠，去探索整個太陽系。有些探測器從遠處觀察行星、衛星或彗星，拍攝照片和蒐集科學數據；有些則登陸星球，分析外星土壤和大氣層。最野心勃勃的探測計畫，就是由探測器蒐集氣體或岩石標本，帶回地球研究。

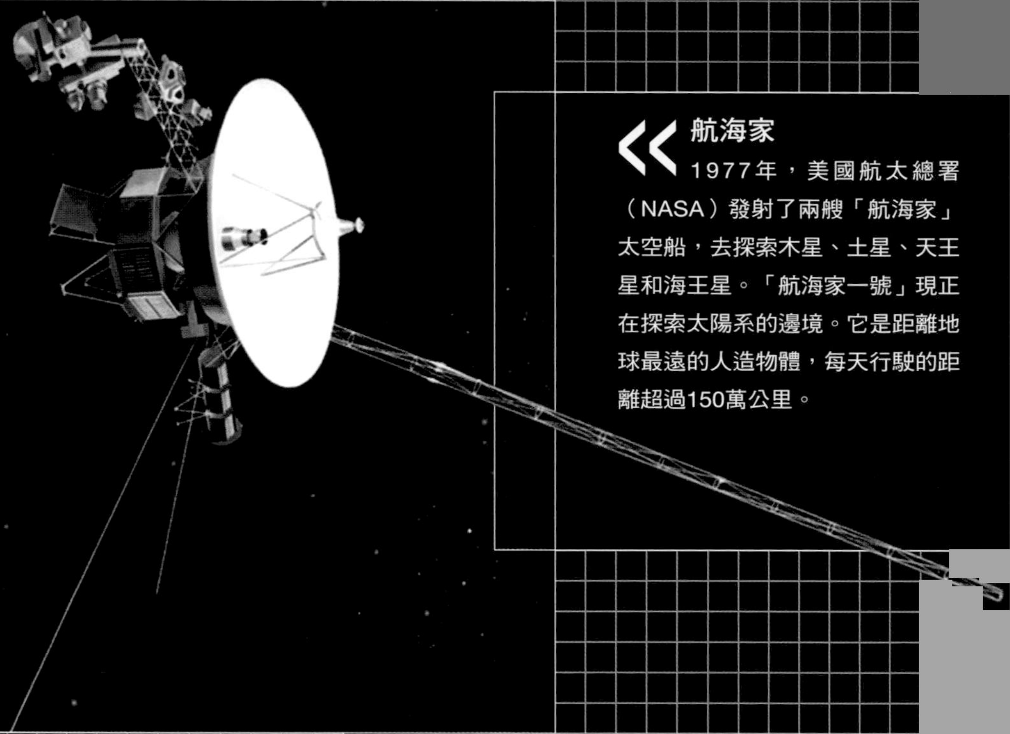

航海家

1977年，美國航太總署（NASA）發射了兩艘「航海家」太空船，去探索木星、土星、天王星和海王星。「航海家一號」現正在探索太陽系的邊境。它是距離地球最遠的人造物體，每天行駛的距離超過150萬公里。

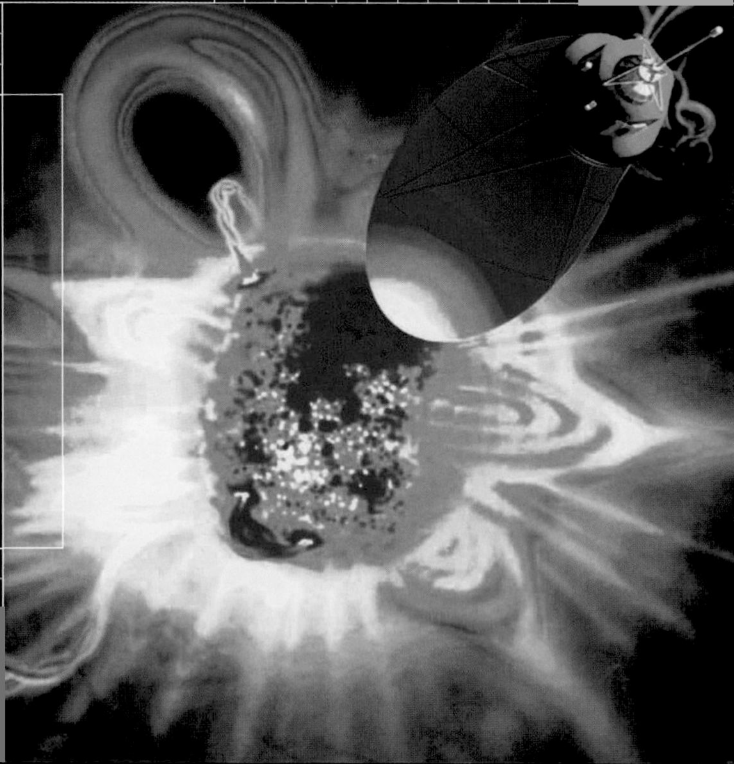

太陽探測器

太陽仍有許多神祕之處，而科學家更是積極地想更瞭解它。美國航太總署正在開發能駛進太陽日冕（最外層的大氣層）的探測器。這艘探測器將會有精密的隔熱盾，防止它的結構和系統在太陽強烈的高熱下融化。

惠更斯探測器

惠更斯探測器在2005年由卡西尼（Cassini）太空船載入土星軌道，靠降落傘登陸土星最大衛星泰坦的表面。探測器記錄到下過液態甲烷冷雨的紀錄，還降落在由冰晶構成的砂質土壤上。

衛星群任務

四個衛星群探測器成隊繞行地球，探索太陽和地球的關聯。太陽釋出粒子流——俗稱「太陽風」——和地球磁場互動。從這幾個探測器得到的資訊，讓科學家製造出太陽風活動的3D影像。

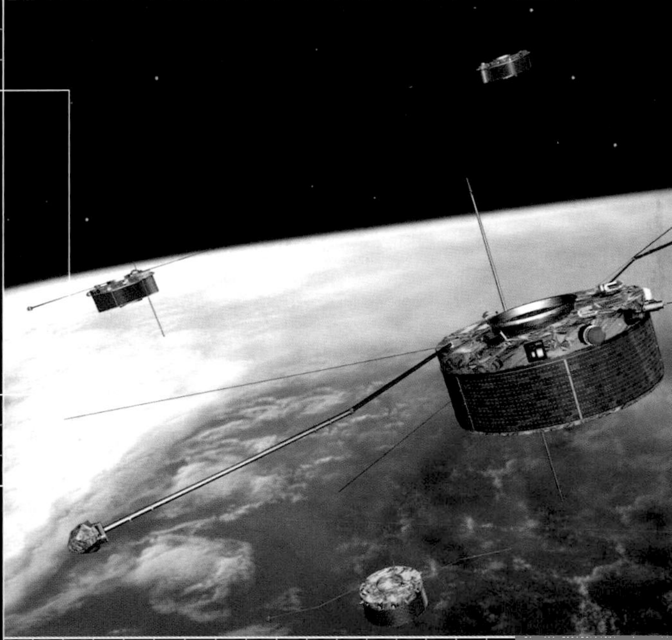

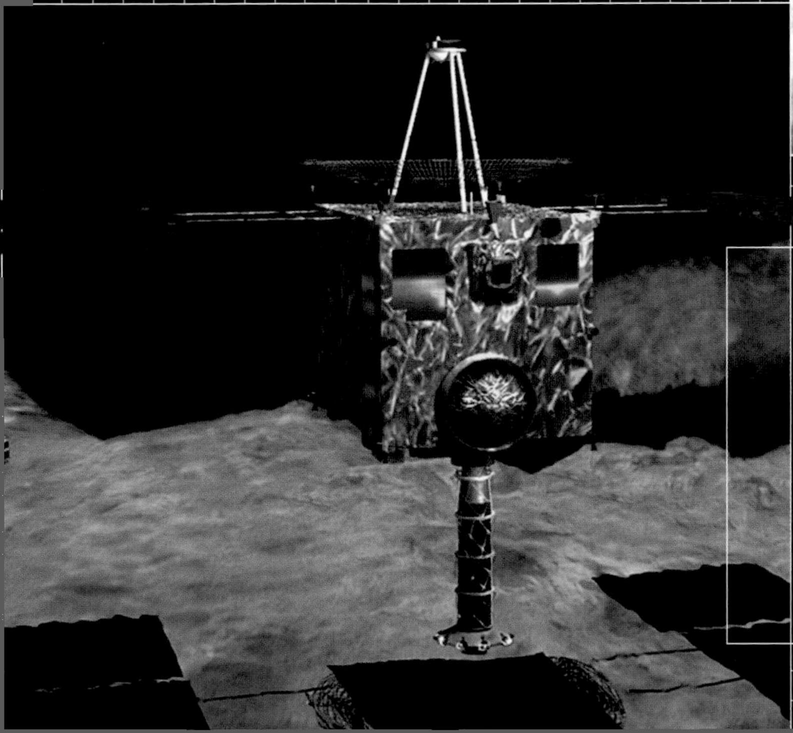

「隼鳥號」

日本宇航局發射的「隼鳥號」探測器於2005年11月在小行星上降落30分鐘，任務是蒐集標本，並在2010年以降落傘空投膠囊的方式，把標本帶回地球。然而，此次降落遭遇困難，因此標本是否已成功蒐集仍是個未知數。

▶▶ 參見：火星探測車 p142 太陽帆 p146

▼ 底圖：太空船一號飛行的概念圖

太空船一號

▶▶人類嚮往太空旅行已有數千年之久，而在1961年，蘇俄太空人加加林（Yuri Gagarin）成為第一位實現這個夢想的人。今日，太空旅客花數百萬美元前往國際太空站，但在不久的將來，像太空船一號（SpaceShipOne）這類的太空船，會載著更多的人前往太空的邊境。▶▶

>> 太空船一號如何上太空

要離開地面，太空船一號得先掛在發射器「白騎士」（White Knight）下方，「白騎士」像一般飛機一樣起飛，並在15,240公尺的高空與太空船一號分離。接著太空船一號啟動火箭引擎，以音速三倍以上的速度爬升。一旦太空船一號的燃料耗盡，衝力還會持續帶著它往上飛，就像被往上丟的石頭。這給太空船一號一段失重期，而在它飛行路徑的頂端，太空船一號短暫地進入太空。它的機尾部分上折，讓太空船一號穩定安全地再度進入大氣層。一旦到了大氣層的低處，機尾會再折回來，讓太空船一號滑行回地球，以如同一般飛機的方式著陸。

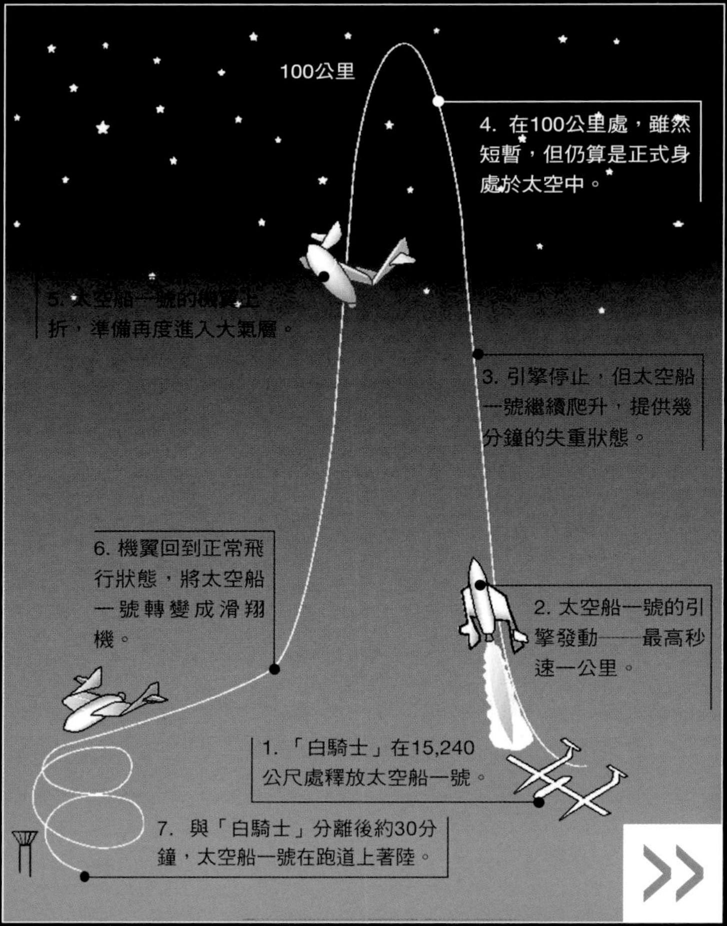
100公里
1. 「白騎士」在15,240公尺處釋放太空船一號。
2. 太空船一號的引擎發動——最高秒速一公里。
3. 引擎停止，但太空船一號繼續爬升，提供幾分鐘的失重狀態。
4. 在100公里處，雖然短暫，但仍算是正式身處於太空中。
5. 太空船一號的機翼上折，準備再度進入大氣層。
6. 機翼回到正常飛行狀態，將太空船一號轉變成滑翔機。
7. 與「白騎士」分離後約30分鐘，太空船一號在跑道上著陸。

▶為了要更緩慢、更安全地返回大氣層，機尾和太空船一號後方的機翼會往上折，提供更高的阻力。

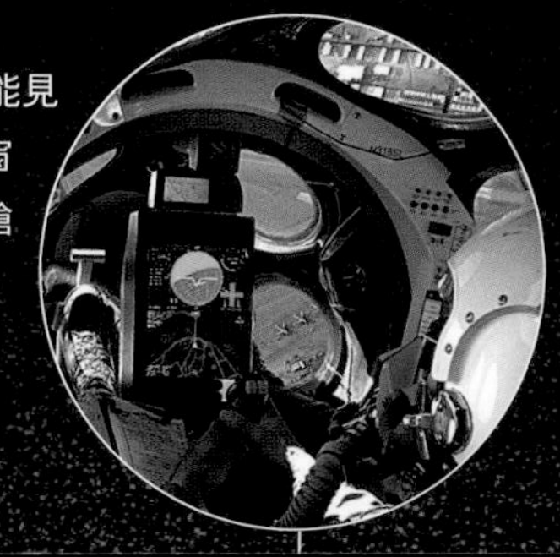

▶多個小圓窗提供良好的能見度。如果挖洞設置更大的窗戶會讓機殼不夠堅固。機艙可容納三人，而且不需穿太空衣。

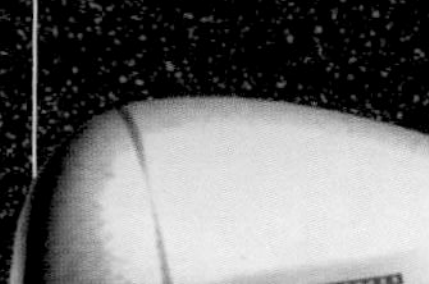

SpaceShipOne
SCALED COMPOSITES
SCALED COMPOSITES

火箭引擎燃燒橡膠和一氧化氮的混合物。

太空船一號有飛機形態的機翼，可在大氣層中使用，還有可在太空中使用的氣體推進器。

▲太空船一號奪得一千萬美元的Ansari X-Prize大獎，是第一架能在兩週內兩次載送三個人進入太空的私人太空船。太空船一號是用輕盈的複合材料建造的，它的成本跟大部分太空器相比，不過是九牛一毛而已。

太空船二號

太空船二號起飛並降落在沙漠裡

◀Virgin Galactic計畫打造下一代的太空船二號機隊，載送付費乘客進入太空。雖然每張票要價6500萬台幣，已有數千人申請了。這次飛行將只會在100公里以上停留幾分鐘，所以乘客將會正式進入太空，而失重狀態的時間也會稍微增加。藝術家描繪出計畫與建於美國新墨西哥州的太空港。

▶▶參見：在家尋找外星智慧計畫 p62、「嘔吐彗星號」無重力飛機 p140、太空站 p152

▼凱克一號和二號望遠鏡高高地位在美國夏威夷的一座火山上，這裡的夜空通常是萬里無雲的，空氣也很乾淨。大型望遠鏡用的是鏡面而非鏡片。凱克望遠鏡的鏡面口徑達10公尺，是全世界屬一屬二的。望遠鏡用來發現新行星和恆星，以解答銀河系形成的時間和方式。

天王星上的雲

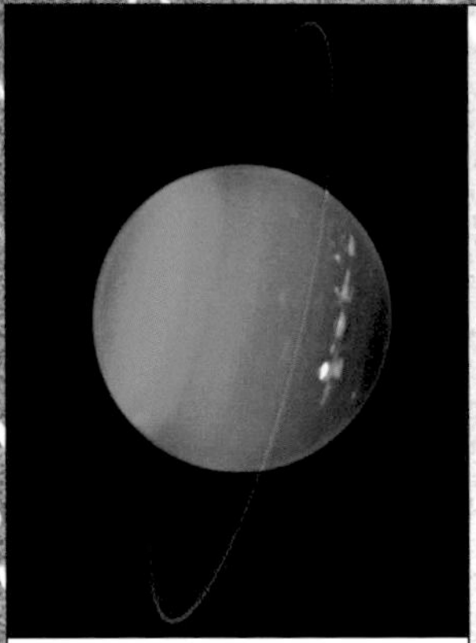

凱克的天王星圖

◀凱克（Keck）望遠鏡創造出這張天王星的假色紅外線（熱感）圖。現代的望遠鏡能顯示出以前看不見的細節，幫助科學家解開太陽系的謎團。圖中的亮點是大氣層高處快速移動的雲層。黯淡的環系統也看得見。

雷射光束射入大氣層，創造出一顆假星。天文學家追蹤這顆「星」，便能更清楚地瞭解天空。

望遠鏡

▶▶ 大型望遠鏡利用巨型曲面鏡遙望深邃太空。它把最黯淡的太空物體巨細靡遺地揭露出來。有些望遠鏡還會對大氣層高處發射雷射，來改善視線。▶▶

十層樓高的圓頂保護望遠鏡不受天氣影響。

▲雖然每台望遠鏡重達300噸，但仍然能對著天空中的某一點，並隨著地球旋轉，精準地瞄準和移動。兩台一模一樣的望遠鏡一起工作，就好像它們是一台更大的望遠鏡。

>> 凱克望遠鏡的原理

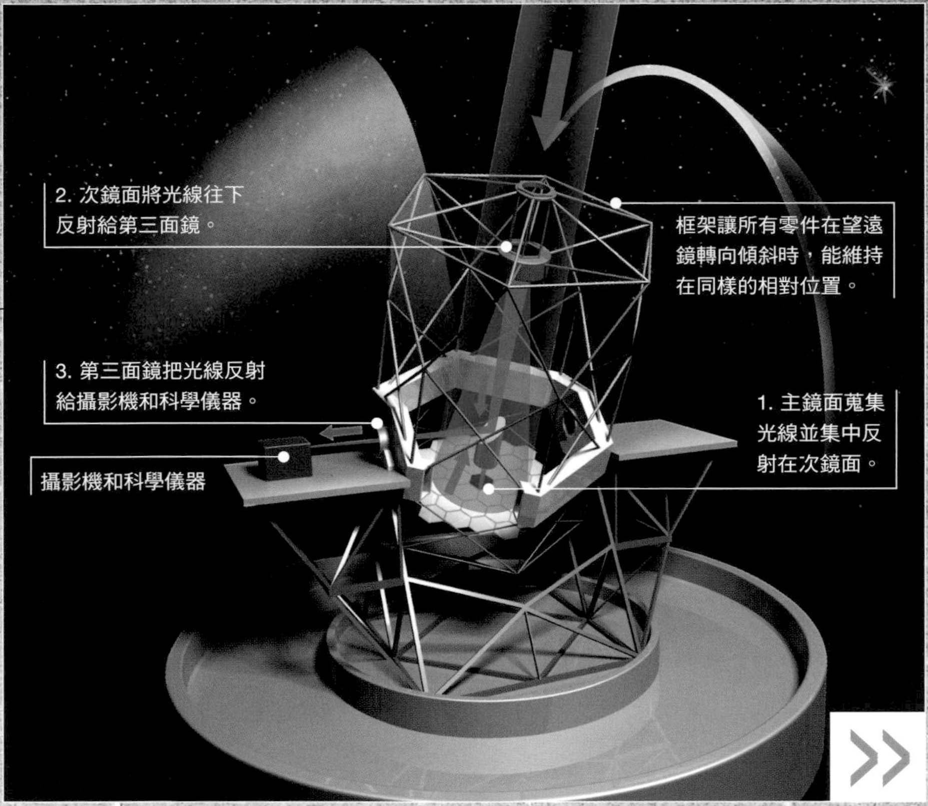
2. 次鏡面將光線往下
反射給第三面鏡。
框架讓所有零件在望遠
鏡轉向傾斜時，能維持
在同樣的相對位置。
3. 第三面鏡把光線反射
給攝影機和科學儀器。
1. 主鏡面蒐集
光線並集中反
射在次鏡面。
攝影機和科學儀器

功能最強大的望遠鏡用的是巨型鏡面而不是鏡片，因為鏡面較輕，較易移動，也較準確。每台凱克望遠鏡都有個巨型的主鏡面，能捕捉並集中太空中黯淡物體的光線。主鏡面是由36面小型的六角鏡組成的單一大鏡面。每面六角鏡每秒都會被電腦調整兩次，準確度是人類頭髮的1/25,000。這些小鏡子反射光線的準確度相當驚人，每一面都被拋磨得極為光滑，任何留下的瑕疵只有一張紙厚度的1/1000。除了製造影像之外，望遠鏡也將光線反射到科學儀器上，讓科學家能瞭解那些遙遠物體的組成。

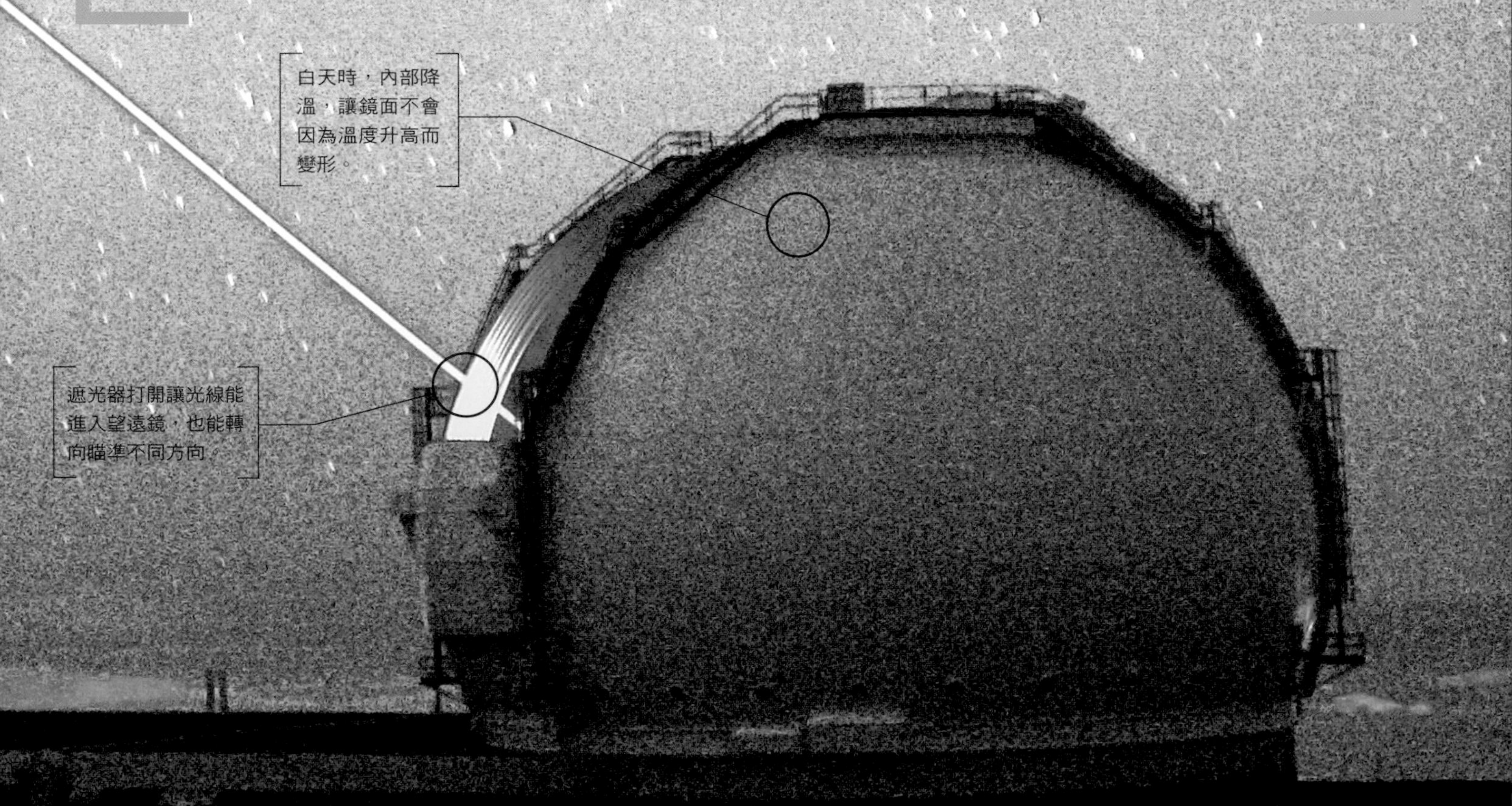
白天時，內部降
溫，讓鏡面不會
因為溫度升高而
變形。
遮光器打開讓光線能
進入望遠鏡，也能轉
向瞄準不同方向。

▶▶參見：在家尋找外星智慧計畫 p62、太空探測器 p144、太空船一號 p148

太空站

▶▶ 國際太空站（International Space Station，簡稱ISS）是在地球上方300公里處繞行地球的研究設備，預計在2010年完工。這項有十餘國投入的計畫，是國際合作的象徵。▶▶

▶ 這是國際太空站完工時的樣子。太空艙在地球上建造，運送到太空站，並在軌道上組裝。每個太空艙功能都不同，從起居間、實驗室到給裝載人員和補給的太空船停靠的設備都有。

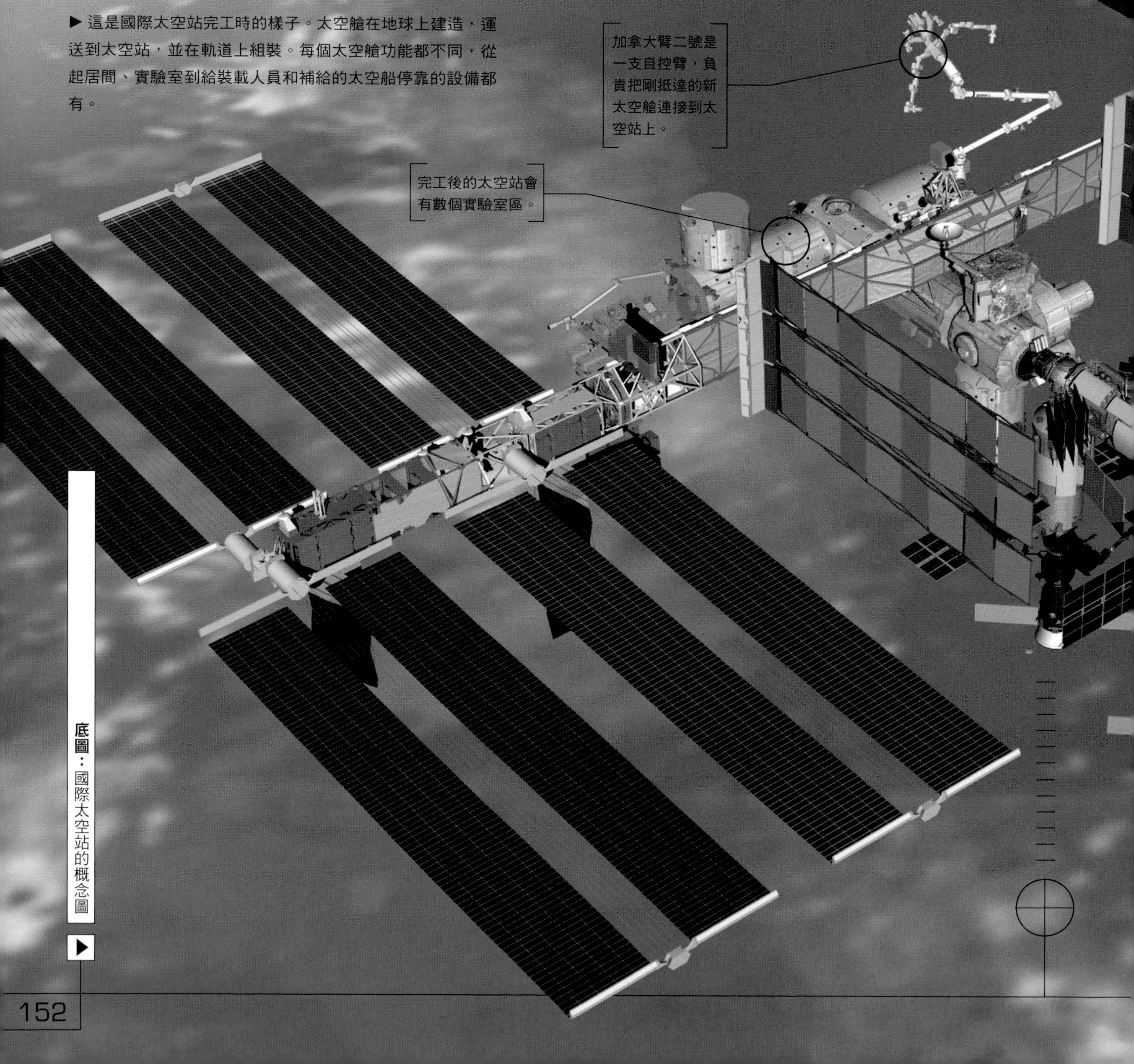
加拿大臂二號是一支自控臂，負責把剛抵達的新太空艙連接到太空站上。
完工後的太空站會有數個實驗室區。

底圖：國際太空站的概念圖

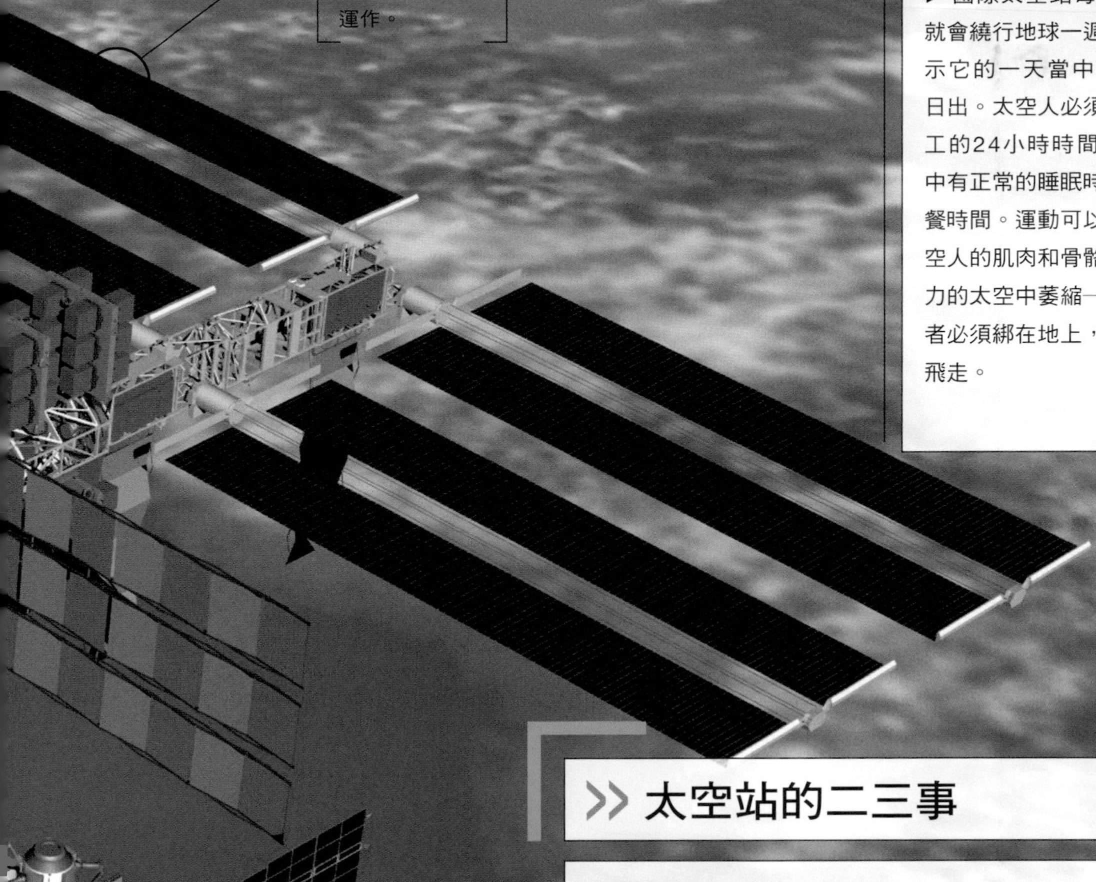

太陽能板將陽光轉變為電力，供應太空站系統的運作。
來訪的太空船能停靠在太空站。

站中生活

▶ 國際太空站每90分鐘就會繞行地球一週，這表示它的一天當中有15次日出。太空人必須遵行人工的24小時時間表，其中有正常的睡眠時數和用餐時間。運動可以防止太空人的肌肉和骨骼在無重力的太空中萎縮——但跑者必須綁在地上，才不會飛走。

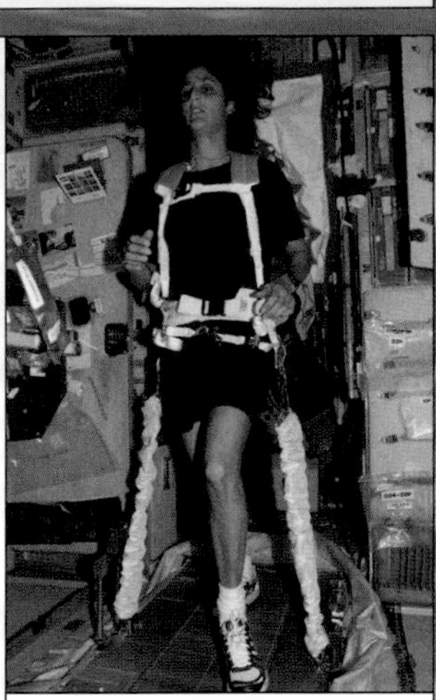
太空人在做運動

太空站的二三事

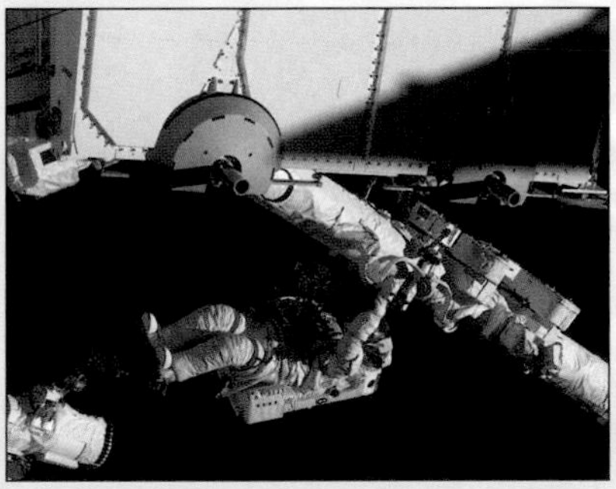

實驗

跟地球上實驗室不同的是，在國際太空站可在失重狀態下進行實驗。這項研究幫助科學家瞭解，長期在無正常重力下生活，對我們的身體會有什麼影響——這對未來可能前往月球、火星甚至更遠地方的任務來說，是非常重要的準備工作。

加拿大臂二號

這位栓在太空梭上的太空人，正在太空站的自控臂「加拿大臂二號」（Canadarm2）上進行工作。這支自控臂能在太空站的框架四周移動，在任何需要它的地方工作，還可在太空站外做例行工作，不需要太空人進行太空漫步來操控。

▶▶ 參見：「嘔吐彗星號」無重力飛機 p140、火星探測車 p142、太空探測器 p144

探險家

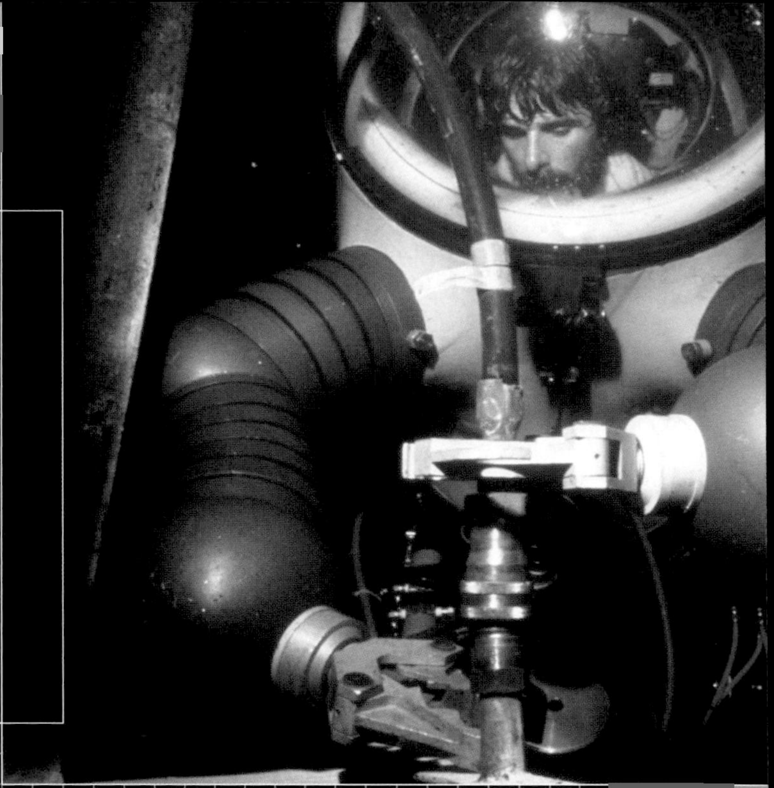

黃蜂型單人潛水服（WASP suit）

這套潛水服結合了潛水衣和小型潛艇，是為了維修海底管線而設計，可以下潛至600公尺。潛水員的手臂由彎曲自如的鋁管包覆，並連接到手控的夾鉗。腳則控制推進器，使潛水員前進。

探險家必須有心理準備，要面對許多潛在的危險。他們也應該確保自己帶著最先進的工具。這些高科技設備可以幫助探險家到達人跡罕至的地方，並且很瀟灑地完成探險。

充氣帳棚（Air camper）

這頂雙人帳棚就鉤在車後，在露營過夜時，可擴增為舒適的休息區。這頂帳棚沒有支柱，單靠氣壓支撐。只用一架連接到車內電源座的風扇，就可以讓這座帳棚自行充氣。

機械鯉魚（Robocarp）

何不派遣機械鯉魚到深邃、黑暗、危險的大海中呢？這隻聰明的機械魚有內建感應器，可以自行找路，避開障礙物，並面對多變的水流狀況。機械鯉魚還可用來探測海床，或偵測油管漏洞。

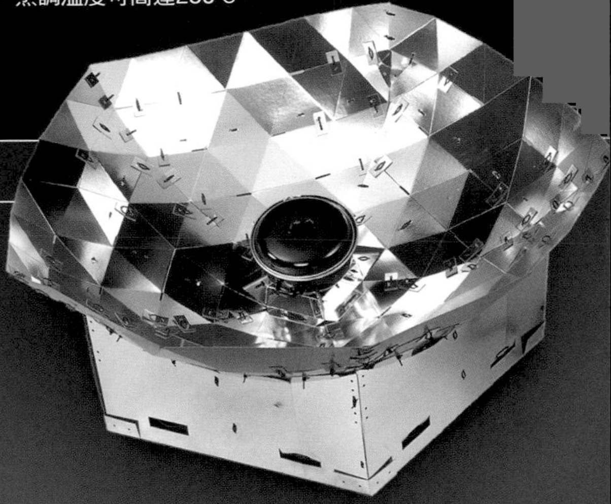

普羅米修斯一號（Prometheus 1）

烹飪可以不用燃料，而用直徑1.3公尺的折疊反射器。反射器將太陽的熱能集中到中心的鍋盤，烹調溫度可高達250℃。

動力飛行傘（Paramotoring）

動力滑翔傘（paraglider），又稱為動力飛行傘，是前往偏遠地區的好方法。它包含了一個滑翔傘——充氣後會成為翼型降落傘，和一架用割草機引擎驅動的大型風扇。幾乎任何地點都可以起降，飛行高度可隨飛行員喜好而定。

▶▶參見：機器人 p90、自走車 p104、火星探測車 p142、太空探測器 p144

鑽油平台

▶▶ 地球就像個龐大的加油站，地底儲存了超過一兆桶的石油。這些石油多半存在海底。要取得這些石油，必須有巨型鑽鑿設備，才能鑽入地殼。▶▶

▶ 這類鑽油平台，或稱鑽井台，屬於升降式，可在淺海處抽取石油。鑽油平台到達定點後，把支腳下降至海床，使平台在鑽井時保持穩定。油田枯竭後，將支腳收起，再將平台拖曳至其他地點。

支腳由鋼管組成，可深入150公尺的海中，支撐鑽油平台。
起重機從船上吊起補給物資、拖吊鑽桿（drill pipe）至定點。
直升機停機坪讓工作人員和補給物資可經空運送達。
RB

▲ **底圖：**位於地中海的莫威爾（Roger W Mowell）升降式鑽油台

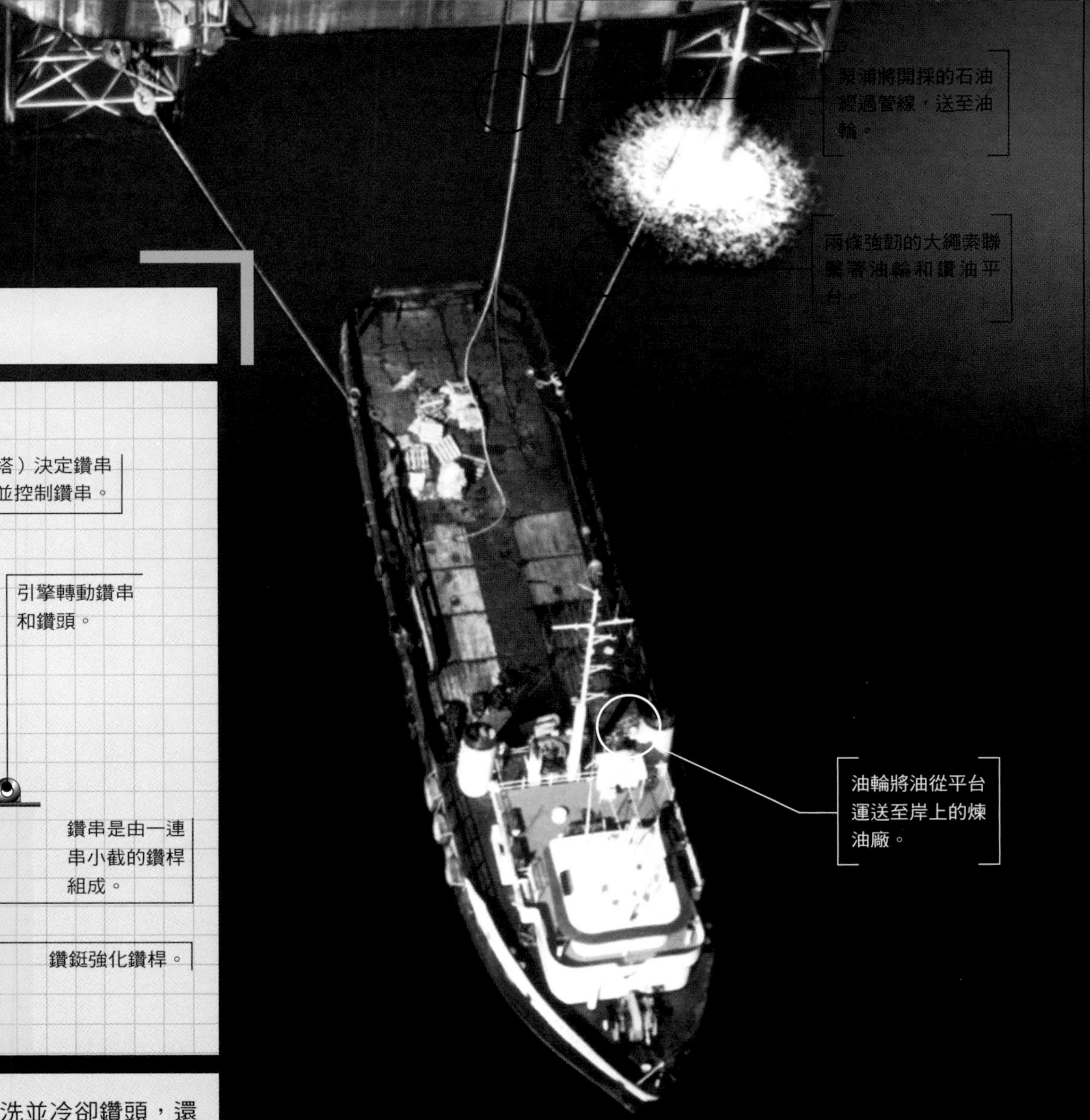
泵浦將開採的石油經過管線，送至油輪。
兩條強韌的大繩索聯繫著油輪和鑽油平台。
油輪將油從平台運送至岸上的煉油廠。

>> 如何開採石油

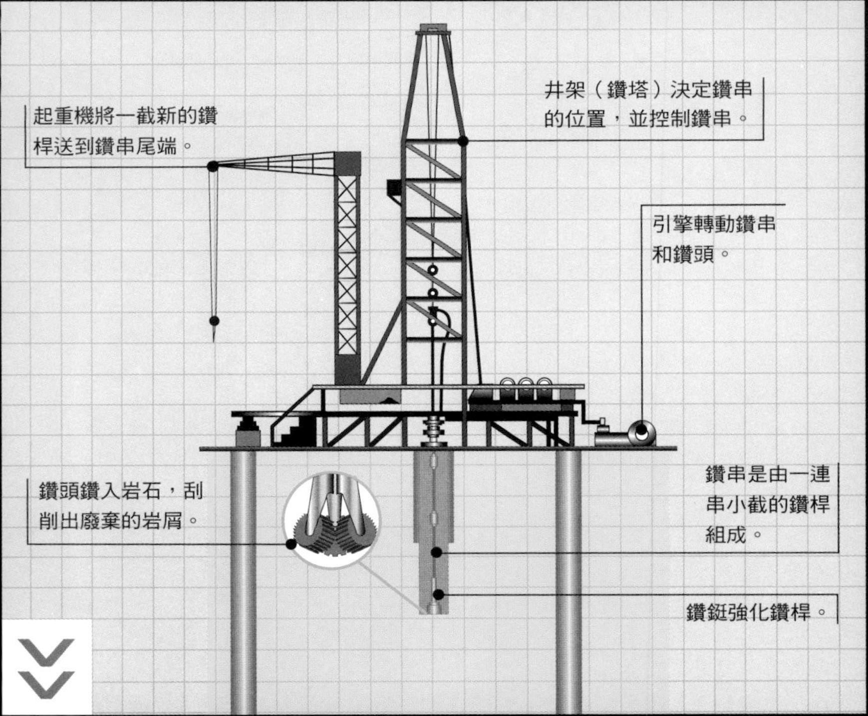
起重機將一截新的鑽桿送到鑽串尾端。
井架（鑽塔）決定鑽串的位置，並控制鑽串。
引擎轉動鑽串和鑽頭。
鑽頭鑽入岩石，刮削出廢棄的岩屑。
鑽串是由一連串小截的鑽桿組成。
鑽鋌強化鑽桿。

鑽油平台上的引擎藉著轉動稱為鑽串的長管，緩緩帶動底部的鑽頭（鑽鑿的工具）。鑽串是由上百截鑽桿組成，每截約10公尺長。一個大型的鑽井可長達10公里。泥漿被泵入井孔，以清洗並冷卻鑽頭，還可以帶出鑽碎的岩屑。鑽鑿設備移除後，就可以用抽水泵浦，將油從同一個井孔抽取至地面。

▶▶參見：大型建設 p192、質塊阻尼器 p194、發電塔 p196

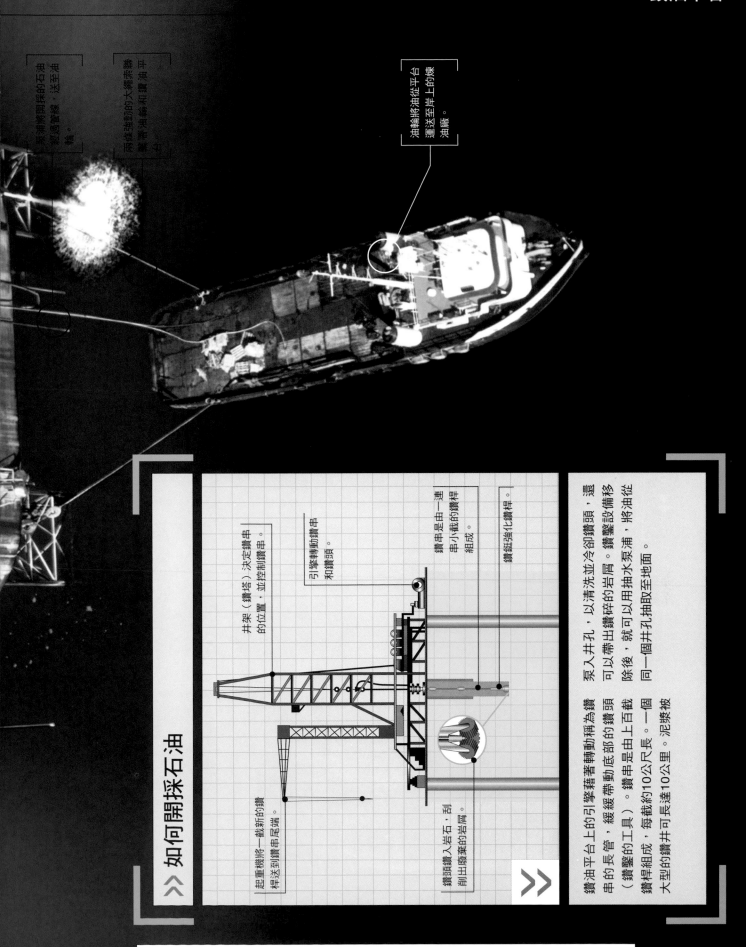

>> 掃描式電子顯微鏡的原理

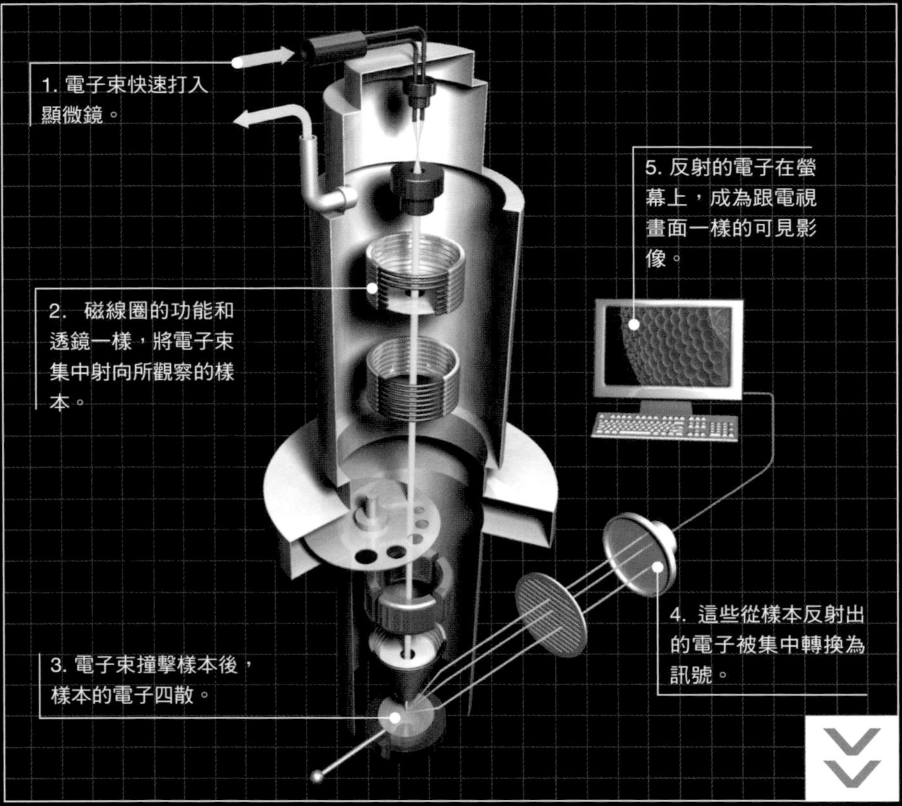
1. 電子束快速打入顯微鏡。
2. 磁線圈的功能和透鏡一樣，將電子束集中射向所觀察的樣本。
3. 電子束撞擊樣本後，樣本的電子四散。
4. 這些從樣本反射出的電子被集中轉換為訊號。
5. 反射的電子在螢幕上，成為跟電視畫面一樣的可見影像。

一般（光學）顯微鏡經由玻璃透鏡集中，增強光束，來放大微小物體。光束是由光子所組成的細流。光子是微小的粒子，比人類的頭髮細上200分之一。要看到更小的東西，就需要用電子顯微鏡。電子顯微鏡不用光，而是用比光子還小的粒子——電子。電子顯微鏡可以看到的物體比光學顯微鏡可看到的小上500-1000分之一。

顯微鏡

▶▶從微晶片忙碌的電路到活細胞的祕密，掃描式電子顯微鏡（scanning electron microscopes，簡稱SEMs）開啟了一個令人驚嘆的新世界。電子顯微鏡讓人可以看到比頭髮細微十萬分之一的物體。▶▶

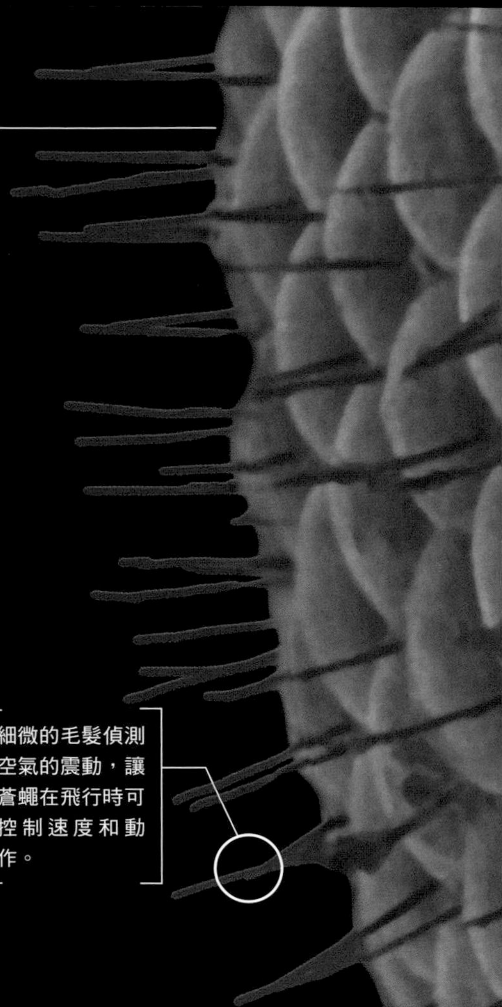

細微的毛髮偵測空氣的震動，讓蒼蠅在飛行時可控制速度和動作。

▲家蠅能偵測各個方向的威脅。單憑肉眼看不出蒼蠅的祕訣，但特寫就透露了重要的細節。

▶掃描式電子顯微鏡放大2000倍左右的家蠅複眼。家蠅的複眼由約6000個小眼所組成，複眼讓蒼蠅有很敏銳的視力和幾乎360°的視野，可以避開危險。

▶▶參見：望遠鏡 p150、雙筒望遠鏡 p158、夜視攝影機 p160

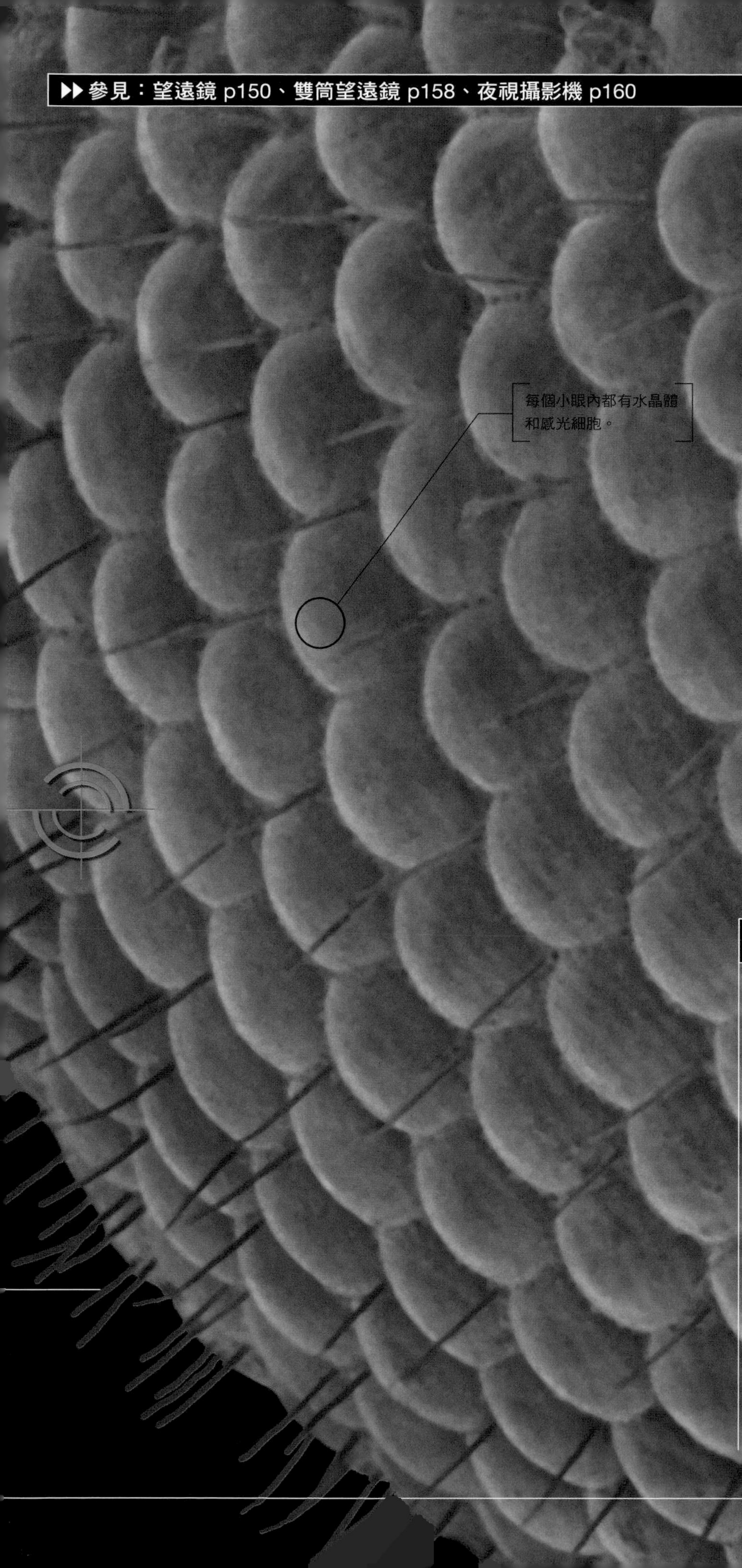

底圖：掃描式電子顯微鏡下，家蠅複眼的彩色影像

掃描與穿透

透過掃描式電子顯微鏡觀察

▲掃描式電子顯微鏡藉由微小的樣本反射出的電子，取得放大的外觀影像。穿透式電子顯微鏡（transmission electron microscope）則是將電子直接穿透樣本，以顯露其內在結構。穿透式電子顯微鏡可用來觀察活細胞，甚至可以顯示晶體內部的原子。

▼ **底圖**：氣象氣球和無線電探空儀

氣象氣球

▶▶全世界每天施放超過一千個氣象氣球，每個氣球都攜帶一台迷你的氣象觀測站飛向高空。氣象氣球灌滿比空氣還輕的氫氣，可上升到海拔40公里的高空。▶▶

太空中的氣象觀測站

氣象衛星

◀氣象衛星從太空觀測地球。有些衛星固定觀測地表某一個區域，有些則迅速繞行地球，觀測範圍呈帶狀。衛星上的攝影機可拍攝雲圖和天氣狀況，感應器則可測量地面及海面氣溫，並監控污染程度。衛星取得的資訊都會輸入電腦氣象模型，以做出詳細的氣象預測。衛星是很有用的觀測工具，但因為衛星沒辦法觀測風，也不能提供大氣的立體結構，所以還是需要氣象氣球，才能精準預測。

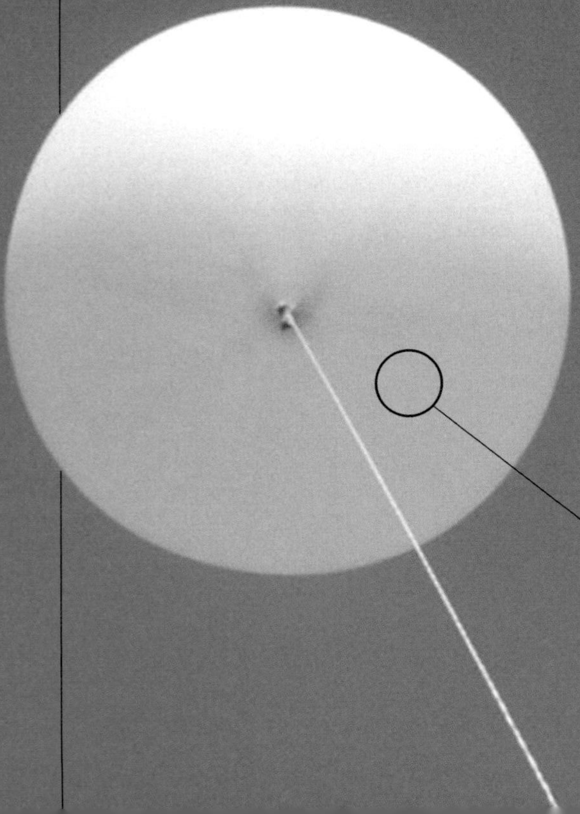

橡膠氣球隨著上升高度不斷膨脹，最大可達直徑8公尺，然後爆破。

多數的氣象氣球是人工施放。

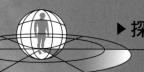

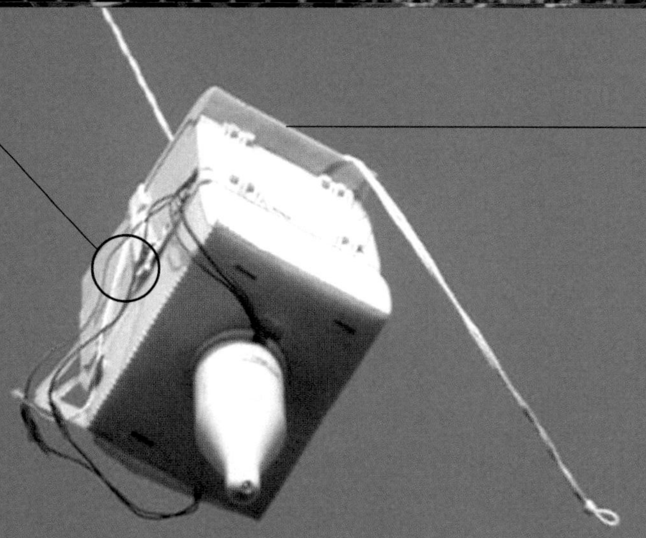

無線電探空儀是拋棄式的氣象觀測儀器，氣球爆破後就會掉落地面。

◀這個氣象氣球於印度孟買施放，攜帶著無線電探空儀，也就是迷你氣象觀測站。探空儀將會回傳各項數據到基地。印度每年的雨季影響上百萬農民的生計，因此以氣象氣球預測雨季非常重要。

>> 無線電探空儀的主要特點

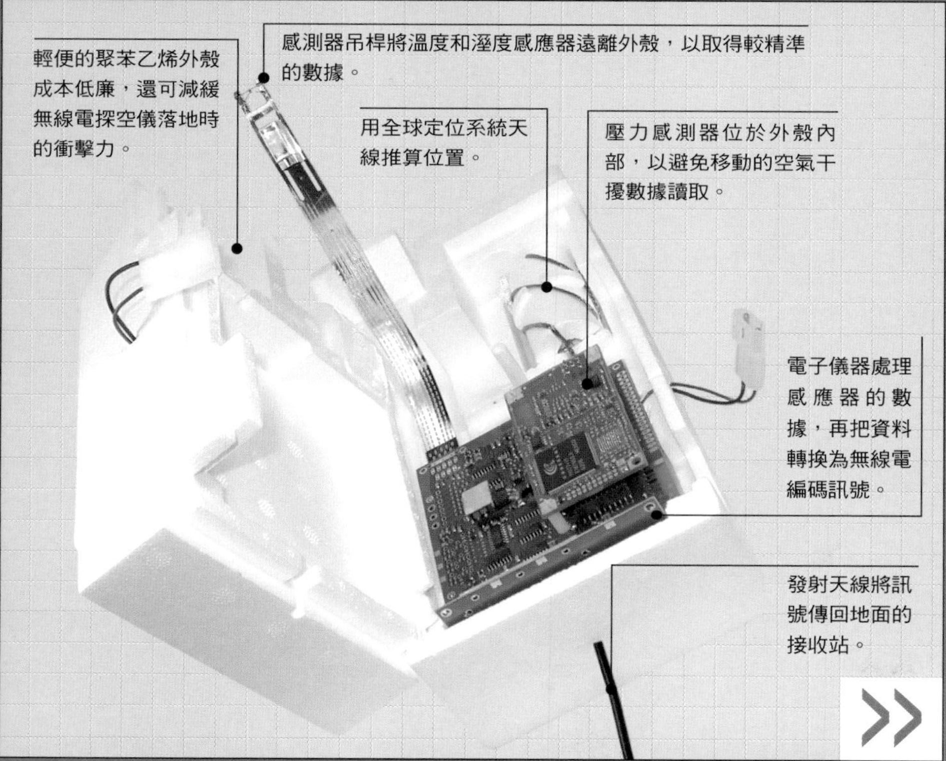

輕便的聚苯乙烯外殼成本低廉，還可減緩無線電探空儀落地時的衝擊力。

感測器吊桿將溫度和溼度感應器遠離外殼，以取得較精準的數據。

用全球定位系統天線推算位置。

壓力感測器位於外殼內部，以避免移動的空氣干擾數據讀取。

電子儀器處理感應器的數據，再把資料轉換為無線電編碼訊號。

發射天線將訊號傳回地面的接收站。

無線電探空儀重量只有250公克，一手就可以掌握。無線電探空儀由氣象氣球攜帶升空，測量大氣中各項主要數值，包括溫度和溼度等，無線電發射器再將資料傳回地面的接收站。無線電探空儀還配有全球定位系統天線，可回報確切的位置。由於氣球隨風飄送，因此這項資訊可以用來計算風速和風向。氣球一般可飛行兩小時，並可能從施放地點飄到200公里外溫度下降到-90℃的地方。氣球一直不斷上升，到最後會爆破，而無線電探空儀隨即墜落地面。

▶▶參見：風力發電機 p22、發電塔 p196

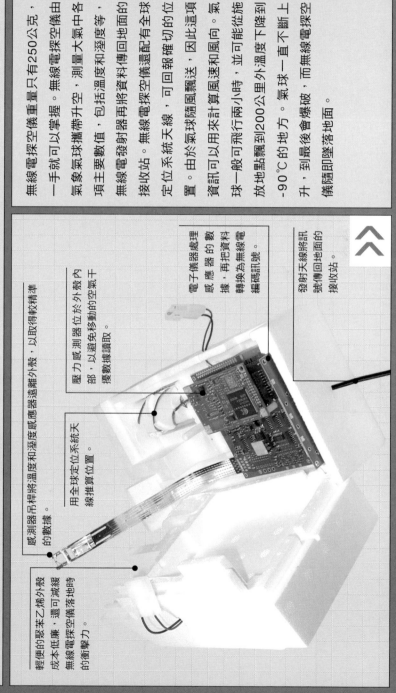

火車如何在雲端裡穿梭？ p182

什麼東西讓它震動？ p194

▶▶ 人類的確在地球上留下了標記。近代的建築奇蹟包括了橫跨山谷的橋樑、用熱空氣運轉的發電廠，還有輕觸按鈕就可像花朵般綻放的運動場。這些大膽的建築並不是單靠混凝土或堆磚塊建成。要建得又大又好，必須研究材料特性，並學著用巧妙新奇的方式混合材料。大處思考，小處著手——要了解材料特性就要從原子和分子的奈米世界開始。 ▶▶

什麼東西看起來像樹木，卻比木頭硬？p178

混凝土

▶▶不論是全球最高的摩天大樓，還是最長的高速公路，世界上驚人的工程結構都是靠細微的混凝土晶體支撐。混凝土晶體比人類頭髮還細上五分之一。▶▶

如何製造混凝土

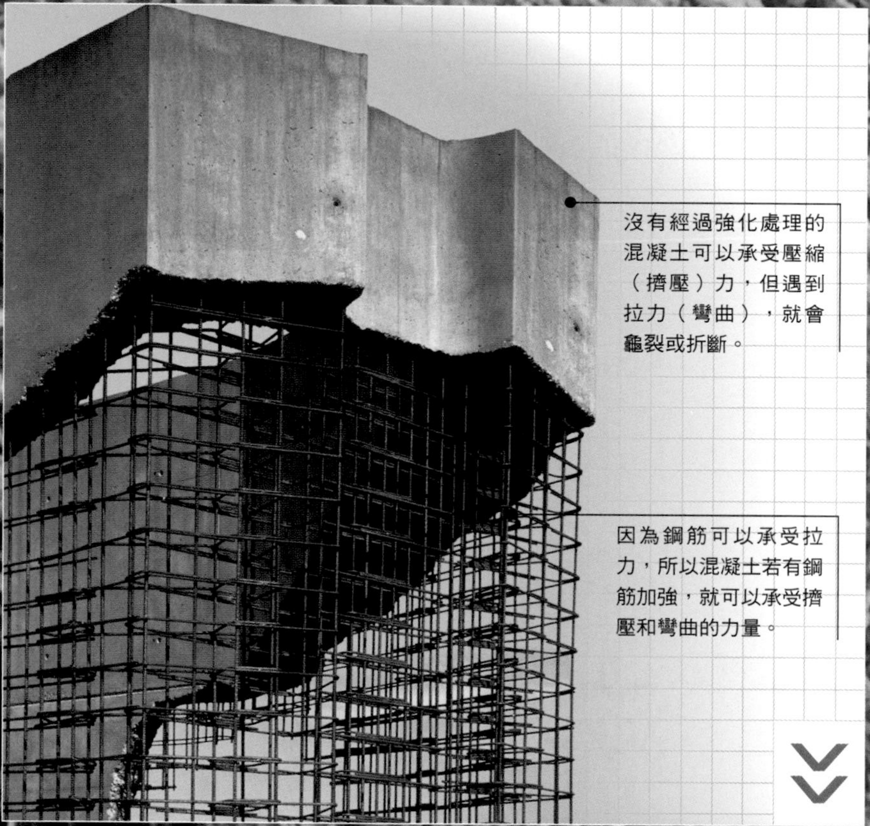
沒有經過強化處理的混凝土可以承受壓縮（擠壓）力，但遇到拉力（彎曲），就會龜裂或折斷。
因為鋼筋可以承受拉力，所以混凝土若有鋼筋加強，就可以承受擠壓和彎曲的力量。

從羅馬時代開始，混凝土就是多功能的建築材料。混凝土混合了砂石和水泥，加入水後，水泥內的晶體開始膨脹，使砂石結合。混凝土變硬並不是因為乾，而是因為化學變化促成了內部晶體的形成。雖然垂直支柱的混凝土很堅固，但是水平橫樑卻較脆弱，這是因為混凝土在壓力下並不會彎曲，而會龜裂。因此，混凝土常應用在鋼架或鋼骨上。強化混凝土名副其實地比普通混凝土強上幾百倍。

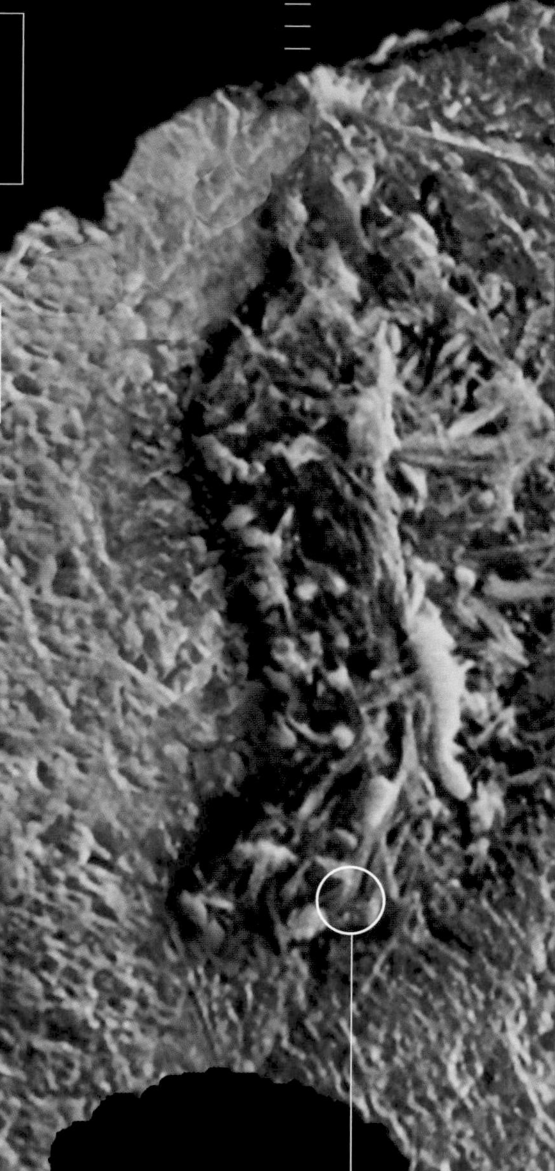
水泥形成石膏晶體，使混凝土變緻密。

▲混凝土的強度源自水泥內的晶體膨脹，將砂石的粒子鎖在一起。通常混凝土的成分為10-15%的水泥、60-75%的砂石，以及15-20%的水。

▶▶參見：密佑大橋 p182、巨型建築 p184、天空步道 p190

底圖：電子顯微鏡下的混凝土晶體

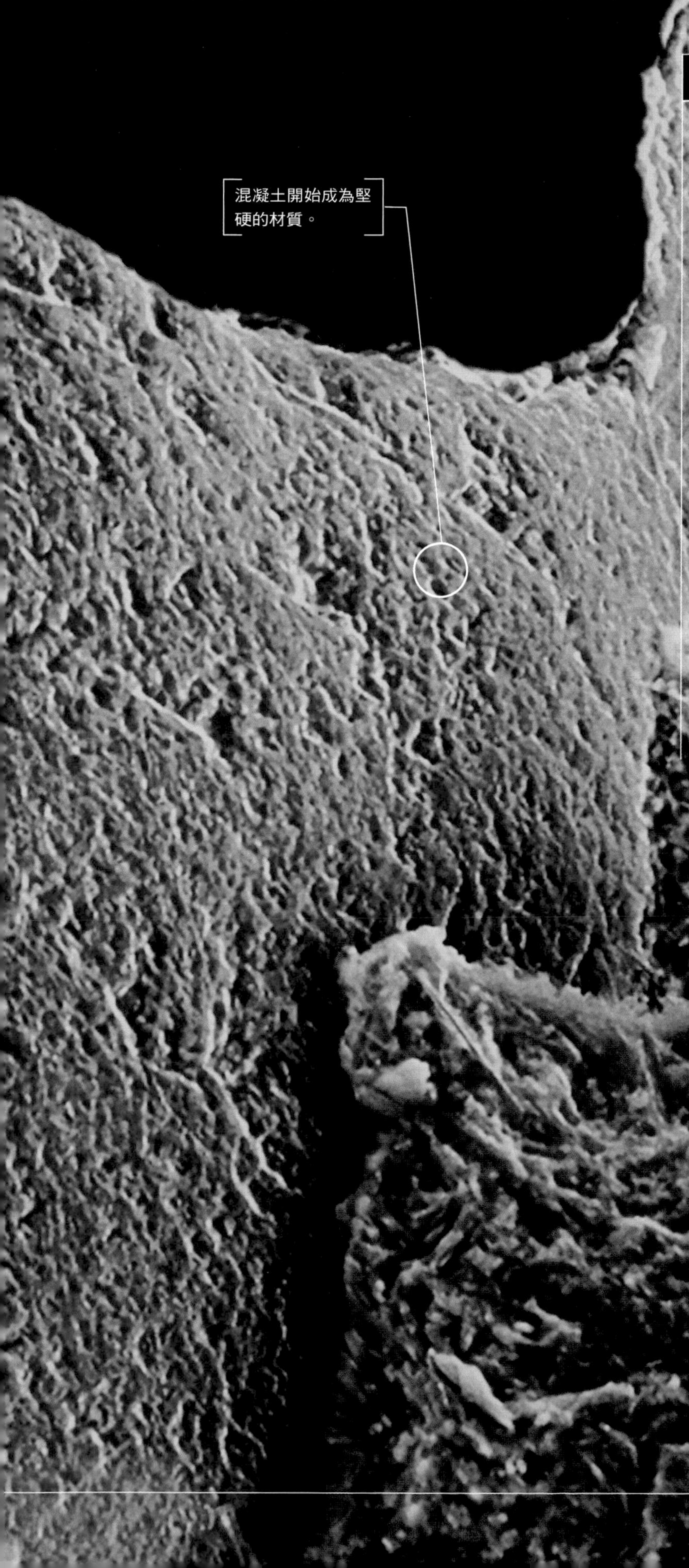
混凝土開始成為堅
硬的材質。

混凝土含有約
5-8%的空氣。

堅固的水壩

格蘭水壩

▲ 混凝土支撐著216公尺高的格蘭水壩。格蘭水壩位於美國亞歷桑納州的科羅拉多河上。水壩使用了40萬塊巨大混凝土，每塊都含有24噸的原料，費時三年建造，於1966年完工。

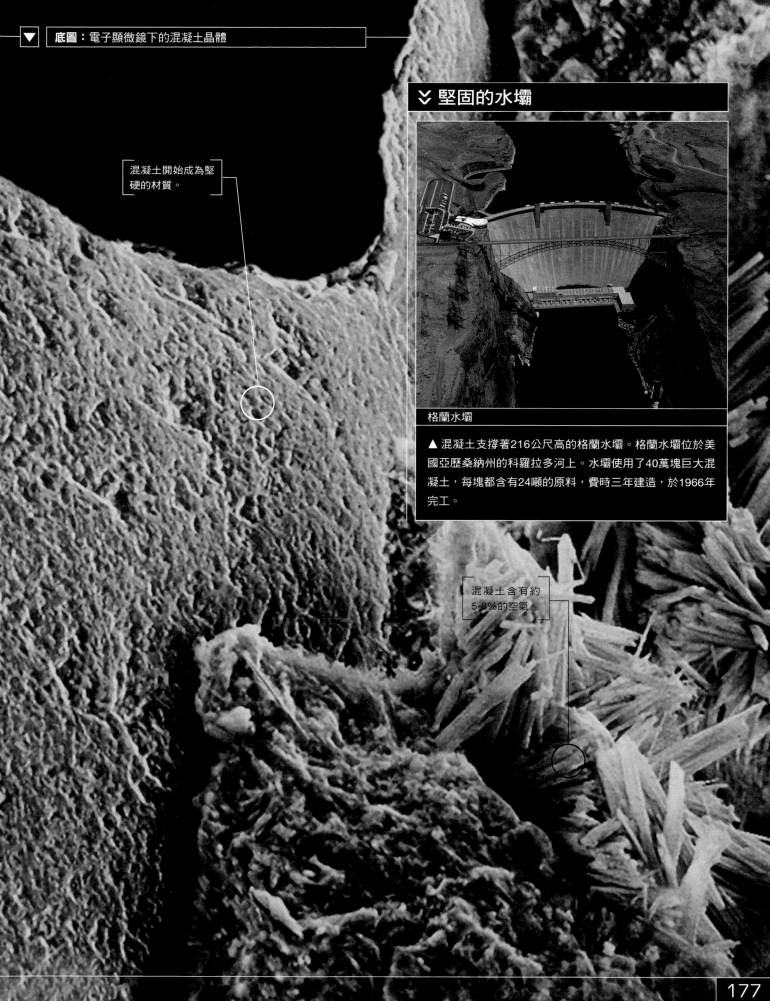

建築材料

為什麼摩天大樓採用玻璃窗戶和鋼筋牆面，而不是反過來呢？大樓所採用的材料都是根據它們的特性，應用在最適當的地方。用錯材料可能會讓大樓變危樓，或使用壽命減短。用顯微鏡放大大樓材質一百倍，你會發現讓大樓既堅固又獨特的內部結構祕密。

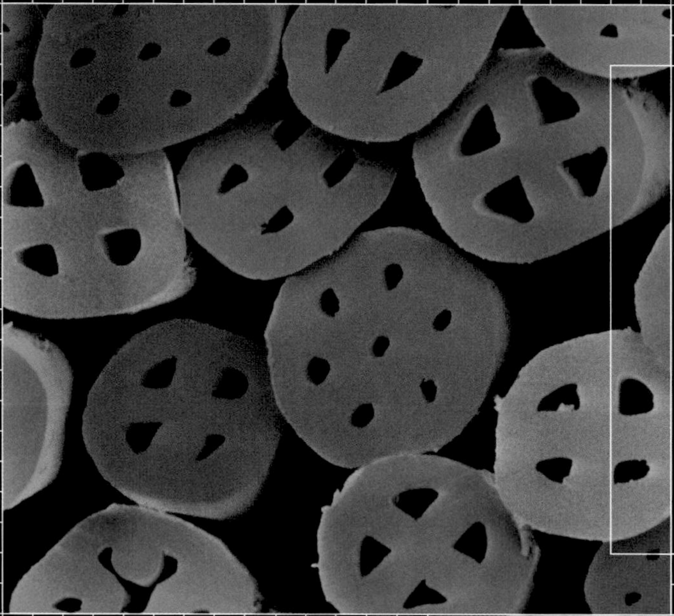

絕緣纖維

達克隆（Dacron®）材質是由聚酯纖維製成，聚酯纖維是由名為聚合物的長串碳分子所組成。每個纖維中最多可有七個氣孔。空氣被困在纖維中和纖維之間，使達克隆成為頂樓和牆壁理想的絕緣材質。

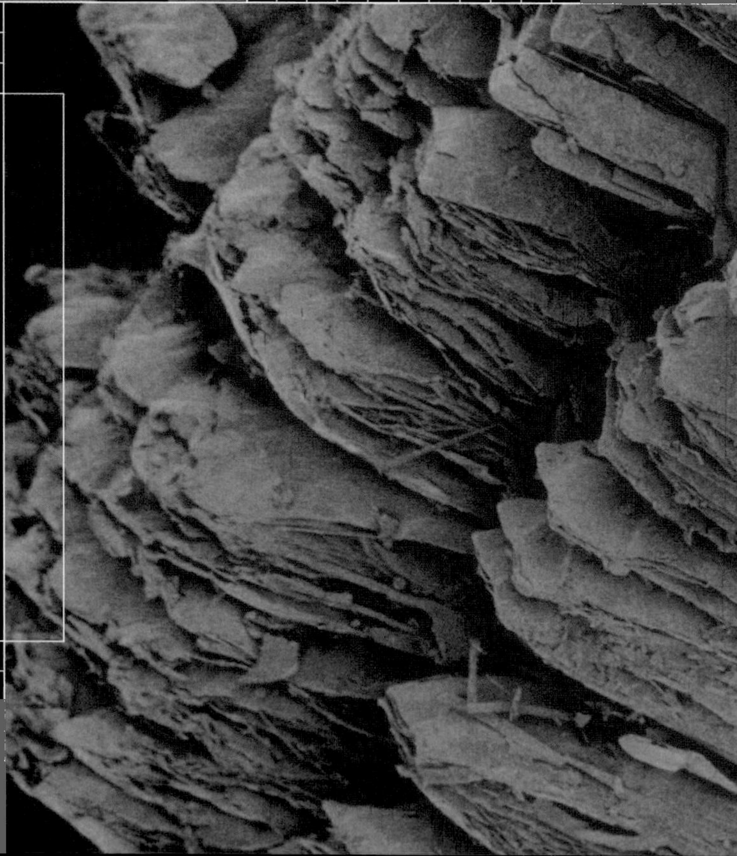

蛭石

蛭石（vermiculite，或稱micafill）是防火的隔絕材料。製作方法是將雲母加熱直到雲母膨脹成許多層，很像酥皮派餅。蛭石可以防火，是因為雲母是由阻燃的矽酸鹽（矽和氧的複合物）所組成。蛭石將空氣困在岩層中，所以有隔離效果。

碳纖強化塑膠

這個複合材料的力量來自像許多平行棍子的碳纖維，再用稱為環氧樹脂的塑膠將其黏在一起。碳纖強化塑膠堅固、強硬、防鏽、耐熱，因此用途廣泛，從強化橋樑到製造腳踏車和網球拍等。

鋼

鋼是強化的鐵合金，含有少量的碳。碳含量不同會決定鋼的類型。圖中的鋼將碳和鐵結合成許多碳化鐵，可強化整體結構。

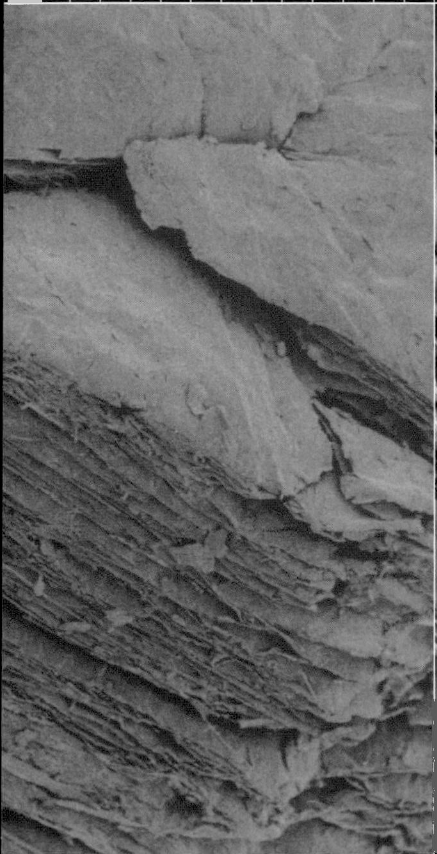

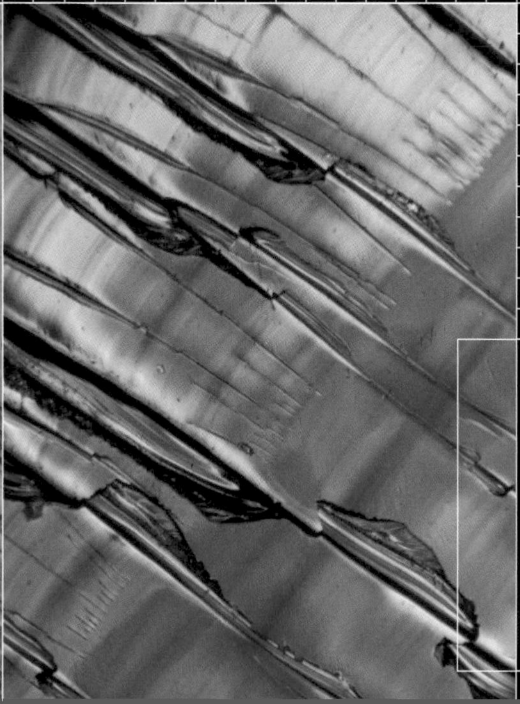

玻璃

玻璃看起來是固體，但其實是不停流動的液體。玻璃不像一般固體有規則的晶體結構。由於光波可以穿透玻璃的結構，幾乎毫無改變，因此玻璃看起來是透明的。

▶▶參見：生質塑膠 p26[redacted]混凝土 p176、巨型建築 p184

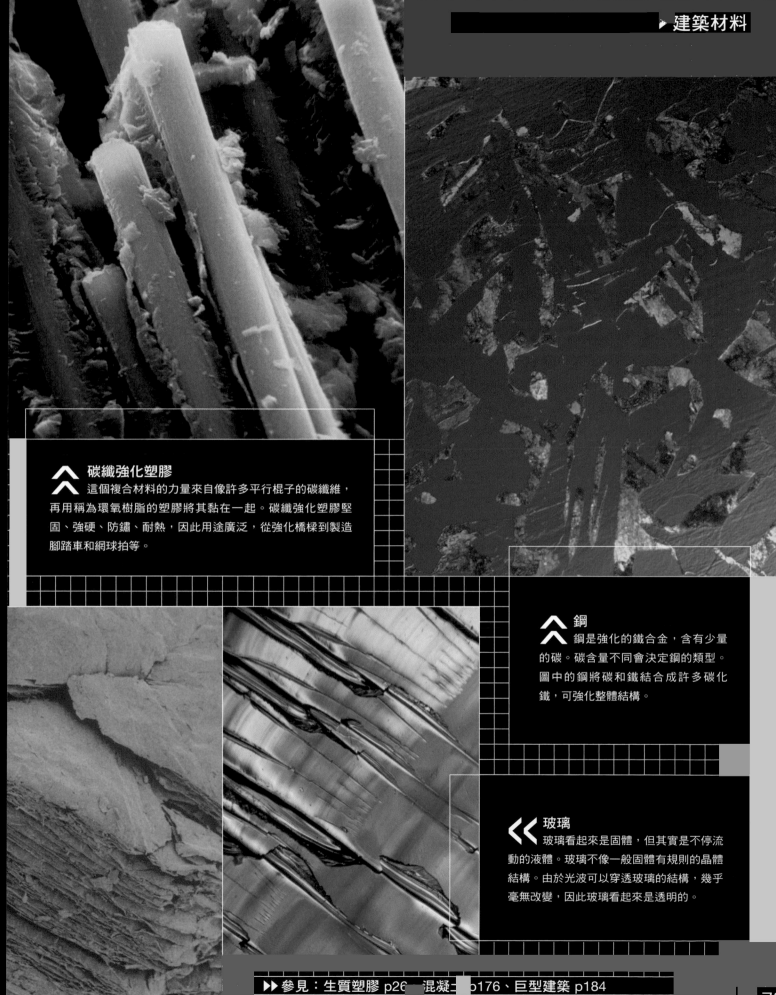

鑽孔機

▶▶馬路本來就是要能長久使用，所以挖鑿馬路是件困難的事。當馬路需要整修，氣壓式鑽孔機便能很有效率地達成任務。它利用壓縮氣體的能量，以每秒25次的頻率，將沉重的鑿子擊入馬路表面。▶▶

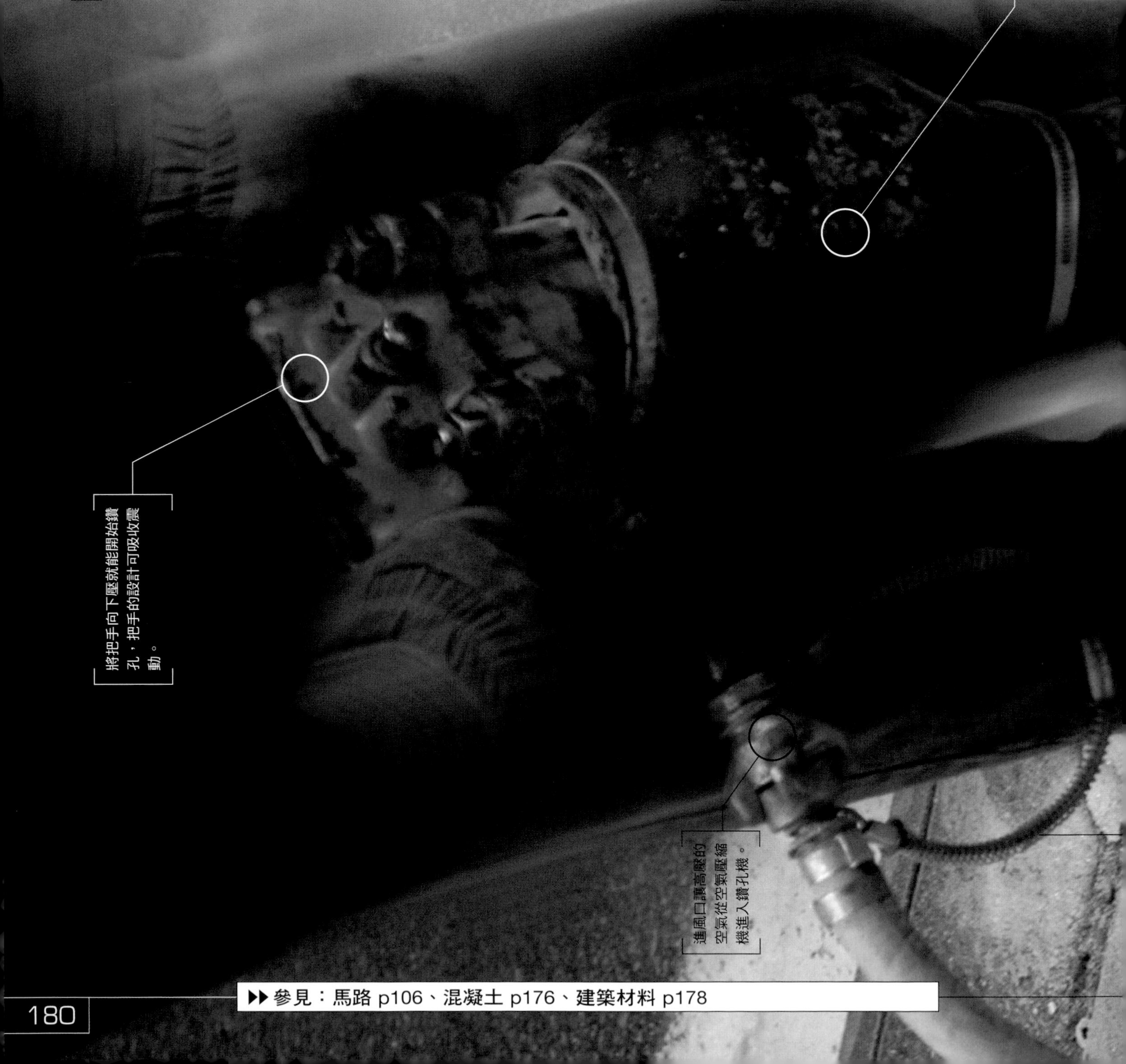
裝有軟墊的消音器，可以降低鑽孔機的噪音和震動。
將把手向下壓就能開始鑽孔，把手的設計可吸收震動。
進風口讓高壓的空氣從空氣壓縮機進入鑽孔機。

▶▶參見：馬路 p106、混凝土 p176、建築材料 p178

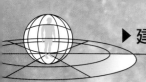

鑽孔機的原理

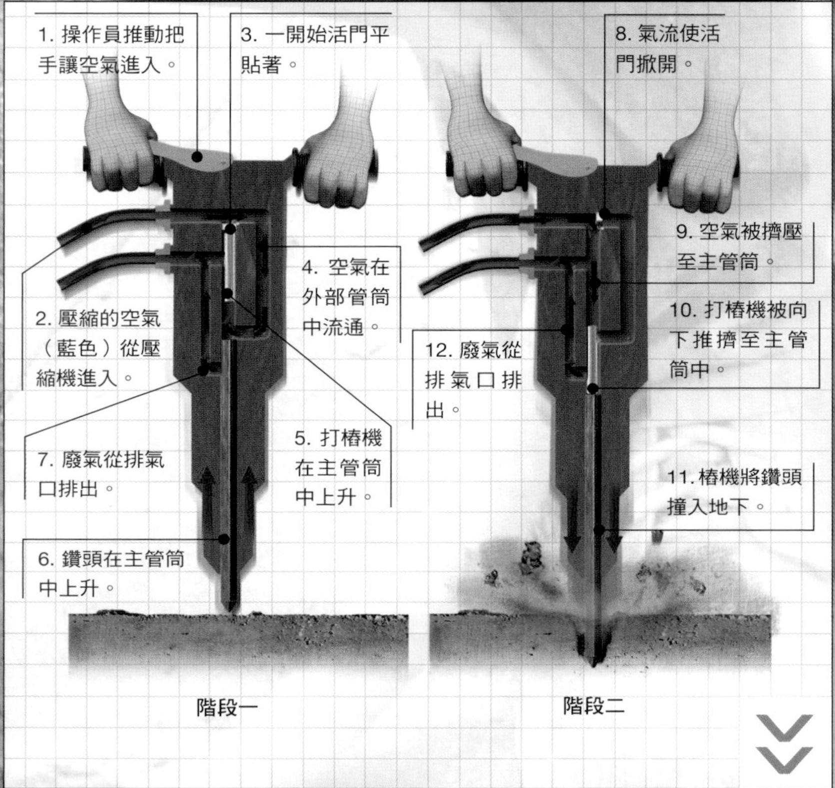
1. 操作員推動把手讓空氣進入。
2. 壓縮的空氣（藍色）從壓縮機進入。
3. 一開始活門平貼著。
4. 空氣在外部管筒中流通。
5. 打樁機在主管筒中上升。
6. 鑽頭在主管筒中上升。
7. 廢氣從排氣口排出。
階段一
8. 氣流使活門掀開。
9. 空氣被擠壓至主管筒。
10. 打樁機被向下推擠至主管筒中。
11. 樁機將鑽頭撞入地下。
12. 廢氣從排氣口排出。
階段二

被壓縮的空氣會產生一股力量，這股力量可用來完成有用的事，這就稱做氣體力學。腳踏車唧筒壓縮空氣，可用來為輪胎打氣。氣壓式鑽孔機就是使用一個大型的柴油動力唧筒，這個唧筒稱為空氣壓縮機。壓縮機壓縮空氣，產生十倍於平常壓力的氣壓。這股壓力足以使鑽孔機內部的打樁機上下撞擊，重複衝撞下方的鑽頭，將鑽頭打入水泥、瀝青或磚塊。

◀氣壓式鑽孔機不使用汽油引擎或電動馬達，純粹只使用空氣而已。典型的鑽孔機每秒使用30公升的空氣量（約成人五或六個深呼吸），它可在10至20秒內破壞一段路面。

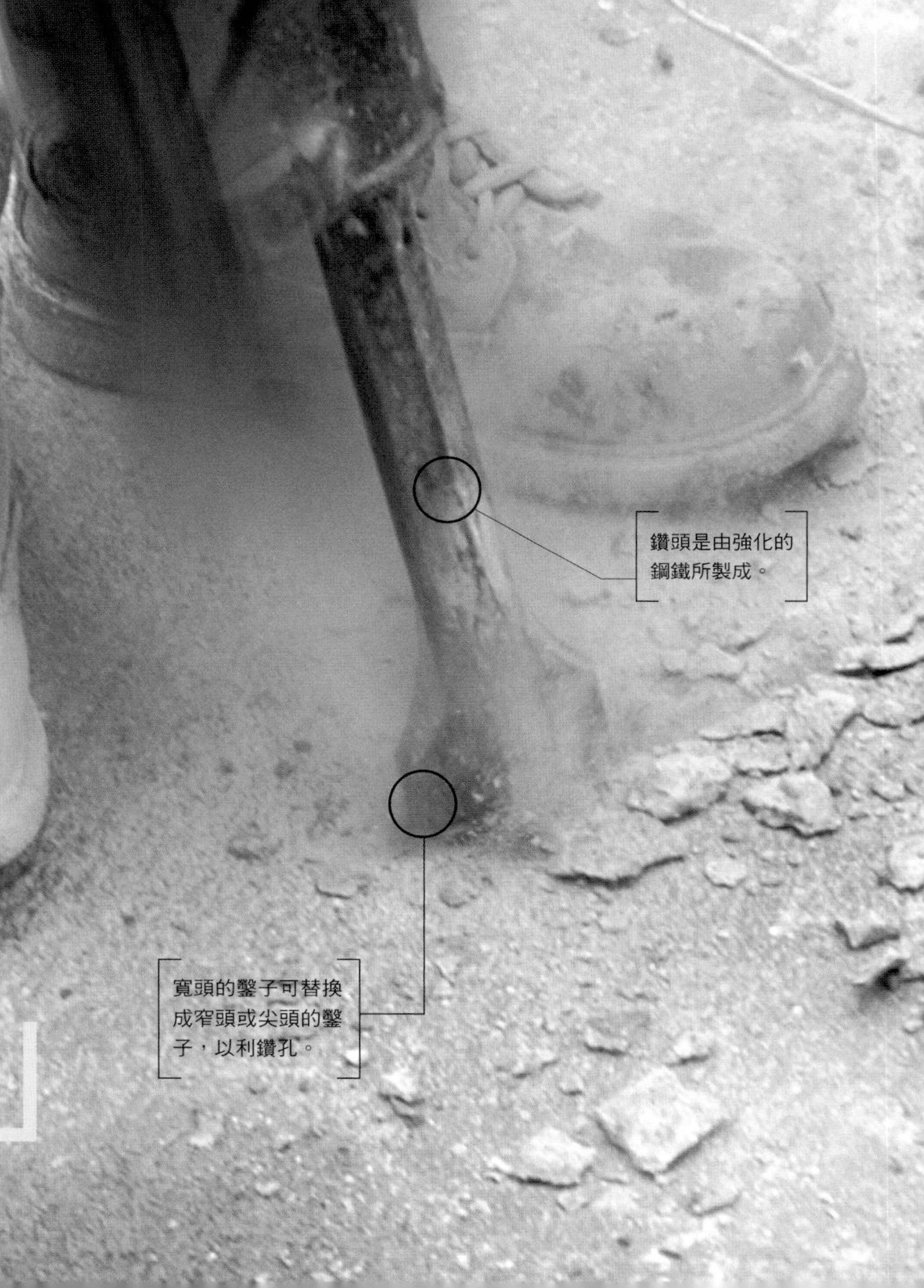
鑽頭是由強化的鋼鐵所製成。
寬頭的鑿子可替換成窄頭或尖頭的鑿子，以利鑽孔。

▼ **底圖**：氣壓式鑽孔機正在破壞路面

密佑大橋

在法國南方，懸踞在塔恩（Tarn）河谷上方343公尺的密佑大橋穿過雲層。它是世界上最高，並可通行汽車的橋。建造這座橋所使用的鋼鐵比建造艾菲爾鐵塔多出四倍，它的最高點也比艾菲爾鐵塔高出20公尺。

▶ 像密佑大橋這類由纜繩支撐的斜拉橋，橋面（路面）是由鋼鐵製成的粗纜繩所支撐，纜繩並從橋塔（高塔）一路拉至地面，橋塔則平衡地立在橋墩（水泥柱）上。

纜繩從橋塔拉至橋面。

▶ **底圖**：密佑大橋跨越法國的塔恩河

潮溼的熱帶生物
群系比奧林匹克
運動會的游泳池
還長上近五倍。

◀伊甸園兩個巨型「生物群系」（植物溫室）模擬自然界主要的生態系統。圖中潮溼的熱帶生物群系長達240公尺，是世上最大的溫室，就像熱帶雨林般蒸騰悶熱。

伊甸園計畫的主要特色

生物群系結構

伊甸園計畫的罕見溫室採用強化鋼骨，再覆蓋一層透明塑膠材質，可方便光線通過，並將熱度和溼氣留在溫室裡。相連的六角形樣式將屋頂的重量平均分散，所以溫室內部不需再樹立支撐結構。

沃土

伊甸園蓋在荒涼的礦場上，而所需的85,000噸泥土必須經過特製，其中有些回收自廚餘和園藝廢物，這些廢物被儲藏在巨大的礦坑中，裡面並放置了上千條蟲，將這些廢物消化轉變成肥沃的堆肥。

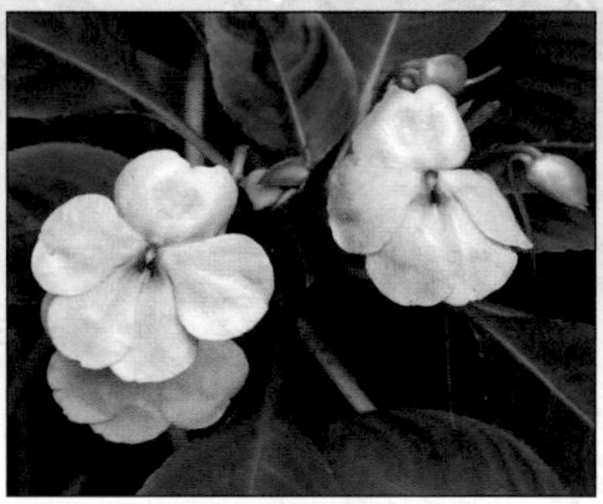

最稀有的植物

鳳仙花科的*Impatiens gordonii*是全世界最稀有的植物之一，目前僅剩不到120株。利用從受威脅的棲息地塞席爾（Seychelles）搶救出的樣本，這種植物的新品種已在伊甸園中培育出來了。伊甸園具有合適的棲息地和土壤，是這類稀有植物的完美培植地。

▶▶參見：水耕栽培 p28、建築材料 p178、天空步道 p190

福克耳克轉輪

▶▶ 全世界第一個會旋轉的船梯就像巨型摩天輪一樣，有超過一千輛房車的重量。運用天平的原理，它可以在四分鐘內將大型的平底船，轉到天空中。▶▶

>> 轉輪的原理

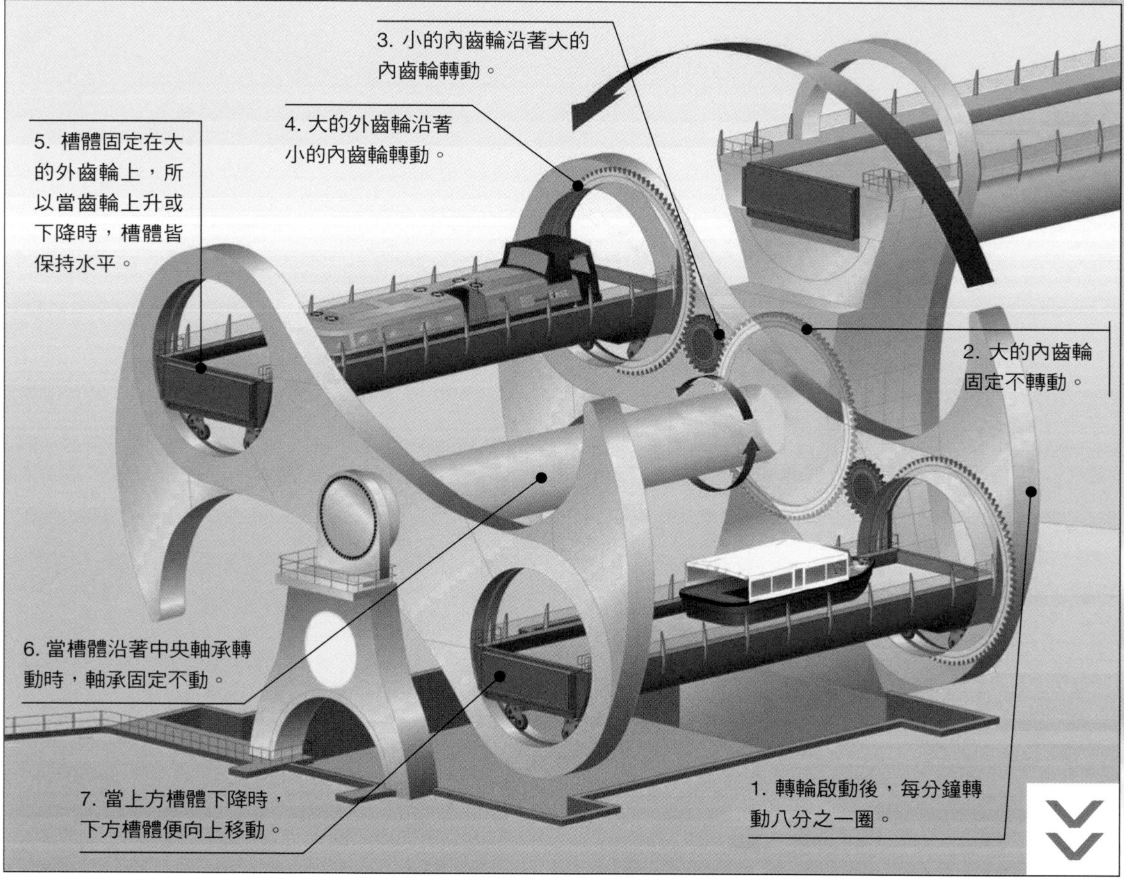
3. 小的內齒輪沿著大的內齒輪轉動。
4. 大的外齒輪沿著小的內齒輪轉動。
5. 槽體固定在大的外齒輪上，所以當齒輪上升或下降時，槽體皆保持水平。
2. 大的內齒輪固定不轉動。
6. 當槽體沿著中央軸承轉動時，軸承固定不動。
7. 當上方槽體下降時，下方槽體便向上移動。
1. 轉輪啟動後，每分鐘轉動八分之一圈。

要把一個人抬離地面很難，但是如果兩人都坐在翹翹板上，即使對方比你重，你也可以輕易地將對方舉起。這是因為你的體重被翹翹板的槓桿原理放大了，並可抵銷對方的重量，而將對方抬到空中。如果兩方體重一樣，兩股力量平衡，這時不費吹灰之力就可以把對方抬起。

福克耳克轉輪的兩個大型槽體（水槽）就像平衡在翹翹板兩端的座位一樣。一端升起，另一端便會下降。這表示轉輪的電動馬達和水壓泵浦（裝水的泵浦）將不需耗費很多能量，就能轉動轉輪。齒輪（有齒的圓輪）會像翹翹板的槓桿原理一樣放大重量，使水槽保持平衡。

兩個槽體可以承載四艘船，每艘船長達20公尺。

▶▶ 參見：混凝土 p176、密佑大橋 p182、天空步道 p190

▼這個巨大的水泥船梯位在蘇格蘭的福克耳克（Falkirk），一次可以運載多達八艘船，來往於佛斯克萊德運河（Forth and Clyde Canal）和比它高出約30公尺的聯盟運河（Union Canal）之間。儘管體積龐大，因為天平原理之故，它所需要的動力不會比一個發動小小的汽車引擎還大。

強化的水泥渠道連接位在上方的運河。
大的內齒輪固定在定點不會轉動。
小的內齒輪沿著固定的大內齒輪轉動。
大的外齒輪沿著小的內齒輪轉動。
水壓使船能安全地停靠在緊閉的閘門後。

底圖：蘇格蘭的福克耳克轉輪

天空步道

▶▶河流會雕塑地表景觀，全世界沒有一個地方比北美大峽谷更壯觀了。科羅拉多河切割過亞利桑納州灰塵彌漫的地表，造就了縱深的大峽谷。有什麼方式會比從一個懸掛在天際1200公尺高的玻璃觀測台來欣賞大峽谷更好呢？▶▶

天空步道下方的基座可支撐75架巨型噴射機的重量。

底圖：天空步道開放首日

主要特色

懸臂平台

天空步道是一個懸臂平台——向外延展，下方沒有其他支撐的建築結構。這種設計是可行的，因為馬蹄形兩端的94條鋼條深深嵌入岩石之中達14公尺深。而超級堅實的平台，則可支撐120位遊客的重量。

玻璃地板

橋面是由非常強韌的膠合玻璃所構成。膠合玻璃就是將多層玻璃和塑膠壓合成約五公分厚的材質。遊客必須將拖鞋布套在自己鞋子上，以免刮壞玻璃。

球體直徑6公尺，重660噸——比兩架巨無霸客機合起來還重！

▶阻尼器設於509公尺高的台北101大樓內，懸吊在87樓和92樓之間，周圍有餐廳、酒吧和觀景台，阻尼器本身就是個觀光景點。

阻尼器的原理

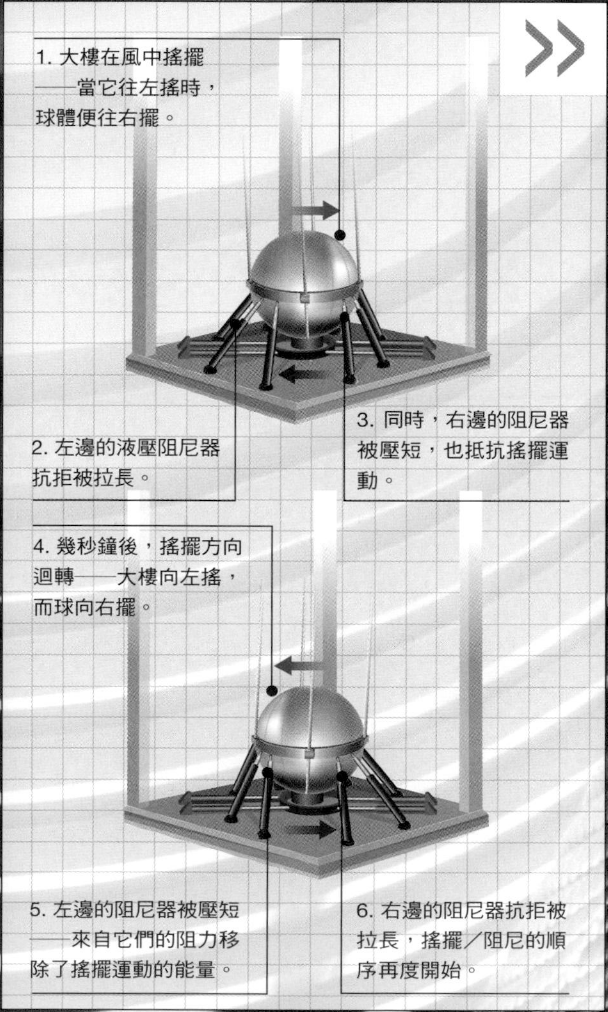

1. 大樓在風中搖擺——當它往左搖時，球體便往右擺。
2. 左邊的液壓阻尼器抗拒被拉長。
3. 同時，右邊的阻尼器被壓短，也抵抗搖擺運動。
4. 幾秒鐘後，搖擺方向迴轉——大樓向左搖，而球向右擺。
5. 左邊的阻尼器被壓短——來自它們的阻力移除了搖擺運動的能量。
6. 右邊的阻尼器抗拒被拉長，搖擺／阻尼的順序再度開始。

阻尼器的目的就是要減少不必要的移動，像是大樓的搖擺。阻尼器裡懸吊的球像時鐘的鐘擺一樣，每次搖擺都花上固定的時間，而且能調整來配合大樓的擺動。大樓朝一個方向搖動，球就往反方向擺動。球體是以液壓（液體填充的）阻尼器和大樓相連，這些阻尼器在大樓和球體朝相反方向移動時，重複的壓縮和展開。每個阻尼器中有根圓桿帶動圓盤穿過充滿油的圓筒。而圓盤在通過圓筒時，抵抗推拉力量產生的摩擦力，就會減緩搖擺度。

▶▶參見：混凝土 p176、建築材料 p178、大型建設 p192

底圖：提議中的澳州太陽能向上排氣塔

遊客可搭乘電梯到達頂端的觀景廊，來趟驚奇之旅。
溫暖的空氣從1000公尺高的混凝土鋼管升起。
塔底的發電機發出足夠供應20萬戶家庭的電力。

全都靠鏡子完成

美國加州太陽熱能發電廠

▲ 另外一種太陽能發電廠利用追蹤太陽的鏡子把陽光反射到塔頂的中央圓筒。圓筒會變得很熱，加熱管內流動的油或是熔化的鹽。炙熱的液體便用來煮水，產生蒸氣，啟動發電機。

◀這隻煙囪不會冒煙，只會排出溫暖的空氣。下方的玻璃屋頂區蒐集來自陽光的能量，就像個巨型的溫室。受困的能量用來發電，不須任何燃料，只要有充足的陽光，因此南歐和澳洲這些陽光充沛的地方，就是首選。一座位於西班牙的200公尺高太陽能向上排氣塔原型，已經成功運轉八年了。

四公里寬的玻璃屋頂攝取被陽光加溫的空氣。

>> 發電塔的原理

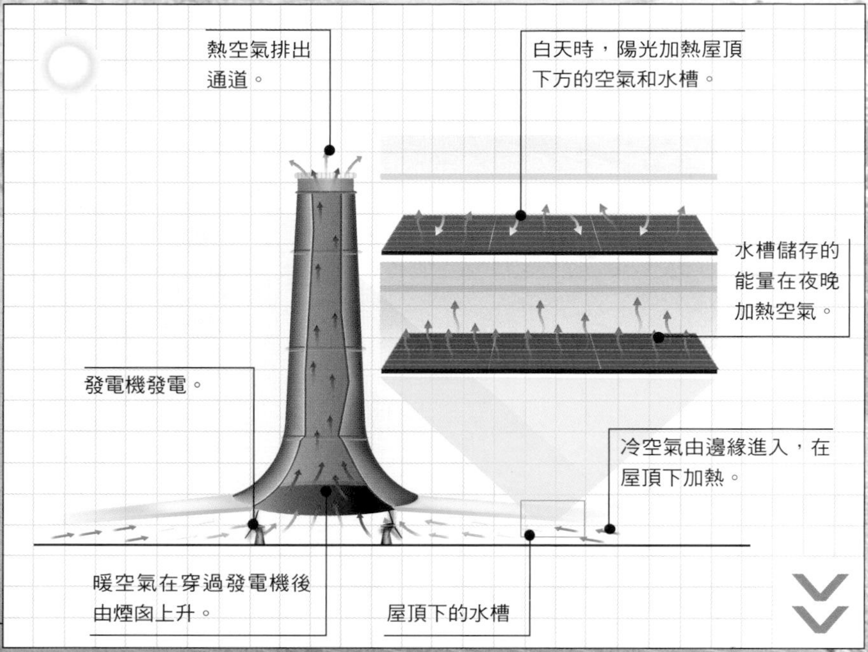
熱空氣排出通道。
白天時，陽光加熱屋頂下方的空氣和水槽。
水槽儲存的能量在夜晚加熱空氣。
發電機發電。
冷空氣由邊緣進入，在屋頂下加熱。
暖空氣在穿過發電機後由煙囪上升。
屋頂下的水槽

在塔周圍的玻璃屋頂區，陽光穿過玻璃、溫暖地面，造成空氣流動，最溫暖的空氣密度最低，會從發電塔上升。移動的空氣穿過塔底部的發電機，啟動發電機。玻璃屋頂的外圍是開放的，讓外面的冷空氣能被吸入來取代暖空氣。屋頂下特殊的水槽在白天加溫、儲存熱能。夜晚水槽會加熱它們周圍的空氣，維持空氣流動，使發電機可以繼續運轉。

發電塔

▶▶ 在沙漠深處，有座幾乎是帝國大廈三倍高的空心塔，矗立在城鎮大小的玻璃圈中心。在不久的將來，這類結構將可無污染地發電，不需靠任何燃料來發動。▶▶

▶▶ 參見：風力發電機 p22、水耕栽培 p28、伊甸園計畫 p186

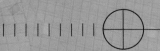

長213公尺的微彎軌道，引導屋頂層板開闔。
屋頂層板滑過底下的固定結構打開，花了12分鐘的時間。

底圖：鳳凰城大學體育館

▶ 屋頂是由兩片可移動的層板所構成。層板上覆蓋著超過9290平方公尺的透光（半透明）防水纖維。屋頂層板並沒有完全打開，而體育館內的比賽場地也是安置在輪子和軌道上。這表示整個比賽場地的地皮能推滑到戶外接觸開放的空氣，讓草生長。

體育館屋頂

▶▶ 美國亞歷桑納州鳳凰城大學的體育館，是個壯觀的工程傑作。這座擁有63,400個座位的競賽場有個電腦控制的伸縮式屋頂，在炎熱的夏季能關起來，打造一個有空調的環境。▶▶

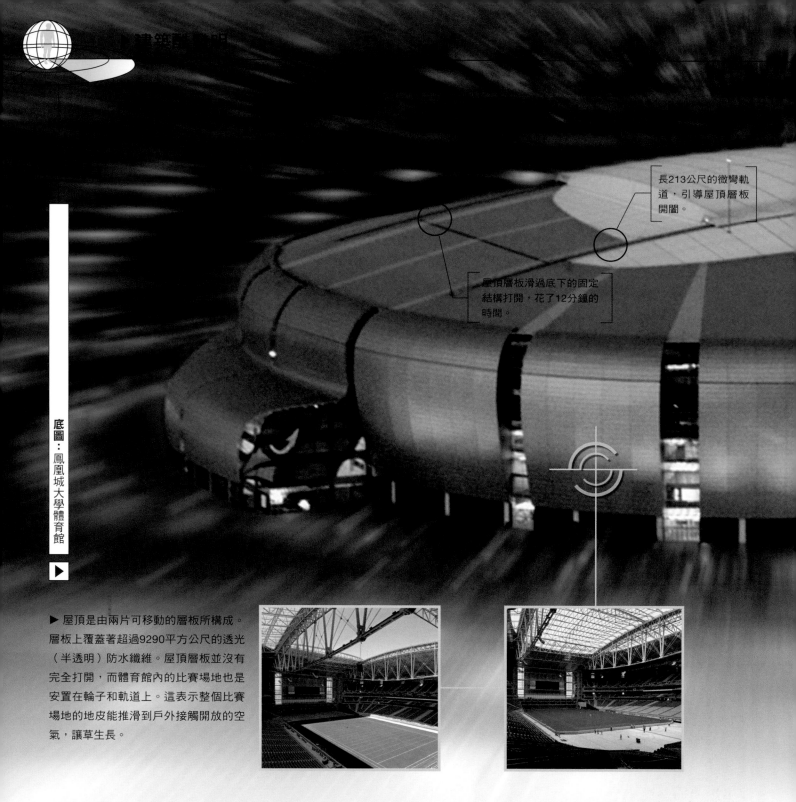

兩片屋頂層板從屋頂的正中央分開，打開屋頂。
體育館大部分的屋頂區並非活動式的。

屋頂如何打開和關上

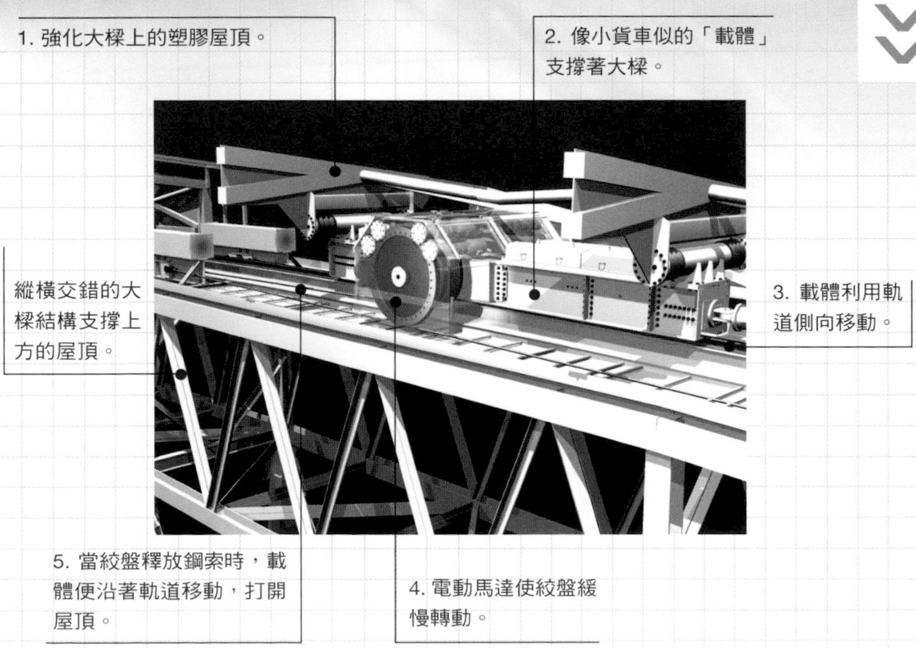
1. 強化大樑上的塑膠屋頂。
2. 像小貨車似的「載體」支撐著大樑。
縱橫交錯的大樑結構支撐上方的屋頂。
3. 載體利用軌道側向移動。
5. 當絞盤釋放鋼索時，載體便沿著軌道移動，打開屋頂。
4. 電動馬達使絞盤緩慢轉動。

屋頂分成兩半，能向外滑開或關上。每一半底下都有輪子，沿著橫跨體育館的巨大弧形型軌道滑動。屋頂層板由底下的電動絞盤負責開闔。強力的鋼索從絞盤接到體育館中間的結構。絞盤旋轉時，會緩慢地放出鋼索。而屋頂層板的重量讓層板沿著軌道向下移動，打開屋頂。而當絞盤捲起鋼索，它們會再度把屋頂關上。這個動作由電腦負責協調。

▶▶參見：鷹眼 p88、巨型建築 p184、天空步道 p190

微型機器

▶▶微型機器是規模極微小的機制，大小從0.01-0.1公分，可運用在各種技術上，從汽車輪胎的胎壓感應器到最先進攝影機內部精密的平移反射鏡。▶▶

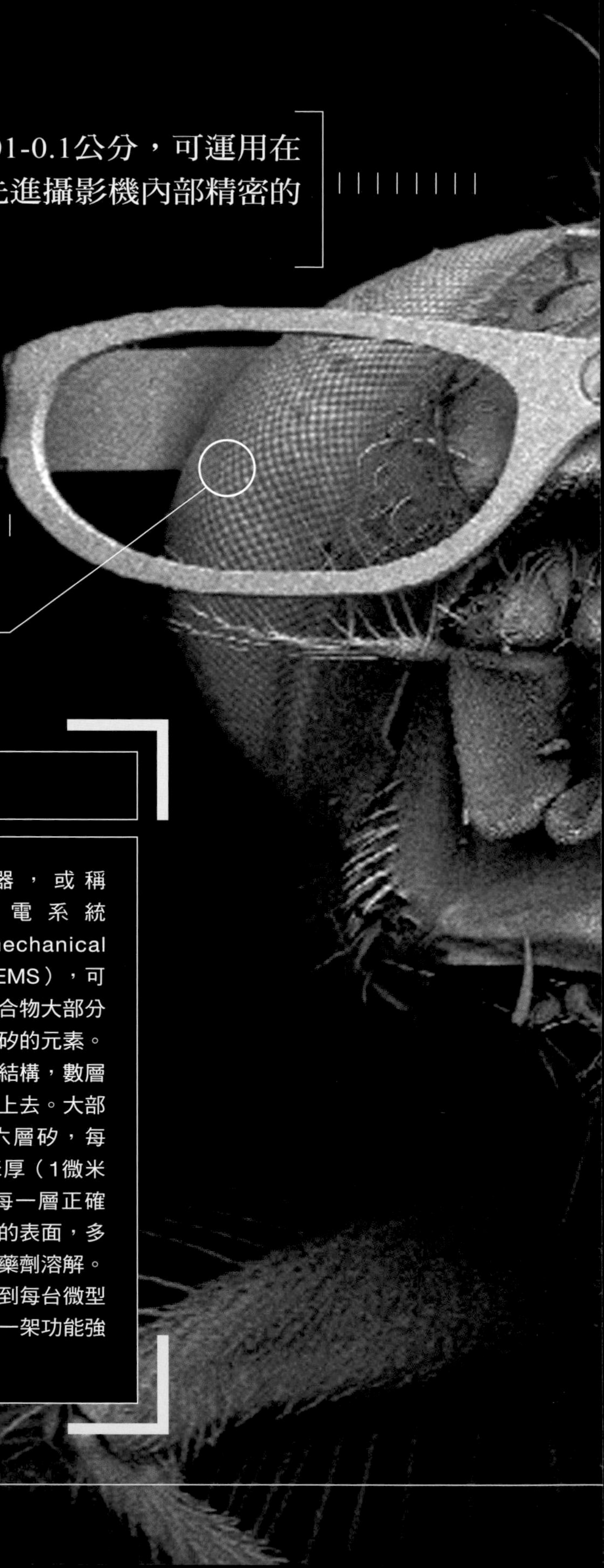

▶這隻蒼蠅所戴的眼鏡用來示範最先進的微型製造程序能做到何種程度。製造這副眼鏡時，利用了雷射光的脈衝來切割一片薄鎢片。

2公釐寬的鏡架內並沒有鏡片——只有兩個比句號稍大的洞。

微型機器的製造

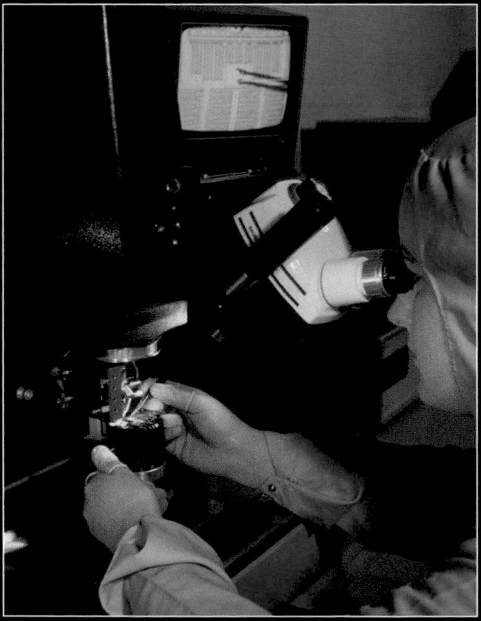

微型機器，或稱作微機電系統（Microelectromechanical Systems，簡稱MEMS），可用雷射裁切，但複合物大部分的成分是一種名為矽的元素。要打造微型機器的結構，數層的矽必須一層層鋪上去。大部分微型機器鋪有六層矽，每一層都只有幾微米厚（1微米=0.001公釐）。每一層正確的形狀都標示在矽的表面，多餘的矽就會用化學藥劑溶解。要把微細的電線接到每台微型機器上，必須要有一架功能強大的顯微鏡。

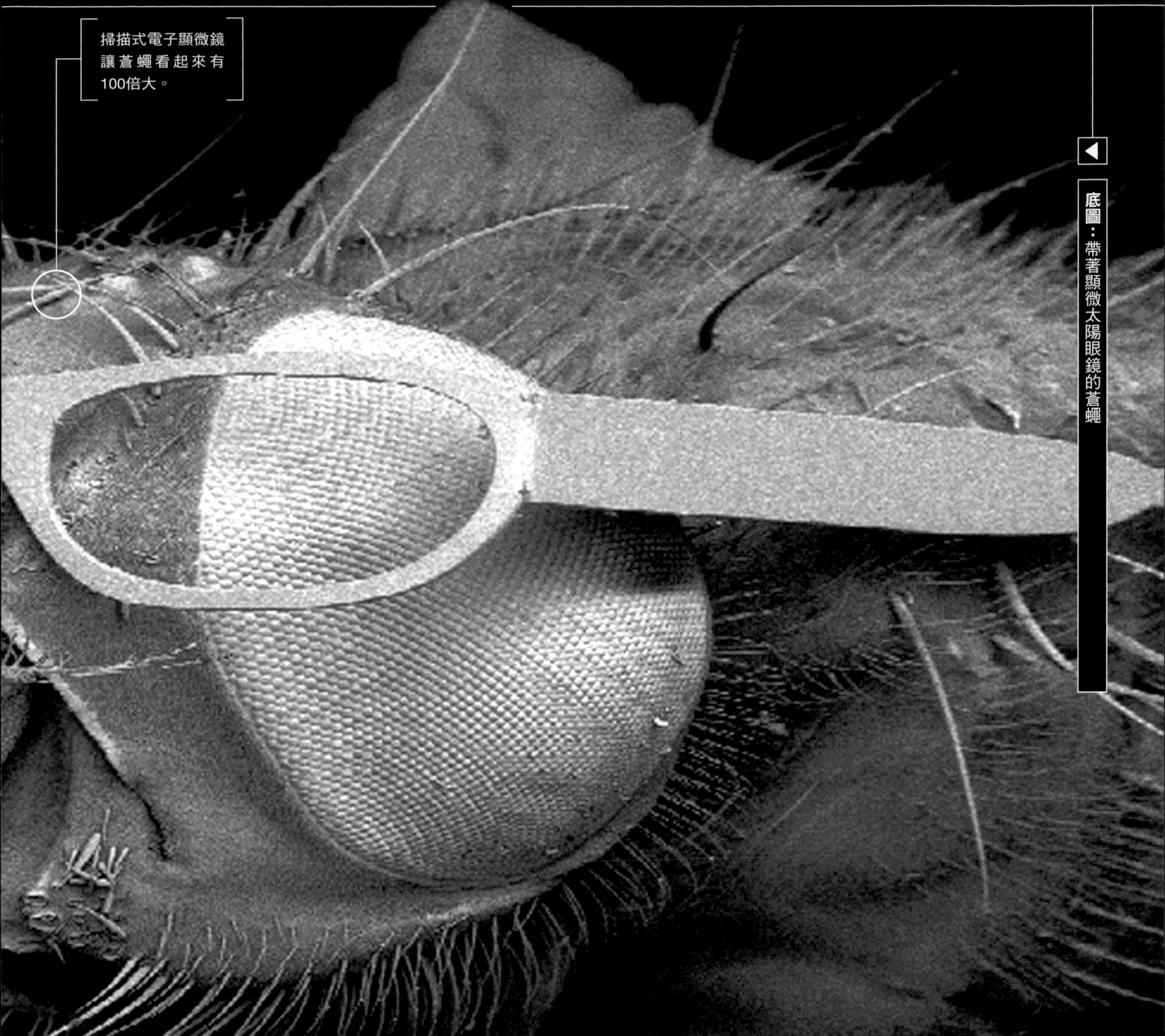

掃描式電子顯微鏡讓蒼蠅看起來有100倍大。

底圖：帶著顯微太陽眼鏡的蒼蠅

顯微鏡下的工程

▶ 微機構鏈

這個由矽元素酸蝕而成的微機構鏈，功能就像是條小腳踏車鏈。它銜接了能輸送動力給微馬達的微型齒輪。每條鏈結都比人類頭髮的寬度還短。

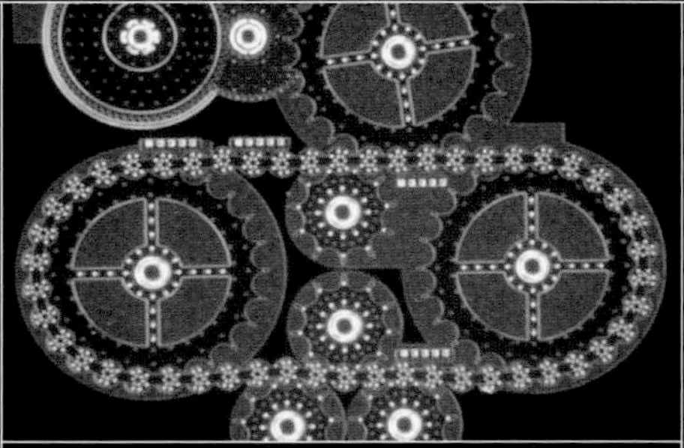

顯微鏡下的鏈和齒輪

▶ 救生物

支撐心臟內崩塌動脈管壁的支架，就是微機電系統技術的例子。這支中空管子口徑不到2公釐，高度精確的雷射切割出上面的精細圖案。

動脈支架

▶▶ 參見：人工視網膜 p34、整合型科技產品 p56、顯微鏡 p162

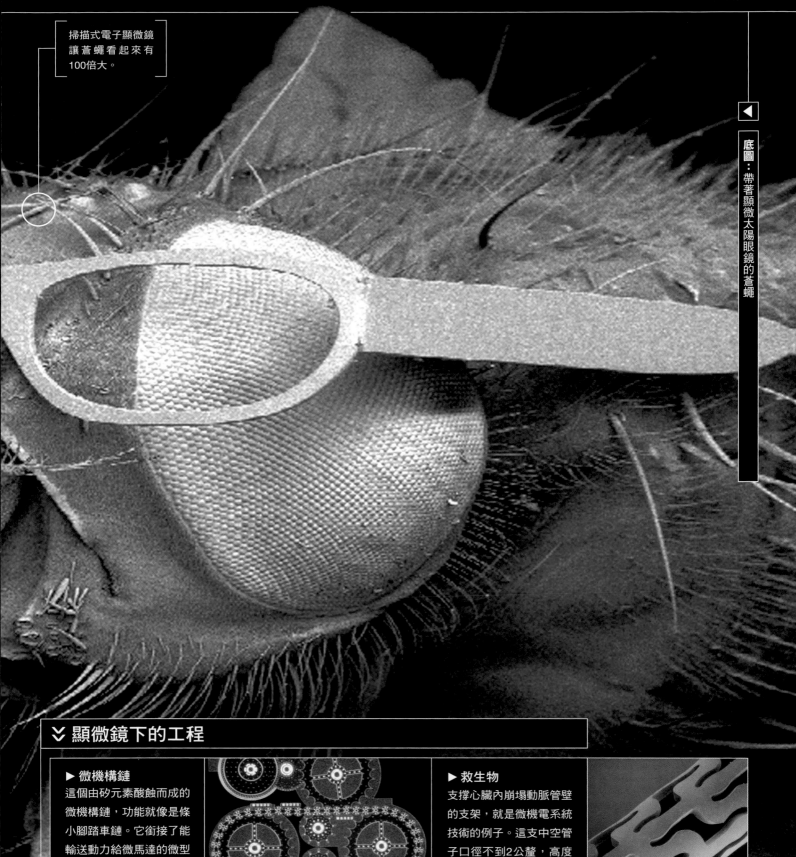

▶▶ 參見：超級

≽ 雷射切割

雷射切穿超強韌的克維拉®纖維

▲雷射能以氣化、熔化、燒灼等方式切割各種堅硬的材料。雷射產生的能量會集中在一個小區域，而由電腦精準地控制切割。噴嘴會持續吹氣，來清除切割地帶周圍熔化的金屬和其他廢棄材料。

單一雷射在不同方向做短暫地脈衝，便能產生許多光束。

雷射

▶▶ 雷射曾只是個科幻的東西，現在已經成為日常生活的一部分——在搖滾演唱會上展示、在DVD播放器裡頭、在外科醫生手上。雷射將強烈的細小光束集中在一塊小區域，具備切割金屬和其他材料的能量和精確度。▶▶

▲ 底圖：雷射光表演

為什麼把星星放到你的口袋裡？p208

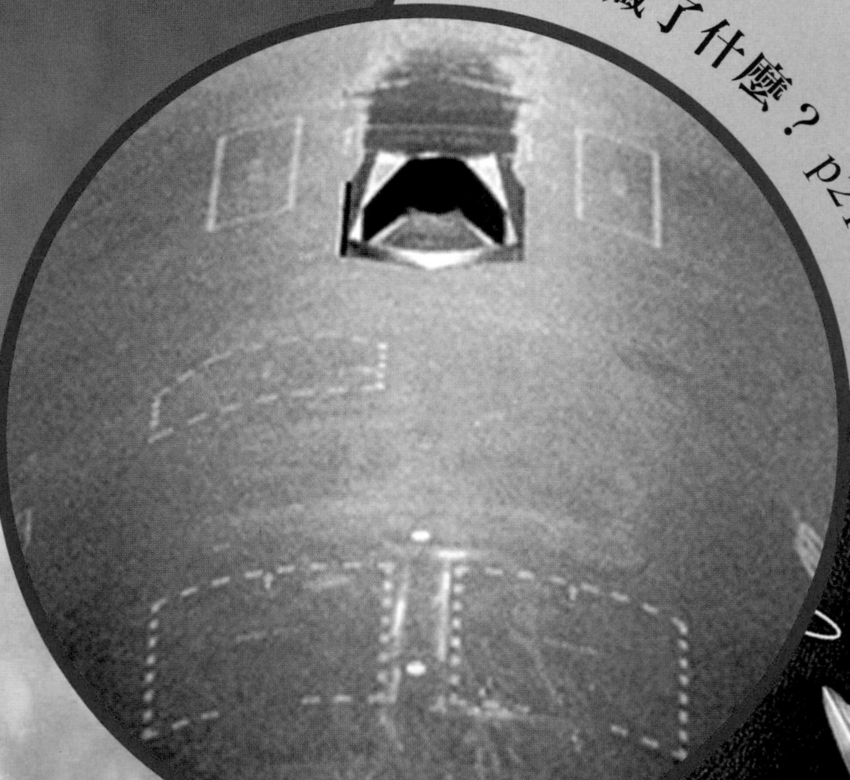

這裡藏了什麼？p218

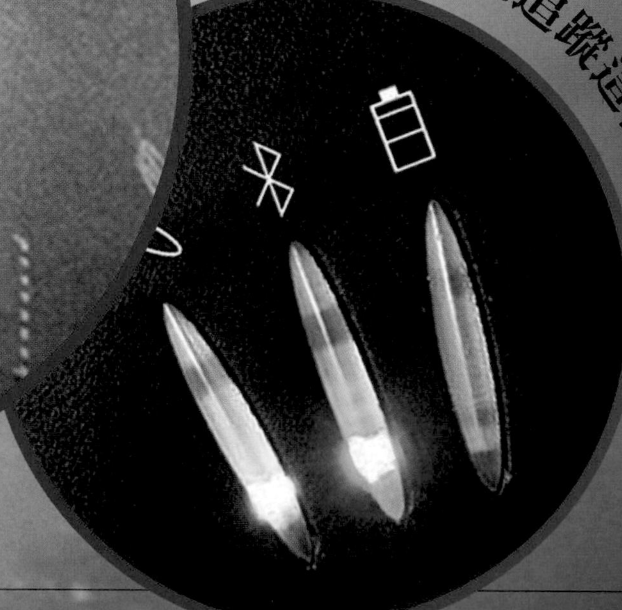

你能追蹤這個嗎？p214

底圖：紫外光下的50歐元鈔票

▶ 這張50歐元鈔票裡有螢光油墨，只有在紫外線下才看得到。其他無數的安全特徵使得這張鈔票不可能以彩色影印的方式偽造。你可以檢視紙鈔的紋路、觸感和側個角度看全像圖的方式，來辨別鈔票的真偽。

打敗偽造者

▼偽造

左下方是歐元真鈔，而右下方是歐元偽鈔，猛一看幾可亂真。偽鈔是銀行一直擺脫不掉的問題，所以銀行定期改變鈔票的設計，以先發制人。

高安全性油墨

▼硬幣

硬幣要用金屬鑄造，難度和成本都很高。所以硬幣會比紙幣安全。所有的硬幣重量都相同，所以人們比較不易在販賣機使用偽幣。

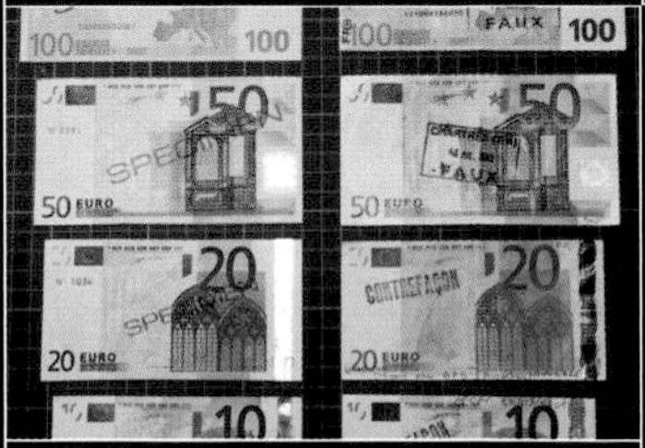

偽鈔

▲特殊油墨

有些鈔票是用在不同光線下會變色的光學變色油墨（OVI）。50歐元鈔票背面的「50」，斜著看時，顏色會從紫色變成綠色。

日幣100元的特寫

▶▶ 參見：超級市場 p30、生物辨識 p210、防盜微粒 p216

錢幣

▶▶ 世界上有許多財富不是鎖在金庫裡，而是以紙鈔的型態自由流通。有些鈔票裡有多達15種不同的高安全性特徵，以防止有人製造偽鈔。▶▶

>> 安全特徵

鈔票的設計要求最高度的安全性。鈔票的印刷用的是堅韌滑順而非細薄上蠟的棉紙，其中並織有彩線和金屬條。用特殊油墨印刷出的旋繞紋路，結合了全像圖（hologram）和浮水印。

盛開的櫻花

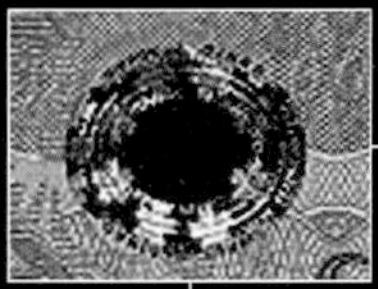

面額

銀行的商標

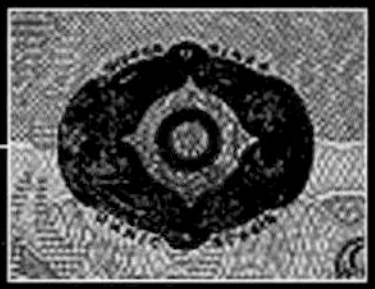

當你把鈔票側個角度時，全像攝影的金屬影像似乎會旋轉和變色。

浮水印

鈔票上的名人也能在中央的浮水印裡看到。

凸字印刷

凸字印刷技術和彩色影印不同的是，你能感覺得到鈔票上的油墨。

微印刷

旋繞紋路和細小文字的設計，彩色影印鈔票時，無法清楚印出這些紋路和文字。

底圖：比對生物辨識護照數據

生物辨識

▶▶為了對抗盜用或偽造身分，全世界許多國家現在核發內建電子讀取晶片的護照和身分證。晶片內含文件裡的資訊，但同時也有生物辨識數據——其中的資訊能確認一個人的身體特徵，如眼睛和指紋的掃描。▶▶

▶▶ 參見：機場安檢 p212、間諜配備 p214、防盜微粒 p216

基本數據用感光掃描器讀取。

▲ 要檢查護照上的細節是否有被更改，利用電腦無線讀取晶片上的數據，與護照對照。晶片上未經授權的資訊更改也偵測得出來。

生物辨識數據

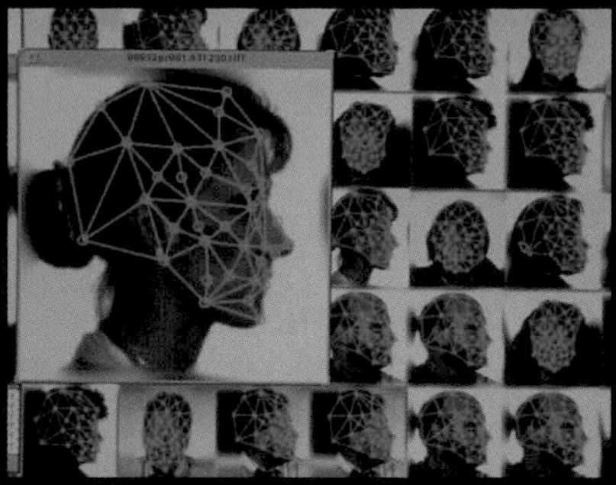

臉部識別

電腦能從照片記錄一個人的臉部細節，標出關鍵特徵並計算這些特徵之間的距離。這個數據能與晶片上照片的測量值或儲存在中央數據庫的資訊比較。

指紋

手指末端蜿蜒的紋路是獨一無二的。指紋能以感光或感壓掃描器來讀取，並用數據庫來比對身分。現在有些地方可用指紋來付錢購物。

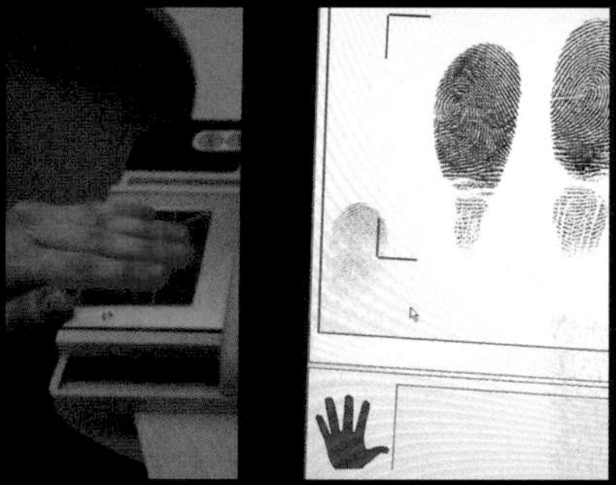

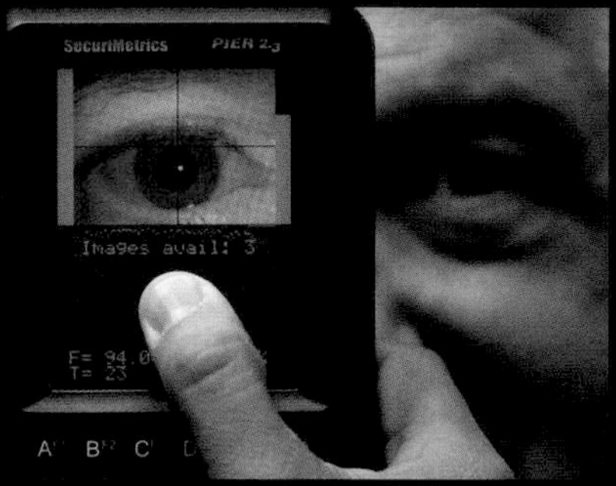

虹膜掃描

每個人虹膜（眼睛有顏色的部分）裡的斑點和線條圖案都是獨一無二的，甚至連同一個人雙眼的虹膜也不一樣。虹膜的圖案可用相機拍攝，再轉成獨特的數位碼，用來確認你的身分。

護照晶片

▶ 生物辨識護照內是個比指甲還小的數據晶片，它連接到細銅線圈天線。這是和智慧卡及無線商店標籤一樣的射頻辨識技術（radio-frequency identification，簡稱RFID）。晶片用無線電訊號掃描。有些護照還有金屬護罩，可防止未經授權的掃描。

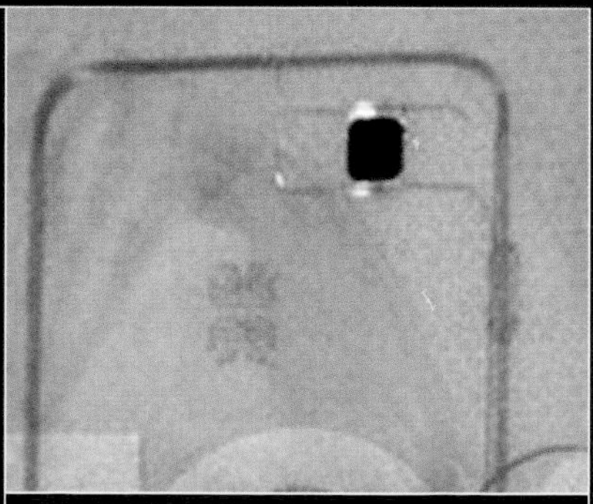

護照內頁的數據晶片

機場安檢

▶▶那個包包裡是什麼東西——一本書還是一個炸彈？每年有六億旅客行經世界上最繁忙的十個機場。而新的機場掃描機每分鐘能檢查400件行李。▶▶

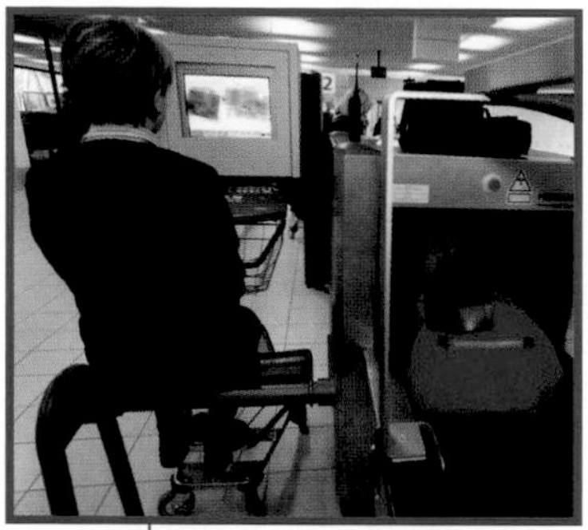

◀在大部分的機場，每件行李都必須通過一台像圖中的X光掃描機器。安檢官前方的螢幕上會顯示內容物的透視影像（如下圖）。獨立的電腦斷層（computerized tomography，簡稱CT）掃描機能鑑定爆炸物。

▼ **底圖：**手提行李的內容物

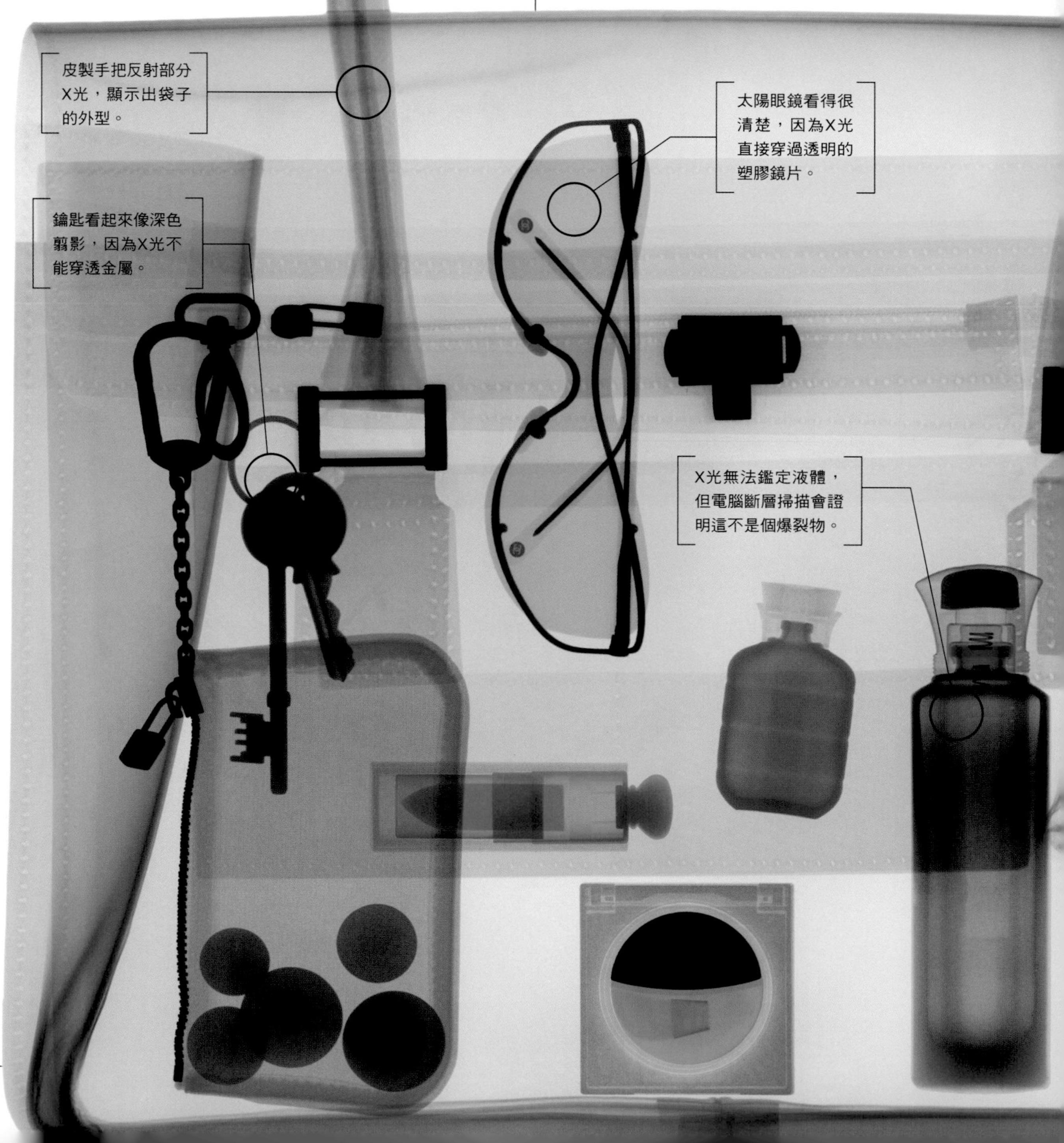
皮製手把反射部分X光，顯示出袋子的外型。
鑰匙看起來像深色剪影，因為X光不能穿透金屬。
太陽眼鏡看得很清楚，因為X光直接穿過透明的塑膠鏡片。
X光無法鑑定液體，但電腦斷層掃描會證明這不是個爆裂物。

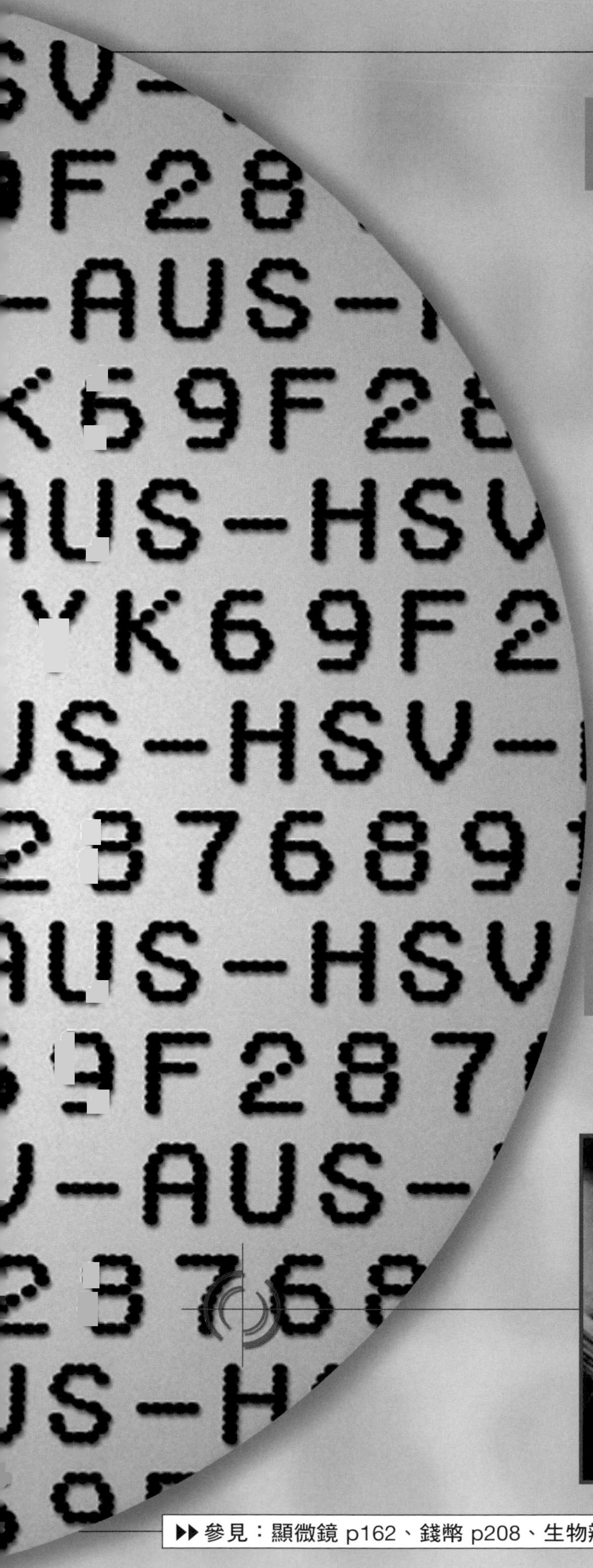

>> 防盜微粒的原理

︿ 數千顆防盜微粒與膠水混合噴到這輛車上的幾個關鍵位置。在無特殊照明下，防盜微粒看起來像污點或鐵鏽。一部車上有這麼多顆防盜微粒，即使有人試圖把它們全部去除，總會遺漏一些。竊賊通常用假車牌及改變行照號碼來讓贓車脫胎換骨，好方便脫手。如果警察在車上找到防盜微粒，即使只有一顆，也能藉此揭露車子的原本身分。

◀ 圖中摩托車上數百個防盜微粒在紫外光下發光。在一般光線下很難看得見它們。每個微粒都是圓盤，上頭都用雷射蝕刻出一個獨特的號碼。任何有防盜微粒的東西都可以追溯到它的主人或製造商。根據圓盤上的號碼可在中央數據庫中找到主人。想下手的竊賊若知道他們的目標上有防盜微粒，就不太可能下手，因為這東西能被指認出來。

▶▶ 參見：顯微鏡 p162、錢幣 p208、生物辨識 p210

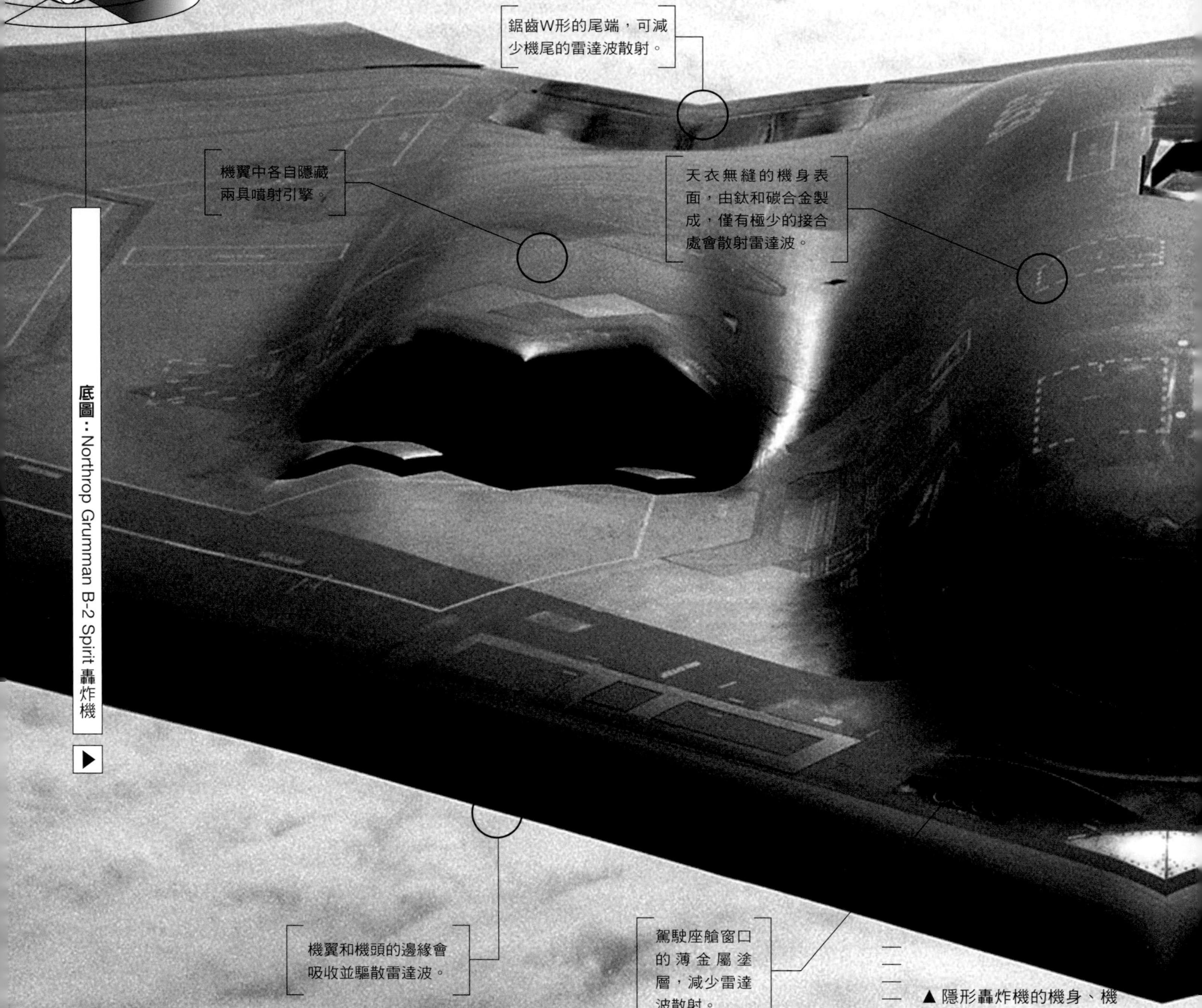
鋸齒W形的尾端，可減少機尾的雷達波散射。
機翼中各自隱藏兩具噴射引擎。
天衣無縫的機身表面，由鈦和碳合金製成，僅有極少的接合處會散射雷達波。
機翼和機頭的邊緣會吸收並驅散雷達波。
駕駛座艙窗口的薄金屬塗層，減少雷達波散射。

底圖：Northrop Grumman B-2 Spirit 轟炸機

▲隱形轟炸機的機身、機翼和引擎形成不顯眼的「飛行翼」。它飛得並不特別快或特別容易操縱，卻可連續飛行一萬公里而不需加油。

隱形技術

▶▶隱形技術是一種可以讓飛行器和船隻消失在雷達上的軍事科技，是種「敵明我暗」的方式。隱形轟炸機特殊的機身表面，在雷達上看起來不會超過一隻小鳥大小。▶▶

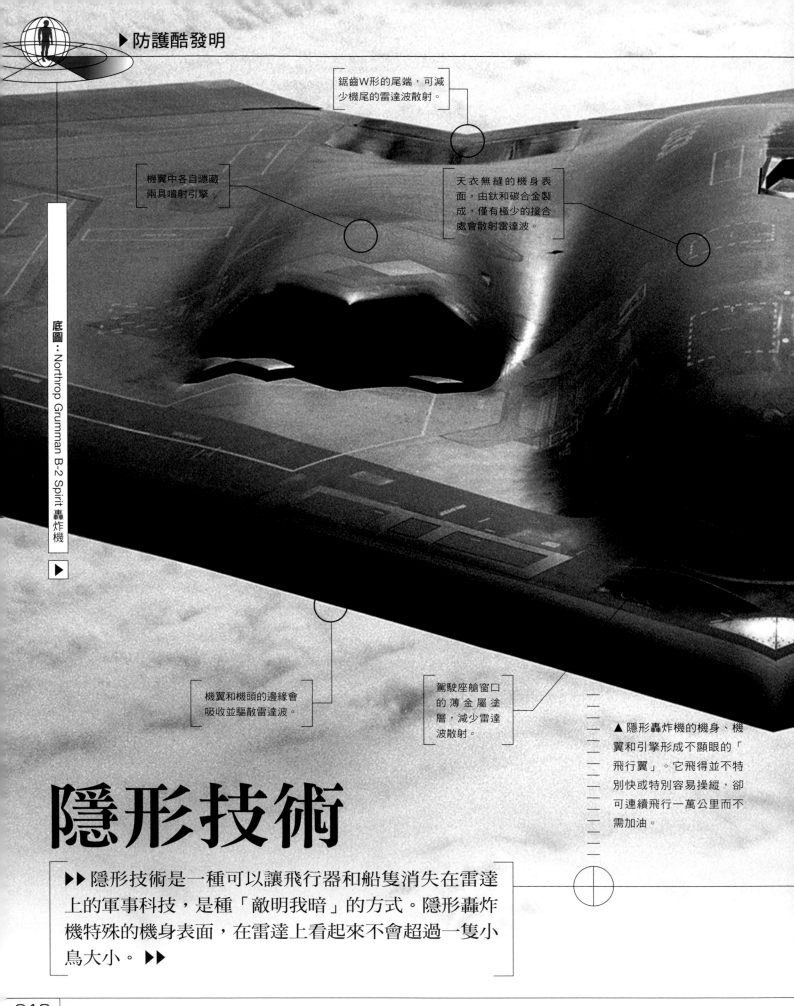

扁平的排氣口將引擎的熱氣和冷空氣混合，減少被偵測到的風險。
黑色機身為夜間飛行提供保護色。

自然界的隱形技術

天蛾（學名*Deilephila Hypotnous*）

▲蝙蝠靠著自然的「雷達」發現天蛾來飽餐一頓。牠們發出高音的喀嚓聲，利用回音偵測出天蛾的藏身處。一些天蛾的身體和翅膀表面，進化成柔軟的外層來保護自己。這種天然的隱形技術吸收蝙蝠發出的喀嚓聲，來隱藏所處的位置。

隱形技術的原理

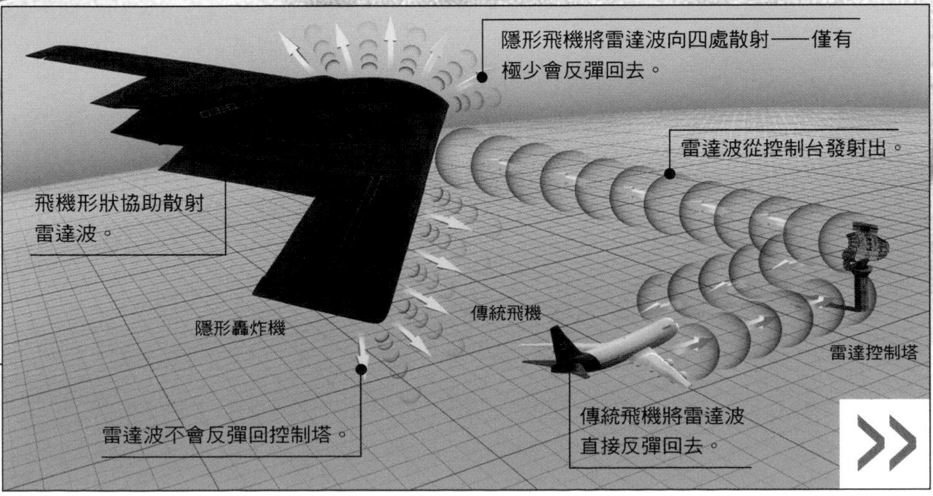
隱形飛機將雷達波向四處散射——僅有極少會反彈回去。
雷達波從控制台發射出。
飛機形狀協助散射雷達波。
隱形轟炸機
傳統飛機
雷達控制塔
雷達波不會反彈回控制塔。
傳統飛機將雷達波直接反彈回去。

雷達技術的發展，在第二次世界大戰中臻至完美。它使用了無線電波來偵測敵機。如果飛機將控制塔所發出的無線電波反射回去，便會被偵測到。傳統飛機的圓形機身造型，會將電波直接反射回控制台。也就是說，飛機會馬上現身在雷達上。但是隱形飛機平坦且有角度的表面，會散射並吸收雷達波，使它幾乎完全隱形。

▶▶參見：模擬器 p70、寧靜飛行 p126、太空船一號 p148

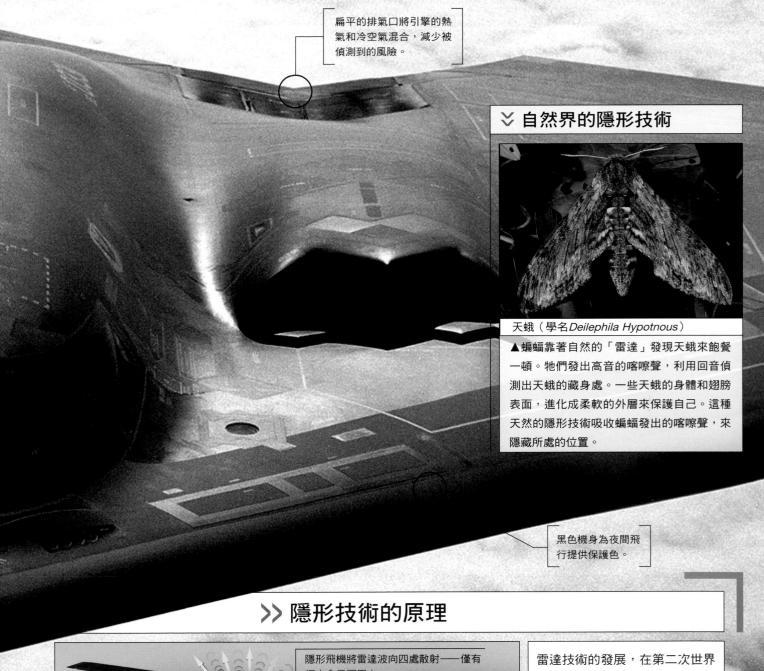

彈射座椅的原理

5. 降落傘完全張開，駕駛員緩緩降落到地面。
3. 當遠離飛機後，駕駛員會打開降落傘。
4. 安全裝置鬆開，駕駛員與座椅分離。
2. 火箭推進器發射，座椅彈升。
1. 駕駛員拉起把手準備逃脫，並打開座艙罩。

彈射座椅是由火箭推進的座椅，設計來幫助駕駛員從注定要墜毀的飛機中安全逃脫。當飛行人員決定要彈射逃脫時，必須將座椅底下的安全把手拉起。炸藥立刻把駕駛艙後方的逃生艙口炸開，將飛行人員上方的障礙物清除。座椅下方的火箭隨之點燃，領航員首先彈出，緊接著再彈出駕駛員（以免他們在空中撞在一起）。這些火箭力量驚人，飛行人員可在四分之一秒內，從時速0公里加速到260公里，比跑車還快一百倍。飛行人員會感受到超過20G的力量（20倍地心引力）。在半秒鐘內，火箭會熄滅。降落傘打開，飛行人員安全滑行到地面。

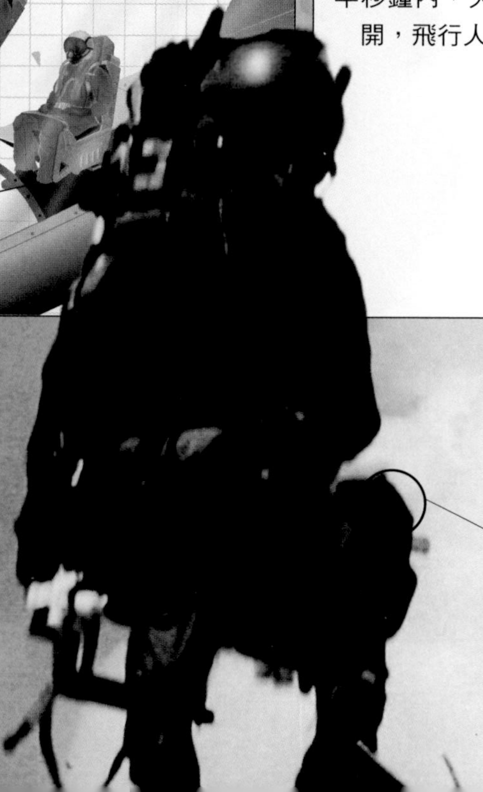
座艙罩炸成碎片，所以逃脫的飛行人員如果撞到座艙罩，也不會受傷。
壓力衣保持血液流送到身體各處，以免人員在極度加速狀態下失去意識。

底圖：從飛機中彈射出的領航員

循環呼吸器的原理

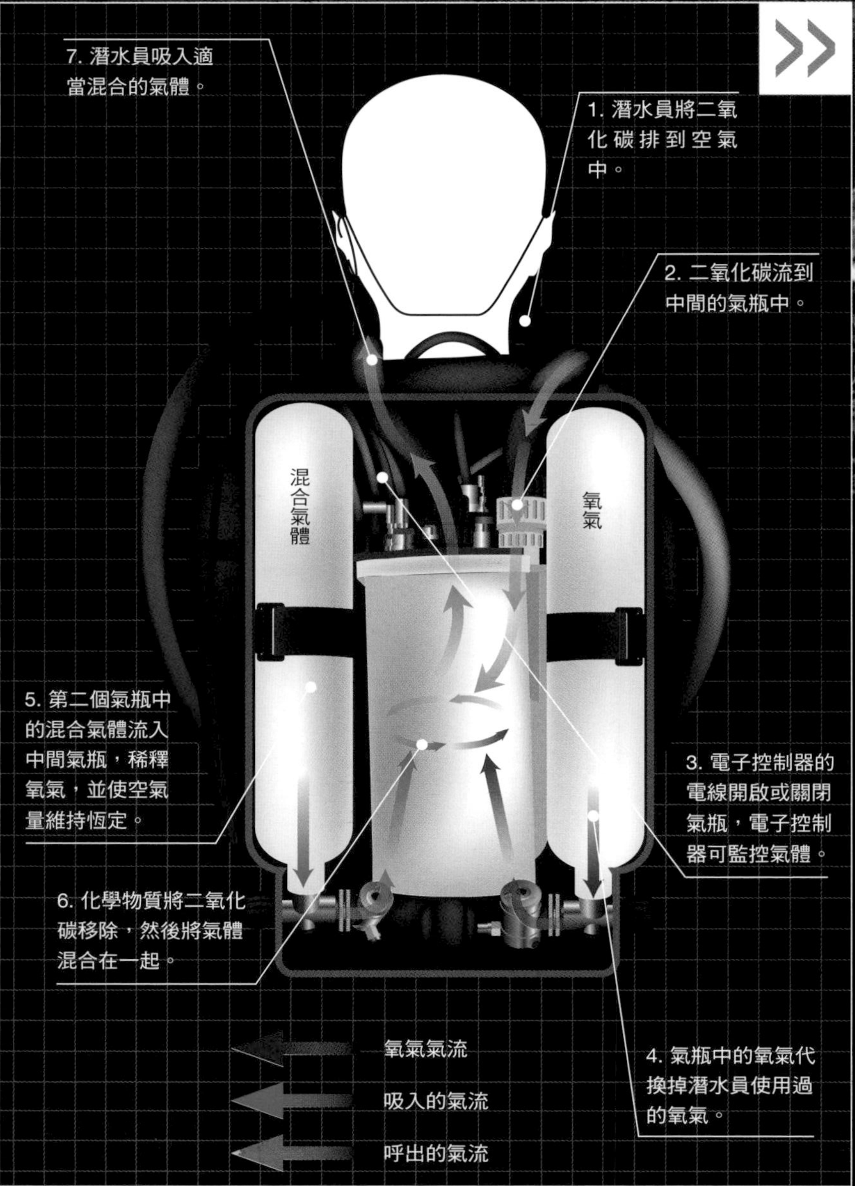
1. 潛水員將二氧化碳排到空氣中。
2. 二氧化碳流到中間的氣瓶中。
3. 電子控制器的電線開啟或關閉氣瓶，電子控制器可監控氣體。
4. 氣瓶中的氧氣代換掉潛水員使用過的氧氣。
5. 第二個氣瓶中的混合氣體流入中間氣瓶，稀釋氧氣，並使空氣量維持恆定。
6. 化學物質將二氧化碳移除，然後將氣體混合在一起。
7. 潛水員吸入適當混合的氣體。
混合氣體
氧氣
氧氣氣流
吸入的氣流
呼出的氣流

我們四周的空氣主要是氮（79%）和氧（21%）混合而成的氣體。呼吸時，我們的肺會吸收氧氣，肌肉會使用氧氣來產生能量。過程中，我們呼出的廢氣就稱作二氧化碳。在使用一般的深潛呼吸器時，潛水員從背上的氧氣筒中吸入氮和氧的混合氣體。呼氣時，二氧化碳則從調節閥（氣閥）隨氣泡排出水面。當混合氣體用完後，潛水員必須浮出水面。循環呼吸器則是更先進的呼吸裝置。氣體可以循環使用，只要添加氧氣便可。這表示潛水員可以待在水裡的時間比使用一般深潛呼吸器還久。

循環呼吸器比一般深潛裝置笨重。但是它能提供的空氣和成打的一般氧氣筒一樣多，減少潛水員浮出水面的需求。

▶▶參見：探險家 p154、防護服裝 p224、眼部裝備 p230

滅火器

▶▶ 如不加以控制，火災可以在幾分鐘內就將住家和辦公室破壞殆盡。滅火器這種輕便的滅火工具，將滅火物質裝填在便於使用的金屬容器中，可迅速確實地撲滅大部分火災。▶▶

>> 滅火器的原理

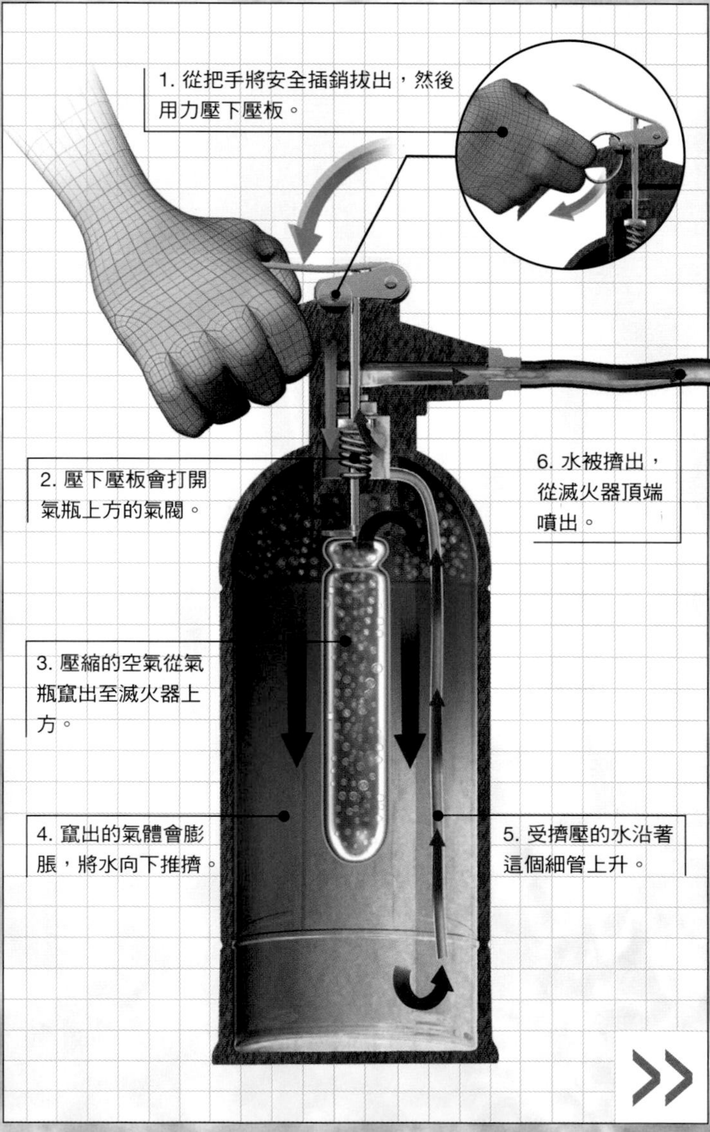
1. 從把手將安全插銷拔出，然後用力壓下壓板。
2. 壓下壓板會打開氣瓶上方的氣閥。
3. 壓縮的空氣從氣瓶竄出至滅火器上方。
4. 竄出的氣體會膨脹，將水向下推擠。
5. 受擠壓的水沿著這個細管上升。
6. 水被擠出，從滅火器頂端噴出。

火是一種劇烈的化學反應，稱作燃燒，也就是燃料（任何一種可燃燒的物質）和空氣中的氧氣發生作用，產生大量的熱。燃料、氧氣和熱讓火持續燃燒，所以要滅火就必須除去三者中的一個或一個以上的元素。簡單的裝水滅火器，將火的熱度移除，達到滅火功效。

水需要很多能量來加熱。將大量的水噴在小火上，會將大量的能量從燃料中移除，降低燃料的溫度至燃點以下。這樣就可以將火撲滅。

水		
A	適用於木頭、紙張和紡織品	✓
B	[illegible]	✗
C	[illegible]	✗
	[illegible]	✗
	[illegible]	✗

>>

▶▶參見：煙霧偵測器 p12、建築材料 p178、防護服裝 p224、眼部裝備 p230

▶▶參見：燈塔 p236、防洪海堤 p240

>> 海嘯警報如何通報

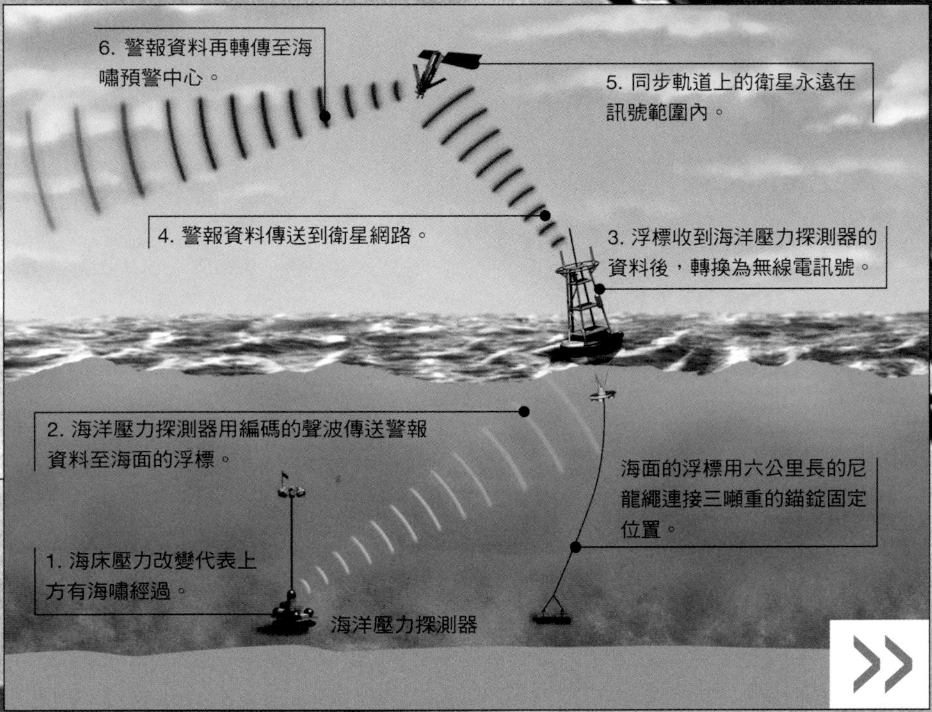
6. 警報資料再轉傳至海嘯預警中心。
5. 同步軌道上的衛星永遠在訊號範圍內。
4. 警報資料傳送到衛星網路。
3. 浮標收到海洋壓力探測器的資料後，轉換為無線電訊號。
2. 海洋壓力探測器用編碼的聲波傳送警報資料至海面的浮標。
海面的浮標用六公里長的尼龍繩連接三噸重的錨錠固定位置。
1. 海床壓力改變代表上方有海嘯經過。
海洋壓力探測器

地震偵測器偵測到海底地震時，便預測會有海嘯，但不是很準確。要改善預警時間，必須要從海上觀察海嘯。每個海面浮標下方的海床上都有個海洋壓力探測器（tsunameter），即便只有一公分高的海嘯通過，也可敏銳地偵察出來。上方海嘯時水量增加，造成壓力型態改變，海洋壓力探測器測量這種特殊的壓力變化型態。偵測到海嘯時，資料會轉傳至海嘯預警中心，預警中心詳細分析，以判定並警告危險海岸。由當地透過警報器、吹哨或手機簡訊等方式傳達警報。

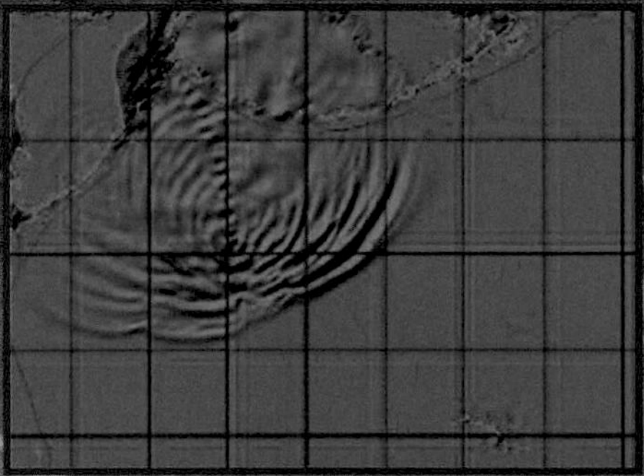

◀海嘯深海評估與預警系統（Deep Ocean Assessment and Reporting of Tsunamis，簡稱DART）的浮標（左圖）漂浮在開放的海域。這是全新的全球監測網絡的一部分。2006年12月泰國西岸外海放置了一個DART浮標，以提供印度洋海嘯的早期警報。上圖為電腦模擬的海嘯。

DART浮標位置圖

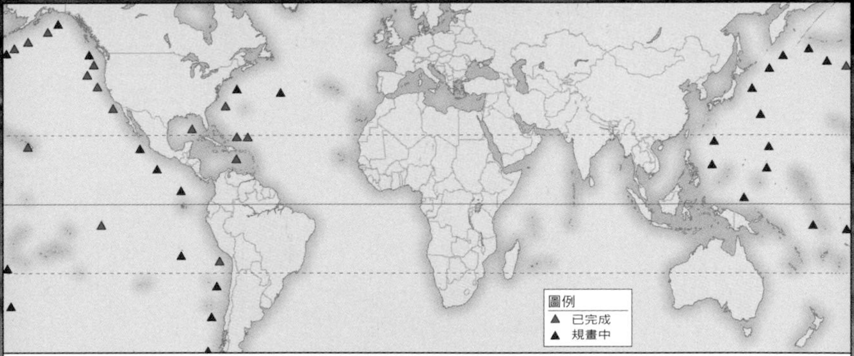
圖例
▲ 已完成
▲ 規畫中

世界地圖標示出DART浮標的預定位置

▲全球監測網絡的浮標預計將涵蓋所有海嘯可能侵襲的海岸。海嘯以數百公里的時速橫越海洋，因此浮標必須放置在遠離海岸之處，才能及時警示人們疏散至地勢較高的區域。維持這個網絡所需的花費很高，浮標每年必須更換，海底的海洋壓力探測器則是每兩年要更換。過去，只有富裕國家才能裝置警報系統，但情況正逐漸改變。

防洪海堤

▶▶荷蘭大部分的國土都低於海平面，因此很容易被洪水淹沒。強大的東須耳德防洪海堤（Oosterscheldekering）長達九公里，保衛著荷蘭。▶▶

65座高53公尺的水泥墩。

防洪海堤的原理

汽缸利用水壓讓內部的活塞上下移動。
水壓式活塞抬放重達535公噸的鋼閘門。
閘門通常位在海底，漲潮時會上升以阻擋水流。
海堤後方用堅固的混凝土箱型樑築成一條道路。
砂土支撐著海堤，而粗糙的碎石基底防止海流沖刷砂土。

須耳德區的河口屬於半鹹水（海水和淡水混合）。如果海堤攔阻海水進入河口，當地漁業將受到衝擊，因此東須耳德防洪海堤運用閘門，在平時讓海水盡量流入。這些巨大的閘門只在暴風雨、風浪過高和極可能有洪水時，才會完全關閉。

鳥瞰東須耳德防洪海堤

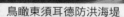

62道鋼閘門，每道長43公尺，厚5.4公尺，重達535公噸，用以阻擋海浪。
一條道路（Rijksweg 57）在海堤後方沿著混凝土樑前進。
水壓式活塞將鋼閘門升高六公尺，以阻擋潮水。

▼1953年2月，狂風大浪淹沒了荷蘭20萬公頃的土地，摧毀47,000棟房屋，造成1835人死亡。荷蘭人便建造東須耳德防洪海堤，以保護荷蘭，有了這道屏障，大洪水應該每4000年才會發生一次。

▲底圖：荷蘭東須耳德防洪海堤

美國紐奧良的災難

紐奧良淹沒的堤防

◀2005年卡崔娜颶風引起災情慘重的大洪水，這類的大洪水未來可能會成為更嚴重的問題。全球暖化融化了兩極的冰河，海洋增加更多水量。全球暖化也使海洋氣溫升高，海水擴張。這些影響可能使海平面在公元2100年前上升一公尺。

▶▶參見：福克耳克轉輪 p188、體育館屋頂 p198、海嘯警報 p238

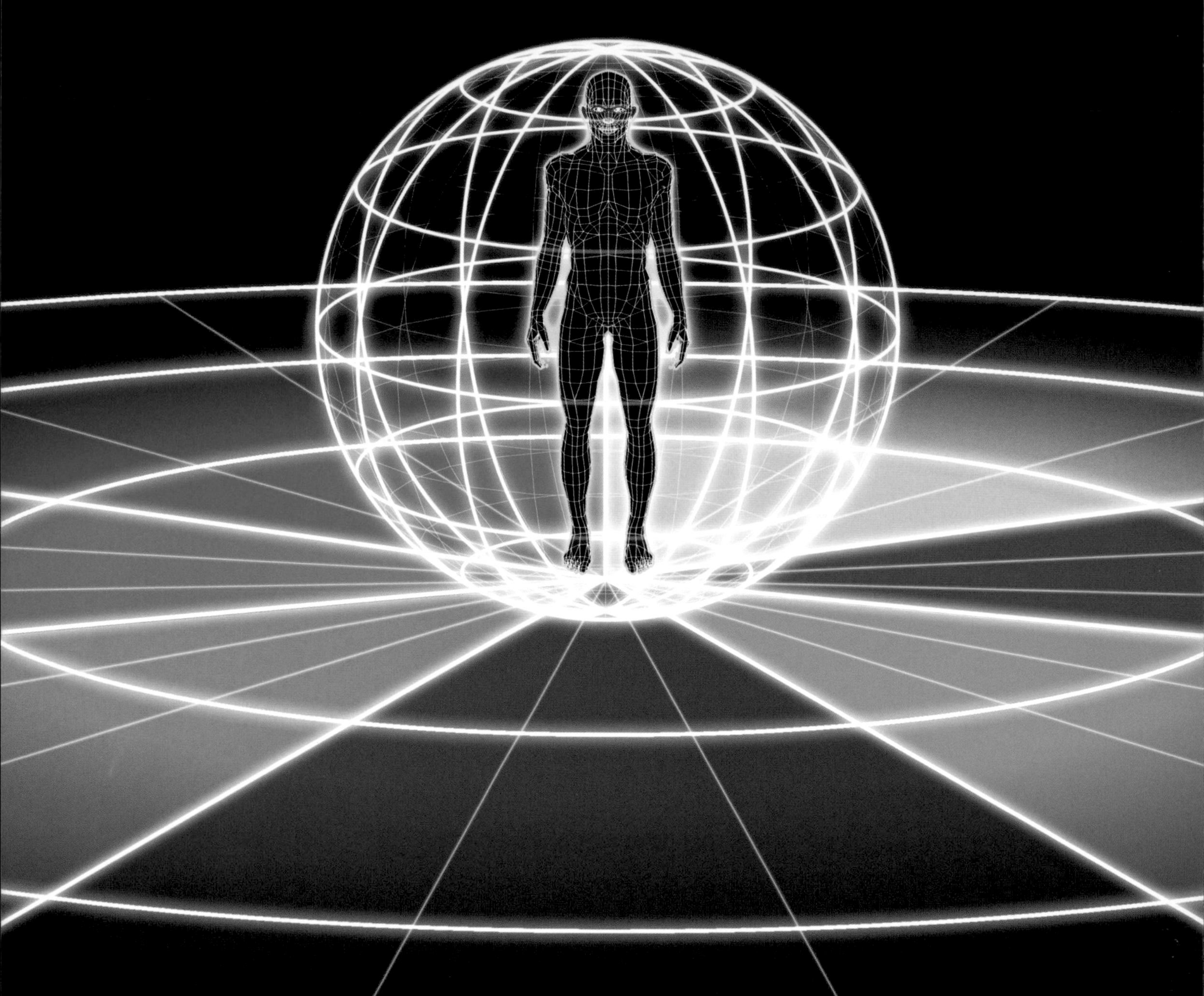

>> 參考資料

未來發展 >> 名辭釋義 >> 索引 >> 致謝

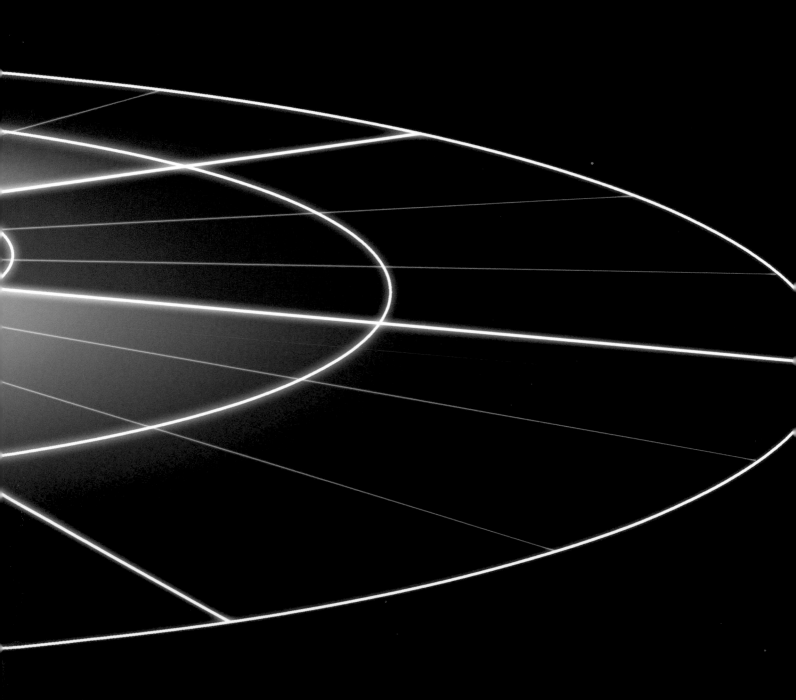

未來發展

電腦與通訊科技

快速的電腦運算能力可處理非常複雜的問題，再加上無線通訊科技的進展，未來科技所能提供的服務將超乎想像。

- 身歷其境的虛擬實境，例如：頭戴式裝置帶領使用者進入模擬的3D環境。
- 使用無線科技的內建晶片，方便機器自由地與其他裝置溝通。
- 透過網際網路，在家學習與工作將變得稀鬆平常。
- 可模擬人腦的電腦將被發展出來。

奈米科技

一奈米是一公尺的十億分之一，而一根人類頭髮的寬度約為八萬奈米。奈米科技是指運用極微小物質的技術，未來將可應用到很多不同的領域中。

- 奈米科技所創造出來的材料會比較堅硬且更輕盈——最多可比鋼鐵硬上一百倍，卻只有六分之一的重量。因此可用來建造較輕盈的飛行器、汽車和太空船。
- 奈米等級的晶片將使未來電腦和電子器材的體積縮小至現在體積的一部分。
- 注射到人體內的奈米機器人，將可在細胞中修復受損的細胞、殺死腫瘤和執行其他醫療程序。

軍事技術

軍事強國將持續軍力競賽，開發出比敵人更聰明、強大和精準的武器，以及更有效的情報收集系統。

- 「外骨骼」（Exoskeleton）已由美國軍方開發出來，是一種類似機器人且可穿戴的四肢護甲，可以讓士兵更迅速移動，並扛載更重的裝備。
- 電磁炸彈還在開發中，它不會對人體或建築物造成傷害，卻會讓電子裝置、電腦和電力系統受損。

能量

全球對能量有著前所未有的迫切需求。我們必須找出更有效率和具環保特質的新能源。

- 核融合反應爐可製造電力。
- 細菌可將腐爛的廢棄物分解成氫燃料。
- 降低對石化燃料的依賴度，讓生質燃料、住家微型供電系統、水力發電和再生能源更加普及。

生物科技

使用活細胞或細菌之類有機體的工業就稱作生物科技。

- 依據蜥蜴腳墊的原理來開發黏著劑。
- 研發合成的細菌和病毒來對抗害蟲或疾病。
- 牙膏裡的細菌將可對抗牙齒上的牙菌斑。
- 藉由複製DNA，將可使絕種的物種再度復活。
- 由蜘蛛網所製成的超強韌材質即將問世。

- 像變色龍一樣的制服，將可根據環境自動改變保護色。
- 配備有武器的戰鬥機器人將逐漸取代戰場上的士兵，而機器人也可執行撤離傷亡的危險任務。

健康與醫療

醫療科技日新月異。未來的治療將逐漸以個別細胞為標的，尤其是癌細胞。深入瞭解DNA，能讓我們以啟動或關閉個別基因的療法，治療疾病或遺傳性的身體狀況，甚至有可能延長人類的壽命。

- 個人的基因組（整套DNA）將會儲存在身分證上。
- 人工皮膚和血液將問世。目前市面上已有一些初期的產品，還有許多產品也正在開發。
- 脊髓修復技術的進步，將會讓背部受傷的患者能再度邁步行走。

- 將來能在細胞層級修復器官因老化而受的傷害，所以人類可能會有150歲的壽命，未來更有可能增加到200歲。

太空

太空人會回到月球，而載人太空任務將會探索太陽系的其他區域。

- 將會在月球上建立永久的基地。
- 載人太空任務會派往火星。
- 將在太陽系的另一處發現生命。最有可能的地方是火星、歐羅巴（木星的衛星之一）、或泰坦（土星的衛星之一）。
- 將會和外星智慧生命接觸。

日常生活

拜各領域的科學多元化發展之賜，我們的日常生活在過去50年來有了戲劇性的變化，同時也改變了社會型態。接下來的50年同樣可預見戲劇性的改變。

- 紙鈔和硬幣將會被電子錢幣取代。
- 會蓋起高達上千公尺的大樓，打造向上發展的城市。
- 氣象預報將會非常精確，能預測各街道的天氣。
- 我們將會從3D電視收看節目。目前已有實驗室進行試映了。

機器人科學

現在人類擔任許多危險、骯髒、無聊的工作。未來，更聰明的機器人能夠分擔更多這類工作。

- 家用機器人將可以分擔家庭和職場例行的清潔工作。
- 地震後，鼠形和蛇形機器人將可在瓦礫中搜尋生還者。這種搜救機器人已有測試版。
- 鋪路、鏟雪、除草等工作將由機器人負責。
- 機器人將發展社交技巧，並可以表達情緒和辨識他人的情緒。
- 機器人將可以提供身障者和老人居家看護。

運輸

目前交通運輸都要倚賴石化燃料，但未來運輸科技必須要更乾淨、更環保。

- 能夠自駕的智慧車在有特殊裝置的道路上，可以接手駕駛。
- 極音速（hypersonic）飛機飛行速度可達五馬赫——高於音速五倍。
- 貨機和客機將採隱形轟炸機的「飛翼」（flyingwing）設計，也就是機翼和機身融為一體。
- 飛行車將飛上天，目前已有成功的原型。

名辭釋義

※按照英文字母順序排列

A

acceleration（加速）
物體受力而速度增加的現象。

aerial（天線）
用來發射或接收無線電波的裝置。

aerodynamics（空氣動力學）
研究空氣如何在物體周圍移動的科學，特別是像賽車之類快速移動的交通工具。

air resistance（空氣阻力）
物體在空氣中移動時，讓其速度變慢的力量。俗稱阻力（drag）。

aluminium（鋁）
一種堅固、質輕、抗鏽的金屬，常用於建造飛機和太空船。

asphalt（瀝青）
一種黏稠、如焦油般的黑色物質，用來鋪設馬路和人行道。

atom（原子）
化學元素中最微小的粒子。原子是構成物質的基本材料，數個原子結合成較大的單位，稱為分子。原子本身是由更小的次原子粒子組成。位於中心的原子核內有質子和中子，而在原子核周圍高速繞行的則是另一種粒子，稱為電子。

B

bacteria（細菌）
一種單細胞微生物。有些帶病的細菌是有害的，而用來製造食物的細菌則無害。

battery（電池）
化學物質的組合。能讓正負兩種電極在連接成稱為電路的密閉路徑時，產生穩定的電流供應。

Bluetooth®（藍芽技術）
利用無線傳輸在短程內連結電腦設備的方式。

C

carbon dioxide（二氧化碳）
一種存在空氣中的無色氣體，由碳和氧原子組成。物體在空氣中燃燒，以及我們呼氣的時候，就會產生二氧化碳。

catalyst（催化劑）
能加速化學反應，但本身在反應過程中不起變化的化學物。

cell（細胞）
生物的最小單位。細胞是構成動植物的基本單位。

chip（晶片）
一種電腦元件，約指甲大小，內有數千個個別開關，稱為電晶體。記憶晶片儲存資訊。更先進的晶片稱為微處理器，性能就如同迷你電腦。

circuit（電路）
讓電能通過的完整路徑。

composite（合成物）
由兩種以上不同材料做成的物質。合成物通常比其組成物質更堅固耐用，或更耐熱。

computer（電腦）
能遵照一套名為「程式」的指令，來處理資訊的電子機器。電腦需具備接收資訊的通路（輸入）、記錄資訊的地方（記憶體），以及展示結果的通路（輸出）。

concrete（混凝土）
一種耐用的建材，由水泥和砂石混合製成。

control surface（操縱面）
飛機機身上的襟翼或方向舵。以改變氣流的方式掌舵。

crystal structure（晶體結構）
固體的內部結構。晶體內的原子會排列成一週期性的隱形架構。

D

database（數據庫）
大量的資訊在電腦中條理分明地歸檔。

density（密度）
某個物體的質量濃度。物體的密度是用該物體的質量除以它的體積。密度高的物體在單位體積裡有大量的質量。

deuterium（氘）
氫的同位素。其原子中有一個質子和一個中子，而非只有一個質子。

digital（數位）
以二進位的方式來表示資訊（只有數字0和1）。電腦和行動電話之類的電子裝置以數位方式儲存、處理並傳送資訊。

drag（阻力）
空氣阻力的俗稱。

E

efficiency（功率）
物體能有效利用的能量多寡，決定其功率的高低。高功率的機器，如腳踏車等，把供應的大部分能量用來使騎士前進。

elastic（彈性）
受到推力或拉力時會伸展的材料。通常，彈性材料在所受的力量移除後，會回復成原來的形狀。

electric current（電流）
電能沿著電路移動。電流就是穩定的荷電粒子流——通常不是帶負電的電子，就是帶正電的離子（失去電子的原子）。

electric motor（電動馬達）
利用電力製造動力的機器。電流通過馬達時，會產生磁場，使內部的轉軸高速轉動。

electrode（電極）
開放電路中的電子端點。電極通常是一片金屬或碳製成，可捕捉或釋出電子和離子。

electron（電子）
帶有負電荷的微小粒子，比原子小很多。電子循著軌道繞行原子核（中心部分）。

emission（排放）
引擎或工業過程中所製造的廢氣。

energy（能量）
力量的來源，如燃料，或做某個動作的能力，如爬樓梯。科學上，能量是指抗衡某種力量的能力。

F

fibre（纖維）
可從棉花等植物取得天然纖維，尼龍等人工（合成）纖維則以化學製造。

fiberglass（玻璃纖維）
一種複合材料。將強韌的玻璃纖維嵌入塑料，從而製造出更強化耐久的材料。

filament（鎢絲）
一種電流經過會變得熾熱的線圈。傳統的（白熱）燈泡都有鎢絲。

flash memory（快閃記憶體）
一種電腦記憶晶片，即便電源關閉，也可以儲存資料。廣泛地應用在數位相機等設備上。

fluorescence（螢光）
不可見光（通常是紫外線）照射後，激發出可見光，就稱為螢光。

focus（聚焦）
用透鏡或鏡子將光線或無線電波聚集在一處的方法。

force（力）
使物體移動的推或拉力，可改變物體目前移動的方式或形狀。

frequency（頻率）
一秒內每件事發生的次數。聲音的頻率會影響音調（聲音的高低）。

friction（摩擦力）
兩個物體接觸時產生的力量。通常會使兩者減緩移動。

fuselage（機身）
飛行器的主體（通常是指中央艙房部分，不包含機翼）。

G

G-force（G力）
以地心引力為標準，測量物體加減速時所受的力道。3G就是三倍地心引力。

gear（齒輪）
有凹口的輪子。這種輪子可和其他類似的大小輪子齧合，以增加機械的速度或力量。

generator（發電機）
一種用磁鐵和線圈組成的設備。啟動時可產生電流。

GPS（全球定位系統）
全球定位系統是藉由太空衛星組成的網絡，傳送訊號到地球，使電子導航系統可以找出自己的定位。

gravity（引力）
宇宙中任何兩個質量之間所存在的相吸力量。地球上則有地心引力，也就是將物體拉向地表的力量。

gyroscope（迴轉儀）
在環架中快速轉動的轉輪。不論轉輪方向，只要快速旋轉，迴轉儀的輪軸就會指向同一方向。

H

heat（熱能）
溫熱的物體中所儲存的一種能量。熱能是由肉眼看不見的原子和分子在物體內移動而產生的。

hydraulic（水力機）
一種用水壓來傳送或加強力量的機器。例如水壓千斤頂就可用來抬起車庫內的車輛。

I

inertia（慣性）
若無外力，動者恆動，靜者恆靜，稱為慣性。

isotope（同位素）
某一種化學元素，其原子具有相同數目的質子，但卻有不同數目的中子。

J

jet engine（噴射引擎）
一種用巨型汽缸持續燃燒汽油的引擎。噴射引擎高速向後噴射高溫氣體，將飛行器向前推進。

K

kinetic energy（動能）
物體移動時產生的能量。

▶參考資料

L

laser（雷射）
一種集中的光束。

LCD（液晶螢幕）
液晶螢幕利用電流使液晶產生明暗變化，從而形成螢幕上的字體和數字。

LED（發光二極體）
一種小型電子零件，只要電流通過就會發亮。

lens（透鏡）
有弧度的玻璃。可折射光線。通常是為了要放大遠處的物件。

lever（槓桿）
長條棍棒。可增加力量，達到省力的效果。

lift（升力）
一股由機翼下方氣流所產生的向上力量。

light（光）
一種能量，以震動電磁波高速傳播。

liquid（液體）
一種物質狀態，其中原子或分子鬆散地連結。

M

magnetic field（磁場）
一種不可見的運動場域，在磁鐵周圍延伸開來，並會影響有磁力的物質。

mass（質量）
物體中所包含的物質的量。

micro-organism（微生物）
肉眼看不到的微小生物，如細菌。

microphone（麥克風）
一種將聲能轉換為電的電磁設備。

microscope（顯微鏡）
光學顯微鏡利用透鏡偏折光線，以放大物體。電子顯微鏡則是用磁圈來折射電子束，因此可以看到比光的波長還小的東西。

molecule（分子）
最小的化學元素，是由兩個以上的原子所組成。

momentum（動量）
除非有其他力量，否則運動中的物體會保持運動的狀態，這就是動量。

MP3
一種儲存音樂的電腦檔案。MP3檔相對較小，所以可迅速下載。

N

network（網路）
藉由電纜或無線裝置連接的一組電腦和設備。

neutrino（微中子）
幾乎沒有質量、沒有電荷、且快速移動的粒子。

neutron（中子）
原子核中未帶電荷的粒子。

nucleus（原子核）
原子的中心部位，包含質子和中子。

nylon（尼龍）
合成纖維所製成的塑料，是由一長串以碳為主的分子組合而成。

O

optics（光學）
研究光的行為的科學。

P

particle（粒子）
非常小的物質。原子中的粒子稱為次原子。

phosphor（磷光體）
經過電子等活躍的粒子激發後，會發光的化學物質。

photon（光子）
帶著「一束」光或電磁輻射的粒子。

piezoelectricity（壓電現象）
部分物質在擠壓後，會產生電流脈衝，或電流通過時會震動，這個現象稱為壓電現象。

pixel（像素）
微小的彩點，組成電視、電腦或其他電子顯像器畫面的一部分。

plasma（電漿）
一種高溫的氣體，其電子在原子外自由移動。

plastic（塑膠）
以碳為主的合成物質。軟的時候可以做成各種形狀。

pneumatic（空壓機）
一種用壓縮（高壓）空氣傳送或加強力道的機器。

polymer（聚合物）
一長串以碳為主、由單體組成的分子。

positron（正電子）
帶正電荷的電子。

potential energy（位能）
物體所含的能量，可轉化成動能等不同型態。

pressure（壓力）
在相對寬廣的區域中，液體或氣體所施加的力。

processor（處理器）
電腦或電子產品中主要的晶片。

proton（質子）
原子核裡帶正電的粒子。

R

radar（雷達）
使用無線電波來定位船隻或其他物體的導航系統。

radio wave（無線電波）
一種不可見的電磁波，它以光速行進，可用來傳送聲音、電視影像或其他資訊。

radioactivity（放射性）
不穩定的原子傾向於分裂成更小的原子，這種釋放粒子或能量的過程就叫作放射（radiation）。

recycling（資源回收）
重複使用物質而不丟棄。

refraction（折射）
當光線從一種物質通過另一種密度不同的物質時，所產生光線轉向的現象。

retina（視網膜）
眼睛裡察覺光線的組織。視網膜裡有兩種感光細胞，分別是視桿細胞和視錐細胞。

robot（機器人）
一種自動或由電腦控制的機器，設計來自動執行重複性的工作。

rocket（火箭）
類似於噴射引擎，但具備自足的氧氣供應。

S

satellite（衛星）
繞著行星軌道運行的物體。人造衛星是無人駕駛的太空船，循著固定軌道繞行地球。月球則是地球的天然衛星。

SEM（掃描式電子顯微鏡）
掃描式電子顯微鏡使用電子束，呈現極微小物體的影像。

silicon（矽）
砂子中發現的一種化學元素，可用來製造太陽能板和電子零件。

simulation（模擬）
一種呈現生活中真實事物的方式，通常使用電腦來呈現。

solar panel（太陽能板）
長方形扁平的矽板。可利用照射其上的太陽光，來產生電力或捕捉熱能。

solid（固態）
一種物質狀態。當物質的電子或分子緊密連結在一起，物質便成固態。

steel（鋼鐵）
主要由鐵和碳所組成的合金，比純鐵還要堅硬且用途更廣。

subatomic particle（次原子粒子）
存在於原子中的粒子，如質子、中子或電子。

suspension（懸吊系統）
一種連接汽車輪胎和車體的系統，設計來吸收衝擊以保護汽車本身，並使車內駕駛和乘客感覺舒適。

synthetic（合成纖維）
一種人造物質，如尼龍或克維拉®纖維。

T

tritium（氚）
氫的同位素，用於核融合反應。氚原子包含一個質子和兩個中子，而非只有一個質子。

turbine（渦輪）
一種像風車的裝置。當液體或氣體通過時，渦輪會轉動。

turbulence（亂流）
在飛機之類的移動物體周圍（或其後留下）的一陣混亂氣流或水流。

U

ultraviolet（紫外線）
一種和日光相似的電磁輻射，但紫外線為不可見光，具有較可見光為高的頻率和較短的波長。

V

virus（病毒）
一種只能在顯微鏡下才看得到的非生物粒子，會侵入活細胞導致疾病。

W

wave（波動）
一種上下前後的運動方式，可穿透物質或在物質表面傳導能量。

wavelength（波長）
相鄰的兩個波峰之間的距離。

weight（重量）
地心引力對物體的吸引力。重量和質量有別，但物體的質量越大，重量也就越大。

Wi-Fi（無線網路）
一種不需透過纜線連接電腦和其他電子裝置的網路。

wireless（無線傳輸）
使用無線電波在兩地之間傳送資訊或訊號，而不需透過電線傳送。

X

X-ray（X射線）
一種以光速行進的高能量電磁輻射。

索引

※英文對照主要採英國慣用名稱

七劃

八劃

九劃

十劃

十一劃

十二劃

十三劃

索引